AF390835

LE RÉPERTOIRE

DU BATIMENT

LE RÉPERTOIRE

DU

BATIMENT

NOMENCLATURE GÉNÉRALE

DES

TERMES ET MODE DE MÉTRÉ

APPLIQUÉS AUX

TRAVAUX DE CONSTRUCTION

Par P. JOUDOU

Géomètre-Vérificateur

LYON

IMPRIMERIE L. BOURGEON

92, RUE MERCIÈRE, 92.

1873

PRÉFACE

L'Industrie du Bâtiment, si importante et si étendue, à laquelle se rattachent tant de corporations diverses, avait depuis longtemps besoin d'un exposé simple et précis, comportant la définition des termes nombreux qui en forment le langage habituel.

L'Architecture elle aussi, avec ses principes, sa méthode théorique et pratique, possède également ses expressions particulières, son langage familier ; il était donc convenable de réunir dans un ensemble complet, les mots techniques employés constamment dans le grand art de bâtir.

Après de longues et minutieuses recherches, je suis enfin parvenu à rassembler, à collectionner cette grande variété de mots, pour en former une *nomenclature générale*, en lui donnant l'ordre alphabétique d'un vocabulaire.

Le RÉPERTOIRE DU BATIMENT offrira donc aux hommes spéciaux auxquels il est destiné, et à tous ceux qui prennent un certain intérêt à la Construction, l'explication des *Termes usuels* répandus dans les diverses corporations, termes parfois bizarres que l'on chercherait vainement dans les grands dictionnaires, par la raison facile à comprendre que, le plus souvent, ces termes ont une signification locale, qui change d'une contrée à l'autre.

Dans la pensée d'augmenter l'intérêt qui peut en ressortir, j'ai cru devoir y exposer en outre le *mode de métré* appliqué à chaque nature d'ouvrage, afin de permettre au Lecteur de se renseigner exactement sur le système suivi ou à suivre, dans la mensuration nouvelle de tous les travaux.

Il y a quelques années, la Chambre syndicale des Entrepreneurs de la ville de Lyon, décida une réforme complète dans l'ancien mode de mensuration, dont le vieil usage ne reposait que sur des données imparfaites. Elle résolut donc de faire étudier d'une manière équitable et logique, un système de métrage capable de répondre et de satisfaire aux intérêts de tous, Propriétaires et Constructeurs.

A cet effet, une Commission de Géomètres, dont je fis partie, fut nommée pour en étudier les principes dans ses moindres détails, et arrêter les bases définitives d'une méthode entièrement nouvelle.

La Chambre syndicale à laquelle ce travail fut soumis, voulut bien lui donner son adhésion, en adopter le résultat, et fonder ainsi un mode nouveau qui tend chaque jour à devenir uniforme et général. C'est dans le but de propager cette méthode approuvée, que je me suis attaché dans tout le cours de cet ouvrage, à en indiquer et à en détailler l'application.

Afin de rendre autant que possible mes définitions compréhensibles à tous, j'ai dû parfois délaisser les formes théoriques, pour me renfermer dans des descriptions simples, offrant toutefois le même résultat. Cependant, lorsque je me suis trouvé en présence de questions scientifiques, indispensables à traiter, il m'a fallu recourir à des dictionnaires complets et à des ouvrages spéciaux, dans lesquels j'ai puisé d'utiles et précieux renseignements.

Je citerai : MM. BESCHERELLE, DUPINEY DE VOREPIERRE, D. RAMÉE architecte, J. CLAUDEL et L. LAROQUE ingénieurs, E. SERGENT, *l'Encyclopédie* et divers autres ouvrages du même mérite.

Il peut paraître néanmoins téméraire de ma part, d'avoir tenté de produire et de livrer à la publicité, un ouvrage de création spéciale, sans avoir ni le talent ni l'habitude de l'écrivain; je n'ai eu qu'une préoccupation, celle d'atteindre un but essentiellement utile et pratique.

Si j'y suis parvenu, je m'estimerai heureux des services que pourra peut-être rendre ce Dictionnaire; toutefois, je me recommande à la bienveillance de mes Lecteurs pour les omissions et les imperfections que j'ai pu commettre.

Qu'il me soit permis en terminant, de rendre ici un témoignage de profonde reconnaissance à mes nombreux Souscripteurs, pour le concours sympathique dont ils m'ont honoré, et à ceux dont les affectueux encouragements m'ont soutenu dans l'œuvre si difficile que j'ai osé entreprendre.

ABRÉVIATIONS

Pour Archit.	on lira	....	Architecture.
— Charp.	—	....	Charpente.
— Cim.	—	....	Ciment.
— Constr.	—	....	Construction.
— Ferbl.	—	....	Ferblanterie.
— Fumist.	—	....	Fumisterie.
— Géom.	—	....	Géométrie.
— Maçonn.	—	....	Maçonnerie.
— Menuis.	—	....	Menuiserie.
— Peint.	—	....	Peinture.
— Plâtr.	—	....	Plâtrerie.
— Sculpt.	—	....	Sculpture.
— St.	—	....	Stuc.
— Serrur.	—	....	Serrurerie.
— Taill. de p.	—	....	Taillage de pierre.
— Terrass.	—	....	Terrassement.
— Zing.	—	....	Zinguerie.

RECTIFICATIONS

Page 16, ligne 9, au lieu de *toile* .... lire *tôle*.

— 24,	— 18,	—	*mangée*	— *manège*.
— 54,	— 16,	—	*sur lequel est cloué*	— *sur laquelle sont clouées*.
— 80,	— 18,	—	*conduit*	— *enduit*.
— 90,	— 9,	—	*prescrit selon* ...	— *prescrit ou selon*.
— 96,	— 6,	—	*en vingt branches*	— *en dix branches*.
—106,	— 44,	—	*queue d'arronde.*	— *queue d'aronde*.
—138,	— 44,	—	*à l'abre*	— *à l'arbre*.
—192,	— 11,	—	*celle de l'œuf...*	— *celui de l'œuf*.

NOMENCLATURE GÉNÉRALE

DES

TERMES USUELS

DE LA CONSTRUCTION

A

Abat-foin, *s. m*. Charp. Petit trappon rectangulaire dans le plancher d'un fenil, par l'ouverture duquel on fait descendre le foin pour le répandre dans le ratelier d'une écurie, pour la consommation des chevaux et bestiaux.

Chaque trappon et son cadre, se comptent à la pièce.

— Gaîne, en charpente ou en menuiserie, formant encaissement pour le même usage; cet encaissement se mesure en multipliant sa hauteur réelle par le développement de ses faces.

Abat-jour, *s. m*. Maçonn. Ouverture ménagée dans le parement intérieur de la fondation d'un mur de façade. Il est formé d'un talus et de deux pieds-droits triangulaires faisant retours dont les angles sont un peu évasés.

L'abat-jour sert à éclairer et à aérer une cave ou sous-sol.

On le nomme aussi : *Larmier*.

Dans la maçonnerie en fondation d'un mur de façade, aucune plus-value n'est allouée à l'abat-jour ou larmier, à moins toutefois que les parois qui le forment soient en saillie à l'extérieur. En ce cas, les murs qui forment ces parois et qui se détachent de la fondation, sont mesurés selon leurs dimensions réelles et ajoutées au reste de la maçonnerie.

Le sommet d'un abat-jour est ordinairement couronné d'un cadre en pierre ou en fer affleurant le trottoir, dont la pose est comptée à la pièce ou selon les scellements qui le fixent. Ce cadre reçoit souvent une ou plusieurs dalles en verre.

— Menuis. Les *abat-jour* sont composés de lames en sapin très-minces, d'environ dix centimètres de largeur. Elles ont pour longueur la largeur de la fenêtre à laquelle l'abat-jour est adapté.

Ces lames sont superposées dans toute la hauteur de la fenêtre et retenues par trois rangs de chaînettes en fer. Au moyen d'un mécanisme et d'un cylindre établi dans le haut de la fenêtre, les lames s'élèvent ou s'abaissent à volonté à l'aide de cordons servant à les faire déplier ou replier sur elles-mêmes.

L'abat-jour sert à se garantir de l'action trop vive du soleil.

Sa dénomination française est : *Jalousie*.

L'abat-jour ou jalousie, avec tous ses accessoires se compte à la pièce, comprenant toutes fournitures, peinture et mise en place.

Abat-sons, *s. m.* Sorte de persienne en charpente assemblée, composée de fortes lames inclinées et immobiles, ordinairement en bois de chêne. Ces lames sont placées transversalement dans les fenêtres d'un clocher pour le renvoi du son des cloches.

L'intervalle laissé entre chacune des lames doit être combiné de façon à ce que l'eau de pluie ne puisse pénétrer ni rejaillir à l'intérieur.

Chaque pièce de la charpente d'un abat-sons, doit être mesurée séparément par les dimensions que cette pièce présente en tenant compte des assemblages et des prises.

Abattage, *s. m.* Manœuvre que l'on fait subir à une pièce de charpente ou à une pierre de taille au moment de sa mise en place.

Abattant, *s. m.* Couvercle de coffre, châssis, trappon s'ouvrant par un côté, tandis que celui opposé reste fixé par des charnières.

Abattoir, *s. m.* Lieu, bâtiment, établissement, édifice où se fait l'abattage des bestiaux destinés à la consommation d'une ville.

Abat-voix, *s. m.* Dais en charpente, pierre ou marbre surmontant une chaire ou une tribune. Son but est de rabattre la voix de l'orateur sur l'auditoire.

Abbaye, *s. f.* Un ou plusieurs bâtiments d'une communauté religieuse gouvernée par un abbé ou une abbesse.

Abergement, *s. m.* Ferbl. Bande de ferblanc, zinc, plomb ou cuivre, d'une largeur indéterminée placée sur une toiture autour d'une cheminée, d'une lucarne, d'un châssis, d'un œil-de-bœuf, etc, pour les protéger de l'affluence des eaux de pluie. L'abergement se place naturellement sur les faces hautes et latérales de la chose à protéger.

Les abergements se comptent :

Au mètre linéaire, ceux en ferblanc.

Au mètre superficiel, ceux en zinc.

Au poids, ceux en plomb ou en cuivre.

Aberger, *v. a.* Maçonn. Confectionner une toiture, en plaçant les tuiles d'une manière provisoire sans les fixer ni les arrêter.

Cette confection se compte, soit à la régie, soit selon la surface de la toiture abergée.

About, *s. m.* Charp. L'extrémité d'une pièce de bois travaillée.

Aboutage, *s. m.* Réunir provisoirement les bouts de deux cordages.

Abside, *s. f.* Archit. La partie postérieure et extérieure du chœur d'une église et de son transept.

L'espace intérieur compris dans la courbe demi-circulaire ou à pans d'une abside, forme un hémicycle au milieu duquel est placé l'autel.

Académie, *s. f.* Archit. Bâtiment réservé aux réunions d'artistes ou de savants.

Les membres eux-mêmes pris dans leur ensemble : *Académie d'Architecture.* Réunion d'architectes dont la mission est de perfectionner, développer et encourager l'art de l'architecture.

Acier, *s. m.* Substance métallique formée de fer pur et de carbone. Il est d'un blanc grisâtre et peut recevoir un très-beau poli. Il s'emploie à la confection des outils aigus ou tranchants, et en objets divers de ferronnerie pour le bâtiment.

Acoustique, *adj.* Voûte, appareil, instrument, dont les dispositions tendent à produire de l'écho et à répercuter les sons et la voix. Les effets d'acoustique sont nécessaires dans une salle de spectacle, de concert et autres lieux analogues.

Acrotère, *s. m.* Archit. Piédestal surmontant l'attique d'un édifice pour recevoir des statues, vases et autres ornements analogues.

Adjudicataire, *s. m.* Entrepreneur ayant obtenu officiellement ou officieusement, l'exécution d'un travail d'ensemble, après avoir, toutefois, observé les formalités préalables qui sont ordinairement imposées dans une adjudication. Cette qualité d'*adjudicataire* est le résultat de l'offre la plus favorable trouvée parmi les soumissions cachetées, de travaux mis en

Adjudication, *s. f.* Formalité prise par une administration ou même par un simple particulier, ayant pour but l'offre de travaux à exécuter ou de fournitures à faire en matière de construction.

La concession de ces travaux ou de ces fournitures est ordinairement accordée à l'offre la plus avantageuse qui est faite par rapport à des prix établis et à des conditions préalablement imposées. L'entrepreneur agréé devient alors *adjudicataire.*

Affleurement, *s. m.* Réunion de deux corps contigus, à une même surface et sans saillie de l'un à l'autre.

Affleurer, *v. a.* Mettre à fleur, à niveau. Amener à une même surface deux corps adjacents l'un à l'autre.

Affûter, *v. a.* Aiguiser, donner du tranchant à un outil acéré.

Agencement, *s. m.* Se dit des menus ouvrages de menuiserie, plâtrerie, peinture, etc. complétant les dispositions intérieures d'un local quelconque.

Agencer, *v. a.* Exécuter ou faire exécuter des ouvrages d'agencement.

Agrafe, *s. f.* Serrur. Petite pièce de fer carrée, ronde ou plate, coudée ou en équerre, destinée à lier deux objets l'un à l'autre.

Se compte à la pièce.

Agrès, *s. m. pl.* Le gros outillage d'un entrepreneur. Voyez : *Matériel*.

Aîle, *s. f.* Archit. La partie d'un édifice, d'un château faisant retour à ses extrémités.

— Serrur. Partie plate d'une charnière ou d'une fiche, qui se fixe à l'aide de vis.

Aîleron, *s. m.* Maçonn. Moitié de tuile placée entre deux tuiles-chapeau d'une toiture et portant sous la tuile faitière que l'aileron consolide. Son but est d'éviter aux eaux de pluie de pénétrer dans l'intersection des tuiles dites cheneaux et celles dites faitières.

Aire, *s. f.* Sol uni et horizontal.

— Terre battue présentant une surface plane, sans aspérités.

— Couche de béton ou de mortier destinée à recevoir un dallage, un carrelage, un bitume, etc.

Aisselier, *s. m.* Menuis. Poteau ordinairement en sapin blanchi et corroyé sur les faces apparentes, portant rainure dans son épaisseur pour donner prise à la brique.

Les aisseliers sont plantés selon la demande d'une distribution intérieure. Ils servent d'encadrement aux portes ou sont distancés dans les cloisons en briques pour les consolider.

Les aisseliers se mesurent au mètre linéaire, selon leur hauteur apparente, augmentée de dix centimètres à chacune de leurs extrémités, pour prise ou cale fixant chaque aisselier.

Si les aisseliers portent feuillures ou chanfreins, cette main-d'œuvre est l'objet d'une plus-value comptée également au mètre linéaire réel.

Les aisseliers sont simples ou doubles en raison de leur épaisseur.

Ajustage, *s. m.* Travail ayant pour but l'ajustement d'une pièce à une autre.

— La partie d'un atelier de serrurier ou de mécanicien, où s'ajustent et se montent les pièces et les ouvrages de serrurerie ou de machines.

Ajuster, *v. a.* Assembler deux ou plusieurs pièces de serrurerie, les lier, les fixer ensemble.

— Se dit aussi en menuis. de la pose d'une boiserie qui nécessite de la sujétion.

Alcôve, *s. f.* Compartiment, ouvert ou fermé d'une chambre, réservé au sommeil.

Alèse, *s. f.* Menuis. Partie de boiserie rapportée à une autre pour l'élargir, l'élever, l'allonger ou enfin suppléer à un défaut ou à un manque de dimension.

Aléser, *v. a.* Agrandir dans le fer ou dans l'acier un trou, un tube quelconque.

Alette. *s. f.* Archit. Face ou côté d'un pied-droit, depuis le pilastre ou la colonne, jusqu'à l'arête d'une baie cintrée.

Alignement, *s. m.* Placer deux ou plusieurs objets sur la même ligne.

— Ligne droite prescrite par la voirie, que doit rigoureusement suivre une façade à élever, ou un mur à établir sur la voie publique. Voyez : *Voirie.*

— Opération qui consiste à prendre, chercher, reconnaître, déterminer un alignement.

Allée, *s. f.* Passage étroit au rez-de-chaussée d'une maison, servant de communication entre le dehors et l'escalier de cette maison.

Les allées ont presque toujours une issue sur la cour intérieure de la maison qu'elles desservent.

Allège, *s. f.* Voyez *Libage.*

Amortissement, *s. m.* Tout corps de moulure, de plate-bande ou de chanfrein qui se termine par la rencontre d'un plan droit ou oblique.

— Les amortissements qui se produisent dans les ouvrages exécutés en plâtre, en ciment ou en stuc, sont comptés chacun pour 0,15 ajoutés aux longueurs de moulures, plates-bandes ou chanfreins, dans le but d'indemniser la sujétion de main-d'œuvre employée à leur exécution.

Amphithéâtre, *s. m.* Salle demi-circulaire, garnie de banquettes parallèles qui rayonnent autour d'un centre commun, et qui s'élèvent par gradins en s'en éloignant.

Anchant, *s. m.* Petite assise en pierre de taille ayant toujours une arête verticale ou, selon le cas, très-légèrement en talus. L'anchant est toujours placé à la rencontre de deux murs pour en déterminer l'angle saillant.

La pierre de Couzon est la plus ordinairement employée pour anchants. Sa mensuration a lieu au mètre linéaire, par la longueur successive de chaque assise superposée.

Les autres natures de pierre employées pour anchants, comme le Villebois, le Saint-Cyr, le Lucenay, etc., sont mesurées au mètre superficiel, selon le lit de pose de l'anchant, jusqu'à une épaisseur de 0,25. Cette surface s'obtient par la longueur et la largeur de chaque assise, dont les dimensions les plus fortes doivent être contenues dans le plus petit rectangle possible.

Les assises d'anchant qui dépasseraient l'épaisseur ci-dessus déterminée, seront susceptibles d'une mensuration au cube, c'est-à-dire que la surface obtenue en plan, sera multipliée par l'épaisseur réelle du bloc, prise d'un joint à l'autre.

Angle, *s. m.* Géom. L'ouverture de deux lignes droites ou de deux surfaces planes qui se touchent par un côté ou en un point, déterminent un angle.

Si l'angle est formé par deux lignes ou deux surfaces perpendiculaires l'une à l'autre, l'angle est *droit* ou d'*équerre*. Si les côtés sont plus ouverts que l'angle droit, il est dit *obtus*. Si, au contraire, les côtés sont fermés, l'angle est *aigu*.

Anneau, *s. m.* Petit cercle de métal ou de bois, ne présentant aucun joint.

Anse de panier, *s. f.* Ligne courbe formée de trois rayons, un grand au centre et deux petits mais égaux aux extrémités. Son tracé est le même que celui de l'ellipse, dont cette courbe n'est que la moitié.

Antichambre, *s. f.* Salon sans décoration précédant les pièces principales d'un riche appartement. L'antichambre est ordinairement affectée aux gens de service, et à recevoir les personnes en visite de cérémonie, avant leur introduction dans le grand salon.

Aplanir, *v. a.* Unir, égaliser d'une façon régulière, une surface quelconque.

Aplatir, *v. a.* Rendre plat par l'effet d'un choc quelconque.

Aplomb, *s. m.* Synonyme de *vertical*. Ligne droite ou surface plane qui suit la verticale.

— La ligne verticale est constamment perpendiculaire à la ligne d'horizon, laquelle détermine la ligne dite *Niveau*.

Appareil, *s. m.* Constr. Art de tracer, placer et poser des blocs de taille par rapport à leurs lits et joints.

— Arch. Plan d'appareil, dessin qui détermine la direction des joints de chaque bloc et de chaque assise pour leur taillage et leur mise en place.

— Le mot *Appareil* est également donné à certains accessoires employés en construction, tels que : *Appareil de chauffage*, *Appareil de siége d'aisance*, etc.

Appareiller, *v. a.* Étudier, suivre un appareil ; choisir des blocs de taille destinés à s'assembler, à se lier entre eux. Contre-marquer ces blocs dans l'ordre qu'ils doivent être placés, s'appelle : *Appareiller*.

Appareilleur, *s. m.* Contre-maître tailleur de pierre dirigeant un chantier ou une carrière en exploitation, qui surveille et distribue le taillage de la pierre selon les plans donnés. Il surveille, selon le cas, la mise en place des pierres de taille émanant de son exécution.

Appartement, *s. m.* Nombre indéterminé de pièces, dépendantes ou indépendantes les unes des autres, composant l'habitation plus ou moins confortable d'une ou de plusieurs personnes.

Appentis, *s. m.* Toiture d'une seule pente, appuyant son faîtage à un mur et soutenu sur le devant par des poteaux.

Cette dénomination est peu usitée à Lyon ; elle est remplacée par le mot *Hangar*.

Appui, *s. m.* Constr. Tout ce qui sert à soutenir, à supporter. — Mur, traverse, barre, balustrade, dont la hauteur et la position permettent et facilitent l'appui, c'est-à-dire de pouvoir s'y appuyer sans se baisser.

Aquarelle, *s. f.* Lavis colorié, dessin passé avec couleurs délayées dans l'eau, pour représenter les effets d'une construction projetée ou exécutée, vue en élévation et quelquefois en perspective.

Cette peinture demande beaucoup d'habileté et de délicatesse dans son exécution.

Aqueduc, *s. m.* Conduit en maçonnerie, souterrain ou sur terrain, servant au transport des eaux d'un point à un autre.

Arabesque, *s. f.* Se dit des ornements de peinture et de sculpture à la manière arabe.

Arasement, *s. m.* Maçonn. Rang d'assises en pierre de taille ou en moëllons terminant le sommet d'un mur, ou sur lequel repose un plancher.

— Une maçonnerie est dite d'*arasement* quand elle est faite en vue de recevoir une pierre de taille quelconque, telle que : un seuil, une calade, une marche, un plafond, un échiffre, etc. Ces maçonneries sont alors comptées, soit au mètre linéaire, soit au mètre superficiel ; quelquefois cubées ou confondues avec la pose de la pierre de taille que l'arasement est destiné à recevoir.

Araser, *v. a.* Maçonn. Arrêter de niveau le dernier rang d'assises ou de moëllons terminant un mur, soit au sommet de sa fondation, soit au sommet de son élévation, soit enfin, à l'établissement d'un plancher.

— Menuis. Faire affleurer deux surfaces de boiserie, les tenir ou les placer à un même niveau, à un même alignement. Une porte est dite *arasée*, quand l'une de ses faces est lisse et vient s'affleurer avec le parement des aisseliers sur lesquels elle est pendue. Les aisseliers en ce cas sont nécessairement à feuillures servant à recevoir l'épaisseur de cette porte. Ce genre de porte est employé quand il y a motif de la dissimuler dans un mur ou une cloison, derrière la tapisserie qui recouvre cette porte.

Arases, *s. f. pl.* Maçonn. Petites pierres de remplissage placées sur de forts moëllons pour compléter et régulariser le niveau de l'assise commune. Les pierres *d'arases* ont pour but de suppléer aux irrégularités ou au manque de niveau obligé, sur un rang d'assises.

Arbalétrier, *s. m.* Charp. Forte pièce de bois brute ou équarrie placée obliquement selon l'inclinaison ou le rampant d'une toiture.

L'arbalétrier est assemblé à ses deux extrémités, soit dans l'entrait, pièce de charpente horizontale, soit dans le poinçon, autre pièce de charpente verticale.

L'arbalétrier est destiné à recevoir le passage des pannes, lesquelles soutiennent les chevrons d'une même toiture.

Dans les demi-fermes et à défaut de poinçon, l'arbalétrier porte dans la maçonnerie.

La mensuration d'un arbalétrier a lieu par équarrissement moyen, multiplié par toute sa longueur apparente, augmentée de $0^m 10$ pour chacun de ses tenons ou assemblages. S'il y a pénétration dans un mur, sa prise réelle est ajoutée à la longueur apparente de l'arbalétrier.

Arbitrage, *s. m.* Mode de règlement adopté le plus souvent à l'amiable, pour vérifier et estimer l'exécution d'un travail ou la qualité des matériaux employés.

— Jugement, sentence rendus par des arbitres, à l'effet d'obtenir un règlement définitif et régulier dans le différend survenu pendant ou après l'exécution d'un travail ou de fournitures faites.

Arbitre, *s. m.* L'un des juges composant un tribunal arbitral.

Il est sous-entendu qu'un arbitre doit toujours être expert et compétent dans la matière qu'il est appelé à vérifier, estimer et juger.

Arc, *s. m.* Géom. La portion d'une circonférence.

— Ligne courbe tracée d'un ou de plusieurs centres.

— Dans un arc tracé par un seul rayon, si les deux extrémités de l'arc sont à niveau du centre, c'est-à-dire reposent sur le diamètre horizontal, cet arc est dit *plein cintre*; si le centre est plus bas que les extrémités de l'arc, il est dit *surbaissé*; dans le cas contraire, il est *surhaussé*.

— Constr. L'arc est une maçonnerie composée de claveaux en pierre de taille, en moëllons taillés ou en briques, jetée au-dessus d'une ouverture quelconque, dont la courbe est plein cintre, surbaissée, surhaussée ou même elliptique, selon le cas de son tracé, par un ou plusieurs rayons.

— Un arc est dit en *décharge* quand sa construction a pour but de protéger une base faible par rapport au fardeau supérieur que reçoit cet arc.

Arcade, *s. f.* S'emploie généralement au pluriel, pour indiquer une suite non interrompue de baies cintrées au-devant d'une galerie.

Arcatures, *s. f. pl.* Archit. Petits arceaux continus, saillants, pleins ou à jour, formant décoration dans une façade.

Arc-boutant, *s. m.* Constr. Arc rampant jeté entre un contre-fort et le pied-droit d'un arc ou d'une voûte pour en maîtriser la poussée.

Arc de triomphe, *s. m.* Archit. Monument composé de portiques sur ses faces et orné de sculptures et inscriptions rappelant et perpétuant le souvenir des gloires d'une armée ou d'un événement mémorable.

Arc-doubleau, *s. m.* Archit. Arc saillant sur l'intrados d'une voûte dont il suit la courbure. Il prend ses naissances sur les pieds-droits d'une baie et s'étend transversalement et d'équerre à l'axe longitudinal de la construction.

Les *arcs-doubleaux* construits en pierre de taille, sont cubés pour la fourniture, comme il est dit à *claveau*.

— Si les arcs-doubleaux sont confectionnés en plâtre, en ciment, en stuc, même en charpente, ils sont assimilés aux moulures et mesurés telles.

— Comme maçonnerie, l'arc-doubleau en pierre de taille est mesuré, soit au cube, selon celui des claveaux qui le composent, soit au mètre linéaire, développé selon la courbe extrados de l'arc.

Arceau, *s. m.* Se dit de la courbure d'une voûte, d'un arc.

Arche, *s. f.* Voûte en maçonnerie jetée entre les piles ou les culées d'un pont en pierre.

Archevêché, *s. m.* Habitation d'un archevêque, ordinairement appelée : *Palais Archiépiscopal.*

Archet, *s. m*. Maçonn. Petit arc en moëllons, en plotets ou en briques, jeté au-dessus d'une baie de porte ou de croisée, pour en protéger la couverte.

Cette maçonnerie se compte au mètre cube réel et en plus-value, selon la nature des matériaux qui la composent. Sa mensuration a lieu par équarrissement multiplié par la longueur développée de la courbe.

— Charp. Petit cintre en bois composé de cerces et de lattis, servant à la construction de l'archet en maçonnerie. Dans ce cas, il est ordinairement compté à la pièce pour confection et pose, autant de fois qu'il est utilisé.

— Sorte d'outil ayant un arc en acier pour tourner et percer le métal, le bois, la pierre.

Architecte, *s. m*. Celui qui fait profession de l'art de bâtir, dont les aptitudes spéciales lui permettent la conception matérielle ou artistique d'une construction quelconque ; ayant acquis par l'étude et la pratique les connaissances nécessaires à l'application et à la direction des travaux. Il dresse les plans et les devis nécessaires aux diverses parties de la construction dont il est chargé, il en surveille l'exécution. Il est responsable, selon la loi (1), des dispositions qu'il prend ou des prescriptions qu'il donne tendant à la sécurité de la construction dans son ensemble comme dans ses détails. A ce titre, il ne doit relever de personne, pas même de celui qui l'emploi.

Architecture, *s. f*. Art de bâtir. Cet art comprend :

L'*architecture civile* relative aux édifices publics et aux constructions particulières ;

L'*architecture religieuse* relative aux édifices dédiés aux différents cultes ;

L'*architecture militaire* relative aux travaux de casernement et de défense ;

L'*architecture navale* relative aux navires et aux constructions maritimes.

Architrave, *s. f*. Archit. Partie inférieure d'un entablement formant le sommet d'un édifice.

---

(1) Extrait du Code civil relatif aux Architectes et Entrepreneurs :

« Art. 1792. — L'Architecte et l'Entrepreneur sont solidairement responsables pendant « *dix ans*, des travaux dont ils ont la direction et l'exécution, par vice de construction et « même par vice du sol sur lequel la construction est établie.

« L'Architecte est responsable des travaux dont il a donné les plans, s'ils périssent par cause « des vices de ce plan, qu'il ait ou non surveillé l'exécution. »

(*Arrêt de Cassation du 20 novembre 1817*).

La mensuration d'une architrave construite en maçonnerie de pierre de taille, doit être faite par le cubage de chaque bloc qui le compose et conformément au mode général du métré des pierres, indiqué au mot *Pierre*.

— Les architraves exécutées en décoration, en menuiserie, plâtre, ciment, stuc, sont assimilées aux *moulures* et mesurées comme telles. Voyez *Moulure*.

Archivolte, *s. f.* Archit. Arc orné d'une moulure en tête.

L'archivolte est formée d'une courbe demi-circulaire, à un ou plusieurs centres.

Comme pour l'architrave, la maçonnerie et la taille d'une archivolte composée de claveaux, doit être mesurée bloc par bloc, conformément aux indications données au mot *Claveau*.

— Les archivoltes en menuiserie, plâtre, ciment, sont également assimilées aux indications générales données au mot *Moulure*.

— Tout ornement rapporté ou sculpté dans une architrave ou une archivolte, forme l'objet ou d'une plus-value ou d'un prix débattu et entièrement séparé de la première valeur d'exécution.

Ardoise, *s. f.* Sorte de pierre gris-bleu, tirée de Savoie, des Ardennes, mais généralement des environs d'Angers. Les blocs sont refendus en tablettes très-minces et coupées rectangulairement.

L'ardoise est employée dans les toitures à pente rapide, telles que : pavillon, dôme, flèche, bris de mansarde, etc.

Ces tablettes sont placées par rangs réguliers, superposés et à recouvrement. Elles sont retenues par un enclouage spécial dans le lattis de la couverture, ou fixées par un système d'agraffes.

La mensuration des toitures en ardoises a lieu selon les surfaces géométriques que présentent les divers pans de ces toitures. Les vides sont déduits dans œuvre de l'enchevêtrure de la charpente. Aucune déduction n'est faite dans le cas où une garniture d'ardoises existerait au pourtour du vide, tels que : cheminée, œil-de-bœuf, châssis, et même pour lucarne.

— Si les arêtiers et faîtages de ces toitures sont recouverts d'ardoises au lieu de zinc ou de ferblanc, chaque arête d'arêtier ou de faîtage doit être convertie en surface, en multipliant la longueur réelle par un développement uniforme de 0,33. Les tranchis sur noues sont également converties en surface, soit 0,16 de largeur constante, multiplié par la longueur réelle des tranchis.

— Si, au lieu de bavettes en zinc ou en ferblanc, sur les rives d'égouts, il existe des doublis en ardoises, c'est-à-dire un rang supplémentaire d'ardoises, ces doublis sont également convertis en surface, en multipliant la longueur réelle de la rive d'égout par la largeur uniforme de 0,16.

Ardoisière, *s. f.* Carrière qui produit la pierre d'ardoise.

Arête, *s. f.* Tout angle saillant formé par la rencontre de deux surfaces planes, détermine une ligne d'intersection qui se nomme *arête.*

L'arête est franche quand, dans un bloc de taille, les angles sont réguliers et sans écornures.

— Charp. On nomme *vive-arête,* quand les faces d'une pièce de bois sont blanchies à la scie et détermi nent des angles réguliers ; la ligne d'intersection de ces faces est droite, franche et non interrompue ; c'est là ce qui constitue la *vive-arête.*

— Les corps solides présentent également des arêtes à la rencontre de leurs surfaces apparentes. La sphère seule, est sans arête.

— Les arêtes *en plâtre,* dressées à la règle dans les enduits, sont comptées au mètre linéaire, comme plus-value. Celles dans les plafonds, en plâtre, pour les saillies de pièces de charpente, sont converties en surface, par un développement uniforme de 0,20, multiplié par les longueurs d'arêtes. Voyez *Plafond.*

Arêtier, *s. m.* Charp. Forte pièce de bois délardée sur sa face supérieure. Elle est placée sous la ligne saillante d'inters ec tion de deux pans de toiture.

L'arêtier suit l'inclinaison de cette ligne d'intersection qu'il détermine. Il reçoit en empanons, les têtes de chevrons de deux revers de toiture dont la rencontre a lieu sur l'arêtier.

Sa mensuration s'effectue par équarrissement moyen, délardement compris, multiplié par sa longueur réelle.

— Ferbl. Bande de ferblanc ou de zinc recouvrant les arêtiers de toitures à pente rapide, dont la couverture est en ardoises.

La mensuration s'effectue par la longueur réelle du métal, multipliée par son développement, pour l'emploi du zinc, et au mètre linéaire pour ceux en ferblanc.

Argile, *s. f.* Terre glaise ou grasse, selon sa dénomination commune. Elle est essentiellement tenace et ductile.

Cette terre forte appartient aux silicates alumineux hydrotifères.

— Elle s'emploie en construction, dans la fumisterie, pour fourneau, chaudière, calorifère, etc. On peut en faire de la poterie ; au besoin, elle remplace le mortier.

Argileux, *adj.* Sol contenant de la terre argileuse, glaise ou grasse.

Armature, *s. f.* Serrur. Barres, liens, clés, boulons, etc., qui servent à consolider un assemblage de charpente.

Se livrent au poids.

Armoiries, *s. f. pl.* Attributs distinctifs de la noblesse.

Aronde. *s. f.* Entaille faite dans une pièce de charpente ou de menuiserie, formant un assemblage plus large au dedans qu'au dehors, rappelant par sa forme, la queue de l'hirondelle, origine du nom.

Arpentage, *s. m.* Science qui a pour objet la mensuration des terrains de toutes natures et de produits, de lever les plans de ces terrains, de les reproduire quelquefois, par le dessin et le lavis colorié, mais surtout d'en calculer la superficie.

Le mot est dérivatif d'*arpent*, ancienne mesure agraire.

Arpenter, *v. a.* Mesurer les terrains, à l'aide d'instruments de précision, confectionnés à cet effet.

Arpenteur, *s. m.* Celui dont la profession est de mesurer les terrains. Voyez *Géomètre*.

Arrachement, *s. m.* Maçonn. Ce mot s'emploie presque toujours au pluriel pour désigner les dégradations produites dans un parement de mur, par la démolition d'un autre mur qui y était en prise.

Les arrachements se produisent aussi par l'enlèvement et la suppression d'un corps quelconque en pénétration dans un parement de maçonnerie.

Les conséquences des arrachements entraînent inévitablement des reprises ou des restaurations dans les parements de maçonnerie où ils se sont produits. Ces reprises sont mesurées selon les surfaces qu'elles présentent après leur confection.

Arrêt, *s. m.* Se dit de toute moulure ou chanfrein qui, poussé sur un angle quelconque, n'est pas continué jusqu'à fond. Cette interruption qui nécessite un raccordement entre cette moulure ou chanfrein, avec l'arête primitive qui se reproduit où cesse la moulure ou le chanfrein, se nomme *arrêt*.

Ce travail de main-d'œuvre est compté à la pièce, à titre de plus-value, soit qu'il se produise en charpente, menuiserie, plâtre, ciment ou stuc.

Arrière-corps, *s. m.* Toute surface placée en retraite par rapport à une autre qui lui fait *avant-corps* ou saillie.

Arrière-voussure, *s. f.* Archit. Voûte ou arc en décharge jeté en arrière le tableau d'une baie cintrée.

Arsenal, *s. m.* Un ou plusieurs bâtiments, avec dépendances, réservés au dépôt des armes de toutes natures, et aux approvisionnements de guerre.

Art, *s. m.* Méthode, principes, préceptes, règles à observer, à suivre théoriquement et pratiquement dans l'étude et l'exécution des divers travaux de la construction.

—Génie, richesse de l'imagination qui porte la pensée à créer et à produire certaines œuvres.

— Travail de l'esprit qui n'exige ni n'exclut le travail de la main.

— Habileté, délicatesse, précision apportée à l'exécution et à l'imitation d'ouvrages ou de travaux manuels, dont le fini est irréprochable.

— Les *arts* se divisent en plusieurs catégories, dont les principales sont : les *arts libéraux*, ou *Beaux-Arts*, qui ne produisent que des œuvres du ressort de l'esprit. Ils comprennent l'architecture, la peinture, la musique, la sculpture, la poésie. Les *arts mécaniques*, dont les œuvres produites, ne dépendent que de la main.

Artiste, *s. m.* Celui ou celle qui possède le sentiment, le génie de l'art, qui cultive les arts.

— Celui ou celle dont le travail manuel est exécuté avec perfection, d'une manière irréprochable.

Artistement, *adv.* Se dit d'un objet, d'un arrangement quelconque, disposé, ordonné, reproduit avec art.

Artistique, *adj.* Tout ce qui rappelle ou qui se rattache à l'art.

Aspect, *s. m.* Disposition plus ou moins favorable ou agréable, dont un objet est offert ou s'offre à la vue.

Aspérités, *s. f. pl.* Petits bossages inégaux et défectueux qui règnent sur un parement ou une surface plane, qui devrait être droite, unie, polie, ou tout au moins régulière.

Asphalte, *s. m.* Matière bitumineuse et glutineuse, d'un brun foncé, insoluble dans l'alcool, mais fusible à une température élevée ; est employé dans la construction comme dallage.

L'asphalte est livré au commerce par pains que l'on réduit en pâte, par l'action du feu, au moment de son emploi. Il est alors étendu et lissé au moyen d'une palette de bois. Les joints sont formés à l'aide de tiges droites en fer ; et sur la surface encore chaude de l'asphalte, l'on répand du gravier fin passé au tamis, qui, non-seulement lui donne l'apparence du granit, mais encore une consistance durable.

Les surfaces de dallages, en asphalte, s'obtiennent par la mensuration des formes géométriques que forment ces surfaces.

Assemblage, *s. m.* Jonction, enlacement de plusieurs pièces de charpente, de menuiserie ou de serrurerie.

Cette jonction a lieu au moyen d'un découpage présentant une série de formes diverses.

Ces assemblages sont fixés et maintenus au moyen de chevilles ; quelquefois et pour la menuiserie seulement, certaines pièces sont simplement collées.

Assembler, *v. a.* Réunir et fixer des pièces de charpente, de menuiserie ou de serrurerie, par leurs assemblages.

Assemblon, *s. m.* Maçonn. Morceau de pierre de taille, variant de forme et de volume, rapporté et ajusté après coup, pour suppléer à une partie manquante, défectueuse ou détériorée. Il est toujours compté à la pièce de fourniture et de pose.

Asseoir, *v. a.* Se dit de l'effet, de l'affaissement qui se produit dans l'ensemble d'une construction nouvellement achevée, que les constructeurs appellent le *tassement*.

Assise, *s. f.* Bloc de pierre de taille, d'un volume plus ou moins important, toujours placé sur son lit de carrière, formant avec les autres blocs qui lui sont contigus, des parements de maçonnerie, dont les joints doivent être réguliers, soit en sens horizontal, soit en sens vertical.

On appelle *rang d'assises*, une suite non interrompue de blocs de taille ou de forts moëllons et carreaudages, conservant le même lit, le même niveau, la même hauteur, et partant, le même alignement.

Assujétir, *v. a.* Poser, fixer, consolider un objet à un autre.

Astragale, *s. f.* Archit. Petite moulure dont le profil est demi-circulaire ou carré ; elle règne en ligne droite ou en ligne courbe, selon le cas de son emploi. On la nomme aussi *baguette;* c'est la plus petite de toutes les moulures.

Atelier, *s. m.* Lieu où sont préparés certains ouvrages du bâtiment, ainsi qu'il arrive pour ceux en serrurerie, en menuiserie, en zinguerie, etc.

— Pour les ouvrages de peinture, les couleurs seulement sont préparées à l'atelier.

Attachement, *s. m.* Ce mot s'emploie assez généralement au pluriel, pour désigner les mensurations partielles et successives d'une construction, avec ou sans croquis.

Ces sortes de mensurations ne s'appliquent guère qu'aux travaux de maçonnerie et de terrassement.

Attente (*pierres d'*), *s. f.* Quand à l'extrémité ou dans certaines parties d'un mur, des pierres ou des assises sont laissées saillantes, d'espace en espace, pour recevoir une construction future, et se relier plus tard avec elle, ces pierres ou ces assises sont appelées : *pierres d'attente.*

Attique, *s. m.* Archit. La partie haute d'un édifice, régnant par-dessus la corniche supérieure.

— On nomme également *attique*, toute décoration qui surmonte une porte intérieure et repose sur la traverse de son chambranle. Si cette décoration est faite en menuiserie, en plâtre, en ciment, en stuc, sa mensuration est effectuée par la surface qu'elle présente. Les parties lisses, à panneaux ou moulurées, sont comptées séparément, selon leur valeur spéciale.

— Les chantournements, ressauts, crossettes, consoles, couronnements, sont également détachés.

— Toute décoration rapportée ou sculptée est l'objet d'une valeur particulière.

Attribut, *s. m.* Archit. Sujet allégorique, simple ou groupé, sculpté ou peint, décorant une frise, un attique, un fronton, caractérisant la destination de l'édifice sur lequel le sujet est placé. Ce mot s'emploie généralement au pluriel.

— Pour servir d'enseigne ou de réclame aux marchandises contenues dans le magasin d'un commerçant, ce dernier fait reproduire en peinture et en plein vent, sur un panneau ou sur la muraille, les formes plus ou moins réussies de ces marchandises. Les attributs soignés se font sur toile ou sur panneau en bois, dans l'atelier même de l'artiste, et reçoivent ensuite leur destination.

Ce genre de peinture qui tend à disparaître aujourd'hui, est payé à prix débattu, selon sa valeur artistique, qui laisse bien souvent à désirer.

Aubier, *s. m.* Partie blanche, tendre et défectueuse qui se produit dans les bois de charpente, et dont la présence est souvent un motif de refus dans l'emploi de ces bois.

Auge, *s. f.* Bassin en pierre, en bois, en fonte, quelquefois en marbre, placé sous le jet d'une fontaine pour en recueillir les eaux. L'auge est également employée dans les écuries, pour faire abreuver les chevaux et les bestiaux.

L'auge quelle que soit sa forme et sa nature, est généralement l'objet d'un prix débattu, de fourniture comme de pose.

— Comme outillage, l'auge du maçon est une caisse ouverte à fond plat et à bords évasés, dans lequel le mortier est apporté au moment de son emploi. L'auge du plâtrier diffère de celle du maçon, en ce que le fond présente un plan incliné. Cette disposition a pour but de réunir sur un point l'eau nécessaire à doser et à gâcher le plâtre au moment de son emploi. Il y a aussi l'auge du cimenteur, également en forme de caisse, n'ayant que trois côtés sur un fond plat.

Augée, *s. f.* La quantité de plâtre dosée et gâchée que peut contenir l'auge.

Autel, *s. m.* Table de forme rectangulaire et oblongue, élevée dans une église, dans une chapelle ou dans un autre lieu pour le sacrifice de la messe.

Les matériaux employés à la confection des autels sont généralement le marbre, et certaine nature de pierre de taille d'un grain très-fin, permettant la sculpture. Le bois est quelquefois employé.

— Les autels sont susceptibles de recevoir des décorations de toute nature, en sculpture, peinture et dorure, mais toujours en rapport avec le style du lieu où ils sont placés.

Auxiliaire (l'), Est ainsi dénommée, une société fondée à Lyon, en 1863, entre les entrepreneurs de travaux de bâtiments, dans le but de supporter en commun les accidents de construction, et d'indemniser les personnes ou familles frappées par ces accidents.

Cette société a son siége *Rue des Archers*, 2, dans le local même de la Chambre des Entrepreneurs.

Ses ressources consistent en une cotisation proportionnelle au chiffre de la dépense de main-d'œuvre, versée trimestriellement par ses sociétaires.

Depuis sa fondation elle a indemnisé plus de six cents victimes d'accidents.

Président : M. Maréchal, rue Lanterne, 19.

Directeur : M. Champion, rue des Archers, 2, fondateur de la société.

Avenue, *s. f.* Allée d'arbres conduisant à une habitation somptueuse, un palais, un château, une villa. La partie centrale est affectée aux équipages, les parties latérales, sont réservées aux piétons.

Avant-corps, *s. m.* La partie d'un édifice, d'un château, d'une maison, qui fait saillie sur l'une de ses façades.

— Par opposition à *arrière-corps*, toute partie placée en saillie sur une surface qui reste en retraite est appelée *avant-corps*.

Axe, *s. x.* Ligne droite fictive ou marquée par un fil de fer ou un cordeau tendu, déterminant le milieu d'une construction dans son sens longitudinal. Cette ligne est d'ordinaire reproduite en rouge, en bleu, ou ponctuée sur le plan de l'exécution. Elle sert de repère à l'écartement de tous les murs qui s'en éloignent.

— Les lignes d'axe sont également tirées et indiquées dans le milieu des murs et des vides d'ouvertures, soit horizontalement, soit verticalement.

— L'axe est encore la ligne droite qui traverse les corps solides, en passant par leur centre.

B

Badigeon, *s. m.* Peinture à la détrempe ou à la colle, étendue au pinceau sur une ou plusieurs couches selon le besoin, sur les murs et cloisons de chambres non tapissées. Cette peinture est communément faite avec de l'ocre jaune.

On badigeonne également les allées, passages, escaliers, magasins et autres lieux analogues.

— Quelquefois le badigeon est augmenté d'un granitage, et même de filets bruns ou noirs, tendant à imiter la pierre de taille.

La mensuration de ces peintures a lieu selon les surfaces géométriques badigeonnées, sans déduction de vides.

— Les filets ou filages sont le plus souvent confondus avec la valeur appliquée au badigeon. Dans le cas contraire, ils sont comptés au mètre linéaire.

Bague, *s. f.* Serrur. Petit anneau uni ou mouluré, en fer, en acier, en cuivre, en plomb, rapporté à une tige de balustrade ou à un barreau de grilles, pour son ornementation.

Baguette, *s. f.* Petite moulure dont le profil est carré ou demi-circulaire; se nommant aussi *astragale*. Voyez ce mot.

—Cette moulure se rencontre souvent dans la menuiserie. Elle est rapportée sur boiserie ou poussée sur des rives ou arêtes de panneau, contre-chambranles, pilastres, bandeaux, aisseliers, etc.

Elle est toujours détachée et mesurée au mètre linéaire, soit dans un sens horizontal, soit dans un sens vertical. Voyez *Moulure.*

— Sont également assimilées aux moulures, les baguettes poussées en plâtre, ciment, stuc.

Pour l'encadrement et la décoration des panneaux de tapisserie ou de draperie, l'on emploi des baguettes en bois naturel ou doré, avec ou sans moulures.

La fourniture au commerce a lieu par faisceaux, et la pose selon les longueurs employées.

Bahut, *s. m.* Voyez *Couvertine.*

Baie, *s. f.* Tout vide laissé ou pratiqué dans un mur ou une cloison.

Bain, *s. m.* Se dit, en maçonnerie, de la pose d'une pierre brute ou taillée, sur abondance de mortier, plâtre ou ciment.

Balast, *s. m.* Cailloux concassés pour remblai; ne s'emploie guère que pour les voies ferrées.

Balcon, *s. m.* Petite plate-forme composée de un ou plusieurs plafonds en pierre de taille dure, placés horizontalement sur le même niveau d'un étage, et faisant saillie sur une façade. Ils sont généralement soutenus par des consoles en pierre de taille, avec ou sans ornement, ayant forte pénétration dans le mur.

Comme fourniture et pose, la surface d'un balcon est toujours obtenue par ses dimensions les plus fortes de longueur et de largeur, qui toutefois, doivent passer par le plus petit rectangle circonscrit.

— Les consoles en pierre servant à le supporter sont comptées à la pièce, pour fourniture et pour pose. Quand ces consoles sont en fer, ce qui arrive quelquefois, leur fourniture est comptée selon le poids, la pose, selon les prises ou les scellements qui les fixent.

— Dans les maisons de plaisance, à la campagne, et dans certains édifices, les balcons faisant partie du style de la façade, sont soutenus par des colonnes ou des pilastres.

Baldaquin, *s. m.* Dais en boiserie, en charpente ou en fer, avec ou sans ornementation. Il est ordinairement recouvert de draperies et surmonte une entrée principale, un trône, un catafalque, un lit, etc.

Balle, *s. f.* Corbeille en osier tressé, dont se servent les maçons et les terrassiers, pour transporter à dos sur le chantier même, de la terre, du gravois, du mortier, du sable, des débris de pierre.

Dans les ouvrages de maçonnerie faits en régie, le mortier et le sable se comptent quelquefois à la balle.

— Une balle de mortier équivaut à peu près à une fois et demie la contenance du *benaut.* Voyez ce mot.

Balustrade, *s. f.* Serrur. Assemblage de barres ou de tiges de fer augmenté de pièces en fonte ornée, pour servir d'appui ou de garde-corps devant un vide. Elle se place et s'emploie à un balcon, un perron, un escalier, une galerie, une fenêtre, etc.

Pour les escaliers la balustrade est appelée ordinairement : *Rampe*; pour les croisées elle se désigne à tort sous le nom de *Banquette.*

Dans tous les cas et quelle que soit leur emploi, les balustrades se comptent au poids ou au mètre linéaire, sauf pour les croisées où elles se livrent à la pièce.

La pose des balustrades étant à Lyon le travail du maçon, elles sont comptées selon le nombre et la nature des scellements qui les fixent. Ces scellements sont tracés par les soins du serrurier, après l'ajustement fait par lui de la balustrade.

— Les balustrades en pierre de taille sont formées de blocs taillés, sculptés quelquefois à jour, selon le dessin émanant de l'Architecte.

Ces sortes de Balustrades se comptent à prix débattu par mètre linéaire ou à la pièce, selon le cas.

— Les balustrades en bois sont détaillées en raison des pièces qui les composent.

Balustre, *s. m.* Petite colonne basse, renflée, carrée ou ronde en pierre de taille, en marbre, en bois ou confectionnée en ciment, avec axe en fer pour ce dernier cas.

Le balustre se compose de quatre parties : Base, panse, col et chapiteau.

Ils sont ordinairement placés côte à côte sur un même plan droit ou circulaire. Ils reposent sur la *plinthe* et sont couronnés par ce que l'on nomme la *pièce d'appui* ou cymaise de la balustrade.

— Ce genre de balustrade est très-monumental; il s'emploie le plus ordinairement pour galeries, terrasses, plates-formes ; on le retrouve dans les baies de fenêtres de certains édifices et de maisons particulières.

Banc, *s. m.* Se dit de la mise ou délit de la pierre dans la carrière, au moment de son extraction.

— Sorte de siége long, avec ou sans dossier, pouvant recevoir plusieurs personnes assises.

Bandeau, *s. m.* Moulure plate, peu saillante, portant quelquefois baguette ou doucine sur l'arête inférieure.

Le bandeau forme et remplace l'architrave, il est ordinairement placé immédiatement sous la corniche d'une boiserie de hauteur.

Le bandeau se confectionne en menuiserie, en charpente, en plâtre, en ciment, en stuc.

Quelle que soit sa nature, le bandeau se mesure au mètre superficiel de longueur et de hauteur réelle.

Les parties de longueur sur plan circulaire cintrées par traits de scie, sont comptées 1/4 en sus pour menuiserie et charpente ; une demi-fois en plus ceux en plâtre, ciment ou stuc.

Bandelette, *s. f.* Serrur. Petit ruban en fer de 0^m 30 à 0^m 40 de longueur, que l'on fixe solidement avec des clous sur la jonction de deux pièces de charpente, dans le but d'en consolider et d'en assurer l'assemblage.

— Les bandelettes doivent sitôt après leur pose, recevoir une couche de minium pour les préserver de l'oxydation.

Leur fourniture, pose et peinture, sont comptées à la pièce.

Banquette, *s. f.* En ce qui concerne les appuis de fenêtres, voyez *Balustrade*.

— Terrass. Les banquettes sont de très-petites plates-formes ménagées dans les côtés latéraux d'une tranchée ou d'une fouille; les rangs de banquettes sont établis à environ 1^m 60 de hauteur de l'un à l'autre, pour faciliter l'extraction, par jets de pelles, des déblais de cette fouille ou de cette tranchée.

Baraque, *s. f.* Construction légère et temporaire.— Maison mal bâtie.

Barbacane, *s. f.* Constr. Petit créneau évasé à l'intérieur, et ménagé ou pratiqué dans l'épaisseur d'un mur de soutènement, afin de permettre l'échappée des eaux produites dans les terres, dont ce mur est destiné à maitriser la poussée et à soutenir le poids. La barbacane facilite également la circulation de l'air.

Bardage, *s. m.* Se dit du transport à bras, sur rouleaux ou au crapaud, des blocs de taille d'un certain volume et d'un certain poids, pour les rapprocher du chantier, et les introduire vers l'emplacement que ces blocs doivent occuper.

Dans certains cas, le bardage est compté à la régie ; le plus souvent il est confondu avec la valeur de la pose des tailles. Alors, la distance ne doit pas excéder un rayon de 30 mètres sur plan horizontal et de 15 mètres sur plan incliné. Tous parcours au-delà de ces distances pouvant être justifiés, sont au besoin, l'objet d'une plus-value proportionnelle.

Barder, *v. a.* Effectuer un bardage.

Bardeur, *s. m.* Manœuvre maçon de première classe, apte par sa force, son intelligence et son adresse, au maniement et au bardage des pierres de taille.

Barre, *s. f.* Serrur. Pièce de fer longue, mince, étroite, ronde ou méplate, livrée au commerce avant son emploi ou son usage.

— Longue et forte pièce de bois rond, servant de levier.

— **d'appui.** Menuis. Pièce de bois transversale dans une croisée, servant d'appui. La barre d'appui est également la traverse supérieure d'une balustrade sur laquelle repose la main.

— **à mine.** Forte tige de fer terminée par une tête ronde à taillant demi-circulaire. Elle sert aux mineurs pour perforer le roc, et y pratiquer un trou profond que l'on charge de poudre, dont l'explosion facilite la rupture du roc.

Barreau, *s. m.* Forte tige en bois ou en fer, ronde ou carrée, scellée à ses extrémités. Il est ordinairement placé dans une ouverture pour la condamner sans la boucher.

Barreaudage, *s. m.* L'ensemble, la réunion de plusieurs barreaux dans la même ouverture.

Barreauder, *v. a.* Le placement et l'ajustement d'un barreaudage.

Les barreaux de fer se livrent au poids, leur pose se compte selon le nombre et la nature des scellements qui les fixent.

Barricadage, *s. m.* Se dit des obstacles en charpente mobile ou immobile placés autour d'une construction, d'une tranchée, d'une fouille, pour en défendre l'approche ; cet obstacle s'appelle

Barricade. *s. f.* Assemblage provisoire de charpente, plein ou à jour, mobile ou non, placé autour d'une construction, d'une tranchée ou d'une fouille.

— Les barricades servent aussi à fermer, à clore un chantier.

— Une barricade est également une clôture définitive en charpente, établie sur la limite d'un terrain, d'un jardin, d'un petit clos pour l'enfermer.

Barrière, *s. f.* Serrur. Assemblage de pièces de fer forgées avec ou sans ornements, fermant le portail d'une grande entrée.

Elle se confectionne au poids, en raison de l'importance ou de la richesse de son travail.

— Charp. Assemblage de tiges en bois, rondes ou carrées, montées sur bâtis, pour fermer également un portail.

— **à claire-voie,** se dit des barrières à jour faisant clôture de terrain, formées de tiges ou fortes lames en bois espacées et retenues par des traverses horizontales et par de forts poteaux échelonnés sur le parcours.

Ces sortes de barrières ou de clôtures sont spécialement exigées par les règlements militaires, pour les propriétés placées dans les zones de fortifications.

La mensuration des barrières en charpente s'effectue au mètre superficiel d'ensemble, ou par le détail des pièces qui les composent.

— Les barrières en fer pour clôtures, sont comptées selon leur poids, rarement au mètre linéaire ou superficiel.

Barrique, *s. f.* Petit tonneau dans lequel se livrent au commerce les ciments des diverses provenances.

La *barrique* peut contenir de 200 à 350 kilog.

Bascule, *s. f.* Plateau d'échafaudage dans un chantier, portant à faux et pouvant occasionner une chute accidentelle.

Il est urgent de se méfier constamment, en marchant sur un échafaudage, des plateaux mis en *bascule.*

— Fumist. Plaque de tôle mobile qui, au moyen d'une tige de fer, sert à régler le feu d'un foyer de cheminée.

— Appareil pour le pesage des fardeaux, de formes et de forces diverses.

Base, *s. f.* Archit. La partie inférieure et moulurée d'une colonne ou d'un pilastre sur laquelle repose le fût.

— Partie inférieure d'un mur, d'une construction, d'un édifice.

— Analyse faite pour rechercher le prix d'unité d'une fourniture ou d'un travail quelconque, pour l'appliquer dans son ensemble.

Bas-relief, *s. m.* Archit. Sculpture faite sur marbre, sur pierre, sur bois, ou coulé au plâtre, ayant une faible saillie par rapport à un fond plat et uni auquel cette sculpture est adhérente.

Basse-cour, *s. f.* Cour intérieure d'un château, séparant la maison des maîtres de tous les bâtiments de dépendances.

Bassin, *s. m.* Espace creusé dans le sol, d'une forme quelconque, souvent capricieuse dans ses contours.

Les parois d'un bassin sont revêtues de marbre, pierre, ciment, rocaillage, béton ou maçonnerie.

Un bassin est ordinairement le complément indispensable et utile d'un jardin, il doit être constamment pourvu d'eau, amenée par des conduits souterrains. Le jet d'eau obligé ,doit jaillir dans son milieu.

Relativement à la mensuration d'un bassin, comme fouille et comme revêtement, l'habileté du géomètre qui en est chargé, doit se développer à la recherche des moyens les plus précis et les plus exacts pour obtenir le résultat demandé; opération qui, parfois, n'est pas sans difficulté.

— Est également appelé *bassin* toute cavité en pierre, en bois, en métal, destiné à recueillir une plus ou moins grande quantité d'eau.

Bâtardeau, *s. m.* Encaissement en charpente établi dans l'eau, avec enveloppe d'argile, de béton et autres matières compactes, pour rendre cet encaissement impénétrable à l'eau. Le bâtardeau, ainsi construit, facilite l'exécution de certains travaux dans une rivière.

Bâti, *s. m.* Charp. Assemblage de pièces de bois de faible équarrissage, destinées à encadrer les murs en briques appelés *pans de bois*, d'une construction légère.

— Menuis. Partie principale d'une boiserie recevant et encadrant les panneaux par embrèvement.

Bâtiment, *s. m.* Se dit de l'ensemble d'une construction quelconque, destiné à devenir maison, hôtel, château, édifice, etc.

Bâtir, *v. a.* Maçonn. Construire.

Bâtisse, *s. f.* Tout ce qui concerne le gros-œuvre d'une construction, c'est-à-dire la maçonnerie, la taille, la charpente, la grosse serrurerie.

— Terme de mépris donné à une construction prétentieuse ou d'importance, dont le côté artistique fait défaut.

Bâtisseur, *s. m.* Qui aime à faire construire, qui a la manie de faire bâtir.

Bâtons-rompus, *s. m. pl.* Menuis. - Charp. Disposition d'un parquet à lames droites et parallèles, dont les joints de têtes se croisent alternativement dans chaque rang.

Battage, *s. m.* Battre le sol avec un pilon de bois, pour serrer des terres ou des couches de béton, afin de rendre la surface du sol ferme, solide et bien dressée.

— Le pisé est également confectionné au moyen du *battage*.

Battant, *s. m.* Menuis. Principale pièce de bois travaillée, dans laquelle s'assemblent les traverses d'une porte, d'une croisée.

Battement, *s. m.* Liteau de bois ou de fer, recouvrant les joints des vantaux d'une porte. Le battement se place aussi transversalement sur le seuil d'une porte pour retenir ses vantaux.

Battue, *s. f.* Bloc de pierre de taille, placé dans l'embrasure d'un portail ou d'une porte servant d'arrêt à ses vantaux réunis.

Bavette. *s. f.* Ferbl. Bande de ferblanc, de zinc, de plomb ou de cuivre, se rabattant sur le devant d'une lucarne ou de toute autre ouverture, donnant sur un toit ou dans un bris.

Les bavettes recouvrent également le devant et les bords d'un chéneau.

Selon le cas de leur largeur, les bavettes en zinc se comptent au mètre superficiel réel, au-dessus de 0,20 de développement, et au mètre linéaire jusqu'à 0,20.

Celles en ferblanc varient de prix en raison du sens de la feuille employée soit en long, soit en travers, mais toujours mesurées linéairement.

Les bavettes en plomb ou cuivre se comptent au poids.

Bayart, *s. m.* Maçonn. Sorte de brancard sans pieds, à fond plein ou à barreaux assemblés dans deux bras, terminés par quatre poignées ou quatre anneaux en fer.

Le bayart sert, sur le chantier même, au transport à bras de certains blocs de pierre d'un petit volume, de moëllons bruts, ou enfin, de béton préparé. Il est aussi employé au mangée, pour l'ascension des menus matériaux, d'un étage à l'autre.

Bec-d'âne, *s. m.* Sorte de burin dont se servent les serruriers pour ébaucher les cannelures et mortaises dans de grosses barres.

— Outil de menuisier, de charpentier, dont la partie tranchante est étroite et allongée en biseau, pour pratiquer les mortaises dans le bois.

Bec-de-cane, *s. m.* Serrur. Petite serrure sans clef ni pène, fermant avec loqueteau. Chaque face est garnie d'un bouton ou d'un petit levier appelé *béquille* servant à faire jouer le loqueteau.

Beffroi, *s. m.* Archit. Tour ronde ou à pans, isolée, attenante ou surmontant un édifice ou un château.

Le beffroi est ordinairement pourvu d'une horloge et contient des cloches que l'on ébranle dans les grands événements. Dans les sinistres, elles donnent l'alarme. Ce dernier cas s'appelle *sonner le tocsin.*

— Charp. Assemblage de fortes pièces de bois ordinairement en chêne, pour supporter les cloches dans un clocher d'église, de chapelle ou de château.

Cette charpente est mesurée pièce à pièce par équarrissement moyen, multiplié par la longueur ou hauteur apparente de chacune d'elle, augmentée de 0,10 pour chaque tenon. Les prises dans les murs sont comptées pour leur pénétration réelle.

Belvédère, *s. m.* Archit. Pavillon ou terrasse, couvert ou non, mais élevé, dominant une maison de plaisance, un château, ou construit isolément.

L'on se rend sur un belvédère pour jouir d'un point de vue

étendu et agréable dans le jour, et le soir pour respirer la fraîcheur après une chaude journée.

Un belvédère doit être pourvu d'une longue-vue, instrument inévitable de sa destination.

Le belvédère est emprunté à l'Italie, où il est en grand usage.

Bénarde, *s. f.* Serrure qui s'ouvre des deux côtés.

Benaut, *s. m.* Petit baquet cerclé de fer, à fond plat et oval, garni sur les côtés de deux poignées ou oreilles. Il sert au transport du mortier, dans le chantier même, au moment de son emploi.

Dans les ouvrages de maçonnerie exécutés en régie, l'emploi du mortier se compte au benaut, si toutefois il ne l'est à la balle, quelquefois même au chariot ou au mètre cube.

Un mètre cube représente environ 66 benauts.

Bénitier, *s. m.* Vase en marbre, en pierre ou en bois dur, de formes diverses, avec ou sans ornements ou sculptures, scellé à un pilier ou supporté par un pied ou colonne, placé à l'entrée d'une église, d'une chapelle, et contenant l'eau bénite, selon le rite du culte catholique.

Béquille, *s. f.* Petit levier faisant poignée à un bec-de-cane ou à une serrure à loqueteau, pour faire jouer le pène du loqueteau.

Berceau, *s. m.* Section d'une voûte en maçonnerie couvrant un seul compartiment de cave, de galerie, de sous-sol, etc.

Pour la mensuration d'un berceau, voyez *Voûte.*

Besaiguë, *s. f.* Outil de fer taillant par les deux bouts, dont se servent les charpentiers, pour tailler les tenons et mortaises dans les pièces de bois, et pour dresser aussi les faces de ces pièces.

Béton, *s. m.* Sorte de maçonnerie confectionnée par le mélange du gravier avec de la chaux vive dans la proportion de 1/3 de chaux pour 2,3 de gravier.

Le béton est toujours préparé au moment de son emploi. Il est précipité dans les extractions faites dans le sol, pour asseoir les fondations d'une construction. Dans ce cas, il est mesuré au mètre cube réel, y comprenant les rangs de libages ou d'allèges, placés à l'établissement des parties en haute fondation.

Les bétons s'emploient également comme chapes pour recouvrir les voûtes en maçonnerie, et sont mesurés au mètre superficiel jusqu'à 0,20 d'épaisseur. Au-dessus de cette épaisseur, ils sont cubés par l'épaisseur réelle qu'ils comportent.

Les bétons étendus en surfaces planes, pour aires, destinés à recevoir un dallage quelconque, sont comptés au mètre superficiel jusqu'à 0,15 d'épaisseur, comprenant régalement et nivellement des surfaces couvertes de béton. Les couches au-dessus de cette épaisseur, sont cubées, toutefois, avec une plus-value par mètre superficiel, pour régalement et nivellement des surfaces bétonnées.

— Les radiers en béton, pour fonds de fosses, canaux, égouts, etc., sont dans les conditions de ce qui précède.

Biais, *s. m.* Deux lignes ou deux surfaces planes qui, en se rencontrant, ne forment pas un ou plusieurs angles droits à leur intersection. Tout ce qui a une direction oblique par rapport à son point de départ ou d'arrivée.

Biaisement, *s. m.* Toute direction en dehors de la perpendiculaire.

Biaiser, *v. a.* Donner une direction biaise.

Bibliothèque, *s. f.* Archit. Bâtiment ou édifice dans une ville, composé de salles et galeries contenant des ouvrages et des livres de toute nature. Le public y est admis à des jours et heures déterminés pour faire la lecture, prendre des notes sans autre autorisation que de le faire sur place.

Dans une riche habitation, une pièce retirée est toujours affectée à la lecture. Cette pièce est naturellement pourvue d'un nombre plus ou moins complet d'ouvrages choisis, intéressants et précieux.

— Menuis. Armoire vitrée pour contenir des livres.

Bief, *s. m.* Canal qui renferme l'eau et la conduit dans quelque élévation pour la faire tomber sur la roue d'un moulin.

Bigue, *s. f.* Petit mât placé debout pour servir de support à un échafaudage.

Biseau, *s. m.* Arête de pierre ou de bois qui présente un angle saillant très-aigu.

Bitume, *s. m.* Voyez *Asphalte.*

Blanchir, *v. a.* Passer des couches de badigeon à la colle et au blanc de Troyes, ou simplement au lait de chaux.

— Menuis. Passer la varlope sur une pièce de menuiserie quelconque pour parfaire son parement.

Blanchissage ou **Blanchiment**, *s. m.* Action de blanchir. Sorte de badigeon fait au lait de chaux, opéré par les maçons sur deux ou plusieurs couches, selon le besoin, pour rafraîchir les façades, les murs d'allées, de cours, d'escaliers ou autres lieux.

Comme pour le badigeon, le blanchissage est mesuré par les surfaces géométriques, sans déduction de vides.

— Peint. Se dit des plafonds d'appartements, magasins et autres locaux qui reçoivent une peinture faite en détrempe, mêlée de colle de peau et de blanc de Troyes et que l'on étend au pinceau sur deux ou plusieurs couches, selon le besoin et sur encollage préparatoire.

Toutes les parties peintes sont converties en surfaces, selon leur forme géométrique avec addition des frises et retombées de sommiers qui peuvent se rencontrer.

Blindage, *s. m*. Charp. Assemblage ou plutôt réunion de plusieurs planches ou plateaux de rebuts retenus par des sangles ou des étais pour contenir les terres dans une tranchée, dans une fouille. Couverture provisoire, également en charpente, protégeant un ciel vitré, ou toute autre chose fragile, de la chute de plâtras résultant d'un travail exécuté au-dessus.

Les blindages se comptent au mètre superficiel compris les sangles et les pargues qui les fixent. Quant aux étais, ils sont mesurés et comptés séparément et linéairement.

Blinder, *v. a*. Établir un *blindage*.

Bloc, *s. m*. État d'une pierre de taille ou de marbre, tel qu'il se présente lors de son extraction en carrière.

Se dit aussi pour toute pierre de taille, avant ou après son taillage.

Le mot *Bloc* est une dénomination usitée et appliquée dans un sens général.

Blochet, *s. m*. Charp. Forte pièce de bois placée horizontalement dont une extrémité est en forte pénétration dans le mur, tandis que l'autre reçoit une pièce de charpente qui dépend d'un assemblage de ferme ou d'arêtier.

La mensuration du *Blochet* a lieu par équarrissement, multiplié par sa longueur apparente, augmentée de sa pénétration réelle dans le mur.

Bloquer, *v. a*. Estimation faite d'une fourniture ou d'un travail sans le mesurer ou qui ne peut l'être.

Blutée. *part. pass*. Se dit en construction pour désigner de la chaux réduite en poudre passée au tamis.

Bois, *s. m*. Substance dure et compacte que forme le corps des arbres et qui constitue l'un des trois principaux éléments de la construction. Il est employé tant en charpente qu'en menuiserie, dont il est la spécialité.

Le bois de chêne, pour la charpente ordinaire, est peu employé à Lyon, sauf les cas d'exception, assez rare en ce qui concerne le bâtiment.

Les bois de charpente se livrent au commerce par radeaux, c'est-à-dire liés et mis à flots sur la rivière, tels qu'ils sont coupés en forêts. Dans cet état, le bois est vendu ou acheté en *grume*. Voyez *Radeau*.

Le mode de mesurage des bois en grume s'effectue de la manière suivante :

Après avoir mesuré, en suivant une ligne droite, la longueur de l'arbre, en retranchant à la tête et au pied les parties jugées mauvaises, on recherche le milieu de cette longueur ; là, l'arbre est ceinturé quel que soit le volume qu'il présente. La circonférence trouvée est divisée en quatre parties égales, dont le quart est multiplié par lui-même, et, le produit, par la longueur déjà trouvée de la pièce de bois. Le résultat est le cube vendu.

Toutes les autres parties de bois employées comme charpente et comme menuiserie, telle que : planches, feuilles, tras, poteaux, chevrons, aisseliers, etc., etc., sont livrées dans le commerce au mètre linéaire ou superficiel et en raison des dimensions et forces de ces bois.

Boiser, *v. a.* Revêtir de boiserie des parois quelconques : mur, cloison, pilier, etc.

Boiserie, *s. f.* Nom générique donné à tout ouvrage de menuiserie pour l'agencement des pièces d'un appartement ou de tout autre local.

Les boiseries sont confectionnées avec ou sans assemblages, avec ou sans moulures. Celles dites à *deux parements*, sont travaillées sur les deux faces ; les moulures et les panneaux sont répétés des deux côtés.

Il y a deux sortes de boiseries : celles dites à *petits cadres* dont les moulures, encadrant les panneaux, sont poussées sur les bâtis en affleurant le parement ; celles dites à *grands cadres* dont les moulures d'encadrement adaptées aux bâtis font relief ou saillie sur le parement. Ces dernières boiseries ne sont exécutées qu'en vue d'un agencement de luxe et entraînent naturellement des valeurs plus élevées que celles appliquées aux boiseries à petits cadres.

Toutes les boiseries d'assemblages sont mesurées au mètre superficiel d'après leur nature, et la valeur en est appliquée selon les prescriptions du tarif de la Chambre syndicale.

Le mode général de la mensuration des boiseries à petits cadres comme celles à grands cadres, est fixé, selon le même tarif, de la manière suivante :

Les boiseries de toute nature comprennent plinthes lisses, cymaises à moulures et bandeaux unis sur un seul parement. Les cymaises en une ou deux parties sur le parement où elles sont dues, qui excèdent 0^{m}07 de largeur, donnent lieu à une plus-value ; l'excédant de largeur est payé au mètre superficiel aux prix des moulures, selon leur épaisseur.

Les plinthes sur boiseries à grands cadres qui portent moulures jusqu'à 0^{m}03 de profil, ne donnent lieu à aucune plus-value ; au dessus de 0^{m}03 de profil, l'excédant est payé comme moulure poussée sur arêtes. Dans les boiseries de toute hauteur, la hauteur est prise sans développement au milieu de la corniche.

Les boiseries rampantes jusqu'à deux mètres de longueur sont mesurées à la plus grande hauteur, c'est-à-dire par équar-

rissement. Lorsque le rampant dépasse deux mètres de longueur pris horizontalement, la hauteur est prise aux 7/10ᵉ de
la longueur de ces boiseries.

Tous les dormants, cadres ou contre-chambranles de portes
ou de placards, de boiseries d'assemblages, sont mesurés et
comptés séparément en raison de leur nature.

Sont également comptés séparément des boiseries d'assemblages et en plus-value, les ouvrages de décorations, tels que :
coins ronds, traverses cintrées, quarts de rond de plates-bandes,
moulures élégies sur les dites et les panneaux à pointes de dia-
mants.

Les moulures rapportées sur les boiseries, telles que : chambranles, pilastres, baguettes, architraves, corniches ou autres,
ainsi que toutes applications en second parement sont de même
comptés séparément.

Les moulures sur le joint du milieu des portes à deux vantaux,
poussées sur l'épaisseur des bâtis ne donnent lieu à aucune
plus-value.

Les battements embrevés ou rapportés en saillie sur ces mêmes
bâtis sont détachés et comptés en supplément.

Les vides dans les trumeaux de cheminées renfermant des
glaces, au-dessous de 0ᵐ 50 de surface, ne sont pas déduits ;
ceux au-dessus sont déduits avec réduction de la moitié de leur
surface. Dans le cas où les faces de ces trumeaux ne sont composées que d'un simple cadre, il est payé comme bâti.

Dans les portes, les panneaux à jour jusqu'à 0ᵐ 20 de surface
ne sont pas déduits ; ceux au-dessus, sont déduits pour *un tiers*
de leur surface.

Les boiseries cintrées en élévation sont mesurées par la plus
grande hauteur, augmentée de la flèche de l'arc ; quand cette
flèche est inférieure à 0ᵐ 25, elle est néanmoins comptée pour
cette hauteur minimum Les arcs à courbe elliptique sont comptés pour une fois et demie en plus de la hauteur de la corde.

Les boiseries cintrées en plan, résultant du débillardement,
sont comptées deux fois en plus que le développement réel. Les
parties cintrées en plan, dont la courbe serait opérée par des
traits de scie, ne comptent que pour le double de leur développement réel.

Les boiseries de hauteur à grands cadres avec panneaux vides
de tentures, sont assimilées aux boiseries à grands cadres à un
parement selon les profils qui les composent. Les vides sont
déduits en entier, à l'exception de ceux d'une surface atteignant
un mètre au plus déduite pour un tiers de leur surface réelle.

Bombement, *s. m.* La partie ou face supérieure d'une
section de cercle.

— Convexité ou renflement naturel, nécessaire ou défectueux, régulier ou irrégulier, qui se produit dans une surface, un parement quelconque.

Bomber, *v. a.* Rendre convexe, donner à une surface quelconque un renflement ayant des proportions calculées.

Bordereau, *s. m.* Tableau de comptabilité ayant pour but d'établir la comparaison des prix demandés dans un mémoire avec les prix correspondants, soit en rectification, soit en règlement du même mémoire.

— Un bordereau est quelquefois dressé pour servir à des réclamations en modification sur un règlement de mémoire déjà fait.

Bordure, *s. f.* Petits blocs de pierre de taille continus, ayant un même profil uni ou mouluré, placés sur lignes droites ou courbes, longeant un trottoir ou encadrant un bassin, une pelouse, etc.

Les bordures se confectionnent aussi avec de la maçonnerie légère, avec des rangs de briques ou de gros pavés.

Quelle que soit leur nature, les *bordures* se comptent généralement au mètre linéaire, de fourniture comme de pose.

Borgne, *adj.* Ouverture simulée dans une façade pour en maintenir la symétrie.

— Chambre, cabinet sans croisée ne recevant aucune clarté du dehors.

Bornage, *s. m.* Action de planter, d'établir les limites d'un champ, d'une propriété rurale.

Borne, *s. f.* Pierre, arbre ou tout objet fixe, servant de limite ou de séparation entre deux propriétés adjacentes.

A défaut de bornes naturelles, c'est-à-dire d'objets reconnus d'une fixité durable, il est procédé à une opération appelée : *Bornage* qui établit les limites de deux héritages contigus.

L'opération du *bornage* donne lieu aux formalités suivantes :

Les parties intéressées à la délimitation sont présentes, assistées du géomètre de la localité. Une pierre d'un certain volume et d'une certaine forme est recherchée ; elle est enfoncée profondément dans le sol sur la ligne séparative des propriétés. Une entaille est faite dans la tête de cette pierre indiquant le passage de la ligne limitrophe. Cette pierre devient alors la *borne* dite d'*héritage*. Pour donner à cette pierre l'importance qu'elle doit avoir et constater son identité, elle doit être assistée de ce qu'on appelle *les témoins*; lesquels ne sont autre chose qu'une autre grosse pierre partagée franchement en deux parties et placées sur les côtés de la *borne*. La présence de ces deux tronçons de pierres, autrement dit, les *témoins*, ne permet point le doute sur la *borne* et évite toute confusion avec d'autres pierres voisines, si plus tard des recherches sont faites. Le rapprochement des deux pierres ou témoins dont la coïncidence est parfaite, justifie le bornage.

— Les bornes sont aussi des pierres de volume et de forme variés, plantées sur les limites d'une commune, d'un canton, d'un arrondissement, d'un département et même d'un État.

— Les bornes kilométriques sont placées sur les routes et distancées par mille mètres.

Les subdivisions de demi-kilomètre et d'hectomètre, sont également marquées par des pierres indicatives qui sont encore des bornes.

Borne-fontaine, *s. f*. Petite fontaine de la forme d'une borne, ayant un robinet d'où s'échappe de l'eau potable, soit à jet continu, soit par le jeu d'une clé.

Borner, *v. a*. Mettre des bornes, limiter une propriété.

Bosquet, *s. m*. Embellissement d'un parc ou d'un jardin d'agrément, composé d'arbres plantés symétriquement. Leurs dispositions forment de petites allées qui se croisent d'une façon régulière.

Bossage, *s. m*. Saillie laissée exprès à la surface d'un ouvrage de pierre de taille ou de bois, soit comme ornement, soit pour y faire quelque sculpture.

—Partie d'une moulure non terminée qui ne s'achève qu'après la mise en place de l'objet dans lequel cette moulure est taillée.

—Assises de pierre de taille qui semble excéder le nu du mur, parce que les joints et les arêtes en sont marqués par des parties renfoncées et ciselées.

Bouchardage, *s. m*. État d'un parement ou face d'un ouvrage en pierre de taille façonné à la boucharde.

Boucharde, *s. f*. Sorte de marteau en fer à têtes carrées dont se servent les tailleurs de pierres pour achever un parement de pierre de taille, après toutefois en avoir ciselé les arêtes. Les deux têtes de cet outil présentent des faces parfaitement carrées, et dans lesquelles sont taillées de petites pointes très-aiguës, régulières et acérées.

Les pierres finement et soigneusement taillées, sont bouchardées avec la boucharde dite à *Cent-dents*.

Le contact de la boucharde sur la pierre y laisse une empreinte ormant grain d'orge.

Boucharder, *v. a*. Se servir de la boucharde.

Bouche, *s. f*. Ouverture. Voyez *Orifice*.

Bouche de chaleur, *s. f*. Fumist. Gaine établie sous un dallage, recouverte d'une plaque ajourée ou non, en fer ou en fonte, par laquelle se dégage la chaleur d'une traînasse de calorifère.

Boîte en cuivre à couvercle adhérent qui, ouverte, laisse échapper la chaleur d'un foyer quelconque : calorifère, fourneau, etc., pour chauffer une chambre, une salle, une antichambre, un vestibule.

Boucher, *v. a.* Condamner une baie, une ouverture quelconque en y construisant un mur ou une cloison.

— Travail ayant pour but de faire disparaître un trou, une fuite, une lézarde en employant, selon le cas, le bois, le mortier, le plâtre ou le ciment.

— *Boucher* une gouttière, consiste à déplacer, replacer ou changer une ou plusieurs tuiles d'une toiture dont l'état laisse passer, par des interstices, l'eau de pluie au travers de cette toiture, et cause quelquefois des dégats préjudiciables. Ce dernier travail, toujours exécuté par le maçon, est ordinairement compté selon le temps employé à faire disparaître la gouttière.

Bouchon, *s. m.* Dalle très-épaisse en pierre de taille, de forme ronde, ovale ou carrée, s'adaptant dans une ouverture pratiquée dans un plafond également en pierre dite *Pierre-Percée* et pourvue d'une feuillure au pourtour de l'orifice.

Un *bouchon*, quelle qu'en soit la forme, est toujours compté à la pièce comme fourniture seulement.

Boudin, *s. m.* Archit. Le gros cordon à la base d'une colonne.

— Charp. ou Menuis. Grosse moulure ronde ou mi-ronde, rapportée sur un angle ou une arête. Elle se compte au mètre linéaire.

Dans certaines toitures en ardoises, les faîtages sont recouverts d'un fort boudin en charpente destiné lui-même à être revêtu de zinc. Ils sont comptés aussi au mètre linéaire, en raison de la force du bois et quelquefois même de leur assemblage en deux ou plusieurs corps.

— Grosse moulure demi-ronde taillée sur le devant des marches d'escalier, soit en pierre, soit en bois. Elle règne sur l'arête du giron et fait retour en tête de la marche, quand l'escalier est à jour et dépourvu de limon. Cette moulure surmonte presque toujours un *listel*.

Boudoir, *s. m.* Petit salon dépendant d'un riche appartement orné avec coquetterie, élégance et volupté. Cette pièce est ordinairement attenante à la chambre à coucher de Madame, et lui sert de refuge pour être seule ou en causerie intime.

Bouge, *s. m.* Par contraste avec la pièce qui précède, le bouge est un méchant réduit infect, où le jour et l'air font complètement défaut. Le manque d'espace permet à peine de s'y tenir et encore moins d'y vivre.

— Charp. Se dit d'une pièce de bois courbe et bombée.

Bouillotte, *s. f.* Fumist. Vase en métal enfermée dans un fourneau de cuisine, constamment rempli d'eau chaude pour l'usage journalier d'un ménage.

Boulevard, *s. m.* Promenade plantée d'arbres contournant une ville.

Rue large et spacieuse à l'intérieur même d'une ville, avec plantation d'arbres en bordures.

Boulin, *s. m.* Maçonn. Trou pratiqué dans un mur pour recevoir les pièces de bois ou fourniers qui supportent un échafaudage.

Boulon, *s. m.* Serrur. Cheville de fer à tête ronde ou carrée fixant un assemblage de charpente. Comme fourniture, les boulons se livrent au poids. Les trous faits dans les charpentes pour les recevoir se comptent à la pièce.

Boulonner, *v. a.* Placer, ajuster des boulons, serrer avec des boulons.

Bouquet, *s. m.* Il est un vieil usage conservé parmi les ouvriers du bâtiment, qui consiste à fêter l'achèvement du gros-œuvre d'une construction. A cet effet, la mise en place de la dernière pierre d'une maison ou d'un édifice donne lieu à cette fête. Les ouvriers maçons qui ont coopéré à cette construction, plantent, au sommet de sa façade principale, des branches d'arbres ou des fleurs ornées de banderolles flottantes accompagnées de drapeaux aux couleurs nationales. Cette exhibition s'appelle *Mettre le Bouquet*. Alors, c'est l'occasion pour le propriétaire, le bourgeois, comme les ouvriers l'appellent, de manifester sa satisfaction envers eux et surtout sa munificence, par le versement d'une somme plus ou moins importante qu'il distribue à titre de gratification. Si cette somme n'est pas répartie entre les ouvriers en proportion de leur grade, elle est alors convertie en un festin auquel, naturellement, le patron est admis.

Quand les charpentiers, à leur tour, ont mis la dernière main à la toiture, la même exhibition de fleurs, de rubans, de drapeaux recommence. De nouvelles gratifications sont versées, réparties ou employées à un nouveau festin.

Quelquefois, il y a fusion entre les deux corporations ; tout se fait alors en commun. Les étrennes deviennent communes et sont converties en un banquet général. Et quand vient le soir de cette belle journée, le Bouquet, on peut le croire, est quelquefois dignement et amplement arrosé.

Bourrelet, *s. m.* Forte garniture faite le plus souvent en ciment, pour renforcer les angles rentrants formés par la rencontre de deux parois de murailles enduites en ciment.

Les *bourrelets* sont détachés de l'enduit pour être comptés au mètre linéaire.

Bourse, *s. f*. Archit. Édifice public destiné aux opérations de commerce et de finances.

— Lieu de réunion où s'assemblent, à de certaines heures de la journée, agents de change, banquiers, négociants, courtiers, etc., pour traiter d'affaires.

Bourseau, *s. m*. Charp. Moulure ronde qui règne au sommet des toits d'ardoise. On le nomme aussi *Boudin*.

— Plomb. Nom d'un instrument servant à arrondir les tables de plomb.

Bouzin, *s. m*. Surface tendre de la pierre de taille qu'il faut abattre en la taillant, étant nuisible à l'emploi de cette taille.

Boussole, *s. f*. Instrument servant à reconnaître ou à fixer la disposition topographique d'un plan, d'une construction, d'un terrain. Il consiste en une petite boîte renfermant un cadran circulaire, dans lequel se croisent deux lignes droites formant quatre angles droits. Les extrémités de ces lignes désignent les quatre points cardinaux. Au centre de ce cadran est placé, d'une manière mobile, une aiguille en acier aimantée à l'une de ses pointes. Cette pointe qui a la propriété de se tourner constamment vers le nord, décide l'orientation cherchée.

Bout, *s. m*. L'extrémité d'un corps quelconque.

Bout-à-bout. Deux pièces de charpente qui se joignent par la tête.

Boutisse, *s. f*. Maçonn. Pierre ou plotet dont la plus grande longueur est tournée dans le gros de mur.

Les maçonneries de plotets, en boutisse se comptent toujours au mètre cube, avec déduction de tout vide.

Bouton, *s. m*. Pièce de ferronnerie en fer, en fonte, en cuivre, en cristal, en ivoire, en bois ; sa forme est ronde ou taillée à facettes. Ils servent de poignées aux portes et se livrent à la pièce dans toutes les dimensions.

Bouvet, *s. m*. Sorte de rabot dont se servent les menuisiers pour pousser les rainures et les languettes. Il y en a de plusieurs espèces pour embrèvements de cadres et panneaux, pour noix de battants de croisées, etc.

Bouveter, *v. a*. Pousser, à l'aide du bouvet, des rainures et des languettes.

Bracelet, *s. m*. Sorte de collier mouluré ou non, faisant saillie sur l'objet qu'il embrasse, tel qu'un fût de colonnette, de pilastre, etc.

Les bracelets sont sculptés sur la pierre ou le marbre, rapportés sur de la boiserie ou adhérents quand ils sont confectionnés en plâtre, ciment ou stuc.

— Ferblant. Les bracelets sont confectionnés en zinc moulurés, faisant ornementation à une descente de tuyaux du même métal ; ils sont alors comptés à la pièce.

Braser, *v. a.* Joindre, réunir ensemble deux pièces de fer, d'acier ou de cuivre, au moyen d'une soudure.

Brasure, *s. f.* Soudure de deux pièces de métal.

Brayon ou **Rabot**, *s. m.* Outil de maçon, vulgairement appelé par eux : *Brayou*. Sorte de palette en fer recourbée sur elle-même ayant un long manche. Le brayon sert au mélange de la chaux éteinte avec le sable pour la confection des mortiers.

Brèche, *s. f.* Ouverture faite dans un mur par violence, malfaçon, vétusté ou avec intention.

— Nom donné à une nature de marbre à fond violet.

Bretagne, *s. f.* Plaque de fonte placée verticalement dans le fond d'un foyer de cheminée. Son but est de préserver le mur du contact de la vive chaleur de ce foyer et d'en renvoyer les rayons calorifiques.

Dans les habitations nobiliaires, les bretagnes portent souvent, en bas-relief, les armoiries du chef de la maison.

Bretteler, *v. a.* Regratter le parement d'un enduit de ciment avec un outil à dents, pour donner à cet enduit le grain et l'apparence de la pierre de taille.

Bricole, *s. f.* Terme vulgaire qui sert à désigner, dans le bâtiment, l'exécution de menus travaux ayant peu de valeur.

Pris dans ce sens, ce mot n'est pas français, mais très-usité. On dit aussi *Brocante*.

Bride, *s. f.* Ferbl. Petit lien de fer retenant un chenal à un forjet de toiture. Les brides ne sont comptées séparément à la pièce que dans le cas de réparation.

Brique, *s. f.* Plâtr. Petit rectangle dont la longueur est à peu près le double de sa largeur, d'une épaisseur de 0m 02 1/2 à 0m 03 fabriqué en terre cuite pour la confection des cloisons, gaînes de cheminées, quelquefois des voûtes.

Briquet, *s. m.* Petit couplet de fer qui ne peut être plié que dans un sens, et qui est propre à assembler deux pièces de menuiserie, un abattant, etc.

Briquetage, *s. f.* Petit mur fait en briques posées sur champ pour diviser un appartement. Voyez *Cloison*.

Bris, *s. m.* Constr. C'est la partie d'une toiture qui s'élève au-dessus de la corniche d'une façade en formant une pente très-rapide qui se termine à la panne dite de bris.

— Charp. La mensuration d'un bris est le résultat de sa longueur multipliée par sa hauteur. Cette surface appartient à la toiture avec laquelle le bris se raccorde.

Les vides des baies de jacobines, s'il y en a, ne se déduisent pas, pour compenser les raccordements inévitables de la charpente autour de ces ouvertures.

— Comme couverture en ardoises, la mensuration est la même que pour la charpente. Les vides sont déduits, s'il n'y a pas de revêtissement en ardoises autour de la jacobine.

Brisure, *s. f.* Endroit d'un ouvrage de menuiserie où se trouvent placées une ou plusieurs charnières qui permettent à cet ouvrage de se replier en plusieurs parties sur lui-même.

Brocante, *s. f.* Expression commune employée pour désigner l'exécution d'un ouvrage sans importance. On dit aussi *Bricole*.

Brocatelle, *s. f.* Nature de marbre ayant plusieurs couleurs.

Brochage, *s. m.* Travail exécuté à l'aide de la broche.

Broche, *s. f.* Outil d'acier terminé en une pointe très-aiguë, employée par les tailleurs de pierres et les maçons pour faire des tranchées ou des trous dans la pierre.

Brocher, *v. a.* Se servir de la broche.

Bronze, *s. m.* Alliage de cuivre, d'étain et de zinc.

— Peint. Teinte qui imite ou tend à imiter le bronze. Elle se compose de cuivre réduit en poudre.

Bronzer, *v. a.* Peindre en imitant le bronze.

Brosse, *s. f.* Elle sert aux colleurs de papiers peints pour étendre les lès de tapisserie et éviter les faux plis.

Les peintres donnent ce nom à certains gros pinceaux pour étendre les peintures.

Brouette, *s. f.* Petit chariot à une roue, ayant deux pieds et deux bras sur le devant.

Elle sert au transport des terres, des pierres, sable, gravier, etc., sur le chantier même d'une construction. Elle est mue par un seul homme et par relais de 25 mètres.

Brouetter, *v. a.* Transport fait à l'aide de la brouette.

Brouetteur, *s. m.* Ouvrier chargé d'un transport à la brouette. Il ne s'applique qu'aux ouvriers terrassiers pour opérer le mouvement donné aux terres d'une fouille ou d'une tranchée.

Broyer, *v. a.* Se servir du brayon ou rabot.

— Peint. Réduire en pâte claire les couleurs en poudre avec un mélange d'huile de lin. C'est un travail préparatoire qui s'effectue à l'atelier au moyen d'un pilon en pierre sur une tablette aussi en pierre ou en marbre.

Brut, ute, *adj*. Se dit d'une pierre à construire ou d'un bloc quelconque : pierre, marbre ou bois, etc., non encore travaillé.

— Parement d'un mur non encore recouvert d'un enduit.

Buanderie, *s. f.* Dans les dépendances d'une habitation à la campagne, c'est une pièce basse réservée au coulage de la lessive.

— Lieu public où sont établis un fourneau, des chaudières, des cuves et des ouvriers pour faire la lessive.

Bûcher, *s. m.* La partie des dépendances d'une habitation à la campagne réservée aux approvisionnements du bois à brûler.

— Dans les appartements à la ville, petit compartiment réservé au même usage.

Coffre à abattant fait en menuiserie, dans lequel on serre du bois à brûler. Ce coffre est quelquefois mobile.

Bûcher, *v. a.* Action de trancher, couper, abattre avec l'aide du marteau ou du ciseau.

Bureau, *s. m.* Pièce affectée aux écritures, à la comptabilité. Autant que possible le silence doit régner autour de cette pièce.

— Meuble en menuiserie ou en ébénisterie sur lequel on écrit.

Buter, *v. a.* Agir en vue de maîtriser la poussée d'un mur, d'une voûte, d'un arc, d'un massif de terre, etc.

Buse, *s. f.* Rigole provisoire établie par-dessus une tranchée ou une fouille pour éviter le détournement ou l'interruption des eaux d'un ruisseau

— Canal pour conduire l'eau sur la roue d'un moulin pour la faire mouvoir.

Byzantin, ine, *adj*. Style d'architecture grecque du VIe siècle.

C

Cabane, *s. f.* Petite maisonnette rustique, à la campagne.

— Petit réduit construit en bois ou en légers matériaux.

— Sorte de petite maisonnette en planches, dans un chantier en construction, pour serrer les outils, appelée aussi *baraque*.

Cabanon, *s. m.* Cachot. Cellule d'un prisonnier ou d'un fou.

Cabestan, *s. m.* Engin mécanique, composé d'un treuil horizontal ou vertical, mu par manivelles ou barres ; il est fixé sur un ou deux tréteaux et employé au mouvement ascensionnel des matériaux ou fardeaux d'un certain poids.

Cabinet, *s. m.* Pièce d'un appartement réservée au travail de bureau ou d'étude.

— *à toilette*, petit compartiment pour usage particulier. Il doit être pourvu d'une fontaine et de tous les accessoires nécessaires à sa destination.

— *de bain*, chambre réservée pour l'usage qu'il désigne. Doit être dallée ou bitumée, et les murs recouverts d'une peinture ou d'un enduit au ciment.

— *d'aisance*, lieu réservé aux besoins naturels. Doit toujours être placé d'une manière très-indépendante et un peu retiré des pièces principales d'un appartement.

Câble, *s. m.* Voyez *Cordage*.

Cadastre, *s. m.* Plan matricule dressé dans chaque commune de France, constatant la contenance, la nature, la production et le revenu des biens fonds d'un pays, pour la répartition équitable de l'impôt territorial.

Cadenas, *s. m.* Petite serrure mobile qui s'adapte à volonté, par un anneau, à une porte, à un meuble, à un coffre.

Cadette, *s. f.* Vieux mot, autrefois employé pour désigner une dalle de pavage ou de trottoir. N'est plus usité.

Cadran, *s. m.* Face circulaire d'une horloge, sur laquelle les heures et les subdivisions de l'heure sont tracées.

— *solaire*, combinaison du tracé des heures et des minutes sur une façade, une muraille, une colonne ou toute autre paroi exposée aux rayons du soleil.

L'ombre projetée d'une aiguille appellée *gnomon*, dont une pointe est fixée au centre du cadran, tandis que l'autre s'avance par une inclinaison, indique l'heure selon la position du soleil.

Le tracé d'un cadran solaire demande des connaissances particulières et scientifiques, selon qu'il est tourné plus ou moins de face au regard du soleil, ou que le tracé est fait sur une surface plane ou curviligne. Cette science est nommée *gnomonique*.

Cadre, *s. m.* Bordure lisse ou moulurée entourant un tableau, un compartiment, un panneau, etc.

—Menuis. Il est dit *petit cadre* quand la moulure du bâti qui encadre le panneau d'une boiserie affleure le parement du bâti. Il est dit *grand cadre*, quand cette moulure fait relief ou saillie sur le bâti auquel elle est adaptée. Il est à *double parement*, quand le même profil est répété sur les deux côtés de la boiserie.

Cage d'escalier, *s. f.* Compartiment formé de murs ou de pans de bois dans lequel est établi ou construit l'escalier desservant chaque étage d'une construction quelconque.

— de latrines, cabinets' d'aisance superposés, enfermés dans un pan de bois avec ou sans encorbellement mais en saillie sur une façade.

Cahier des charges, *s. m.* Ordonnances, prescriptions, conditions écrites, imposées préalablement pour l'exécution d'une fourniture ou d'une entreprise générale ou partielle.

Caillou, *s. m.* Voyez *Pavé*.

Cailloutage, *s. m.* Débris de cailloux concassés, qui, mêlés avec du ciment ou du mortier hydraulique, servent à la confection de certaines maçonneries, susceptibles d'acquérir la plus grande consistance et la plus grande solidité.

Ces sortes de maçonneries sont mesurées au mètre linéaire, quand elles font enveloppe à des tuyaux ou à des conduits n'excédant pas un mètre de développement; au-dessus elles sont mesurées au mètre superficiel par le développement pris sur le parement extérieur.

Les cailloutages exécutés en formes de rigoles sont mesurés linéairement jusqu'à 0,50 de largeur et superficiellement au-dessus de cette largeur.

Cailloutis, *s. m.* Petits cailloux répandus sur une route, un chemin.

Caisson, *s. m.* Arch. Petit compartiment presque toujours rectangulaire, refouillé ou saillant, faisant ornement sous un larmier de corniche ou dans une frise.

La face antérieure d'un plafond de balcon en façade est quelquefois ornée de grands *caissons* refouillés ou saillants.

Des *caissons*, plus ou moins importants et compliqués, règnent quelquefois sous un larmier, un soffite, dans le plafond d'une grande salle, celui d'un péristyle, d'un passage, d'une galerie ou autres lieux analogues. Alors ces ouvrages sont assimilés aux décorations, et mesurés et évalués selon leur nature, leur complication et leurs dimensions prescrites et détaillées au tarif de la Chambre syndicale, soit à la menuiserie, soit à la plâtrerie.

— Menuis. Le *caisson* est un encaissement réservé dans la largeur d'une fermeture, pour recevoir les volets de cette fermeture qui, se repliant sur eux-mêmes, vont disparaître dans le caisson. Le devant du *caisson* est fermé par une sorte de haute et étroite porte, suspendue sur charnières. Ces portes s'appellent *masques*, car en effet, elles ont pour but de masquer, de cacher l'emplacement dans lequel sont logés les volets, quand la devanture est ouverte.

— Dans l'embrasure d'une croisée d'appartement, des *caissons* sont également ménagés derrière le contre-chambranle, et dans la largeur de cette embrasure, pour recevoir aussi les volets repliés sur eux-mêmes.

Calade, *s. f.* Dalle en pierre plus longue que large, placée en trottoir sur la voie publique, dans un passage ou dans une cour.

Les calades sont ordinairement comptées au mètre linéaire de fourniture et de pose, car leur largeur n'excède guère 50 centimèt.

Calcaire, *adj.* Qualité ou nature de pierre que le feu peut convertir et réduire en chaux.

Calciner, *v. a.* Réduire en chaux ou en poudre, par l'action du feu.

Câle, *s. f.* Voyez *Coins*.

Calfeutrage, *s. m.* Garniture faite avec du mortier, du plâtre, du ciment, pour boucher des fissures, des lézardes, des trous, etc., produits dans un mur, une cloison, un plafond.

Le calfeutrage s'effectue aussi en employant du charbon pilé, pour arrêter les invasions de rats, cafards et autres destructeurs de même espèce.

Calibre, *s. m.* Profil de moulure découpé sur tôle, zinc ou bois, pour servir aux plâtriers, cimenteurs, stucateurs, à pousser des corps de moulures. Il est quelquefois appelé *gabarit*.

Calotte, *s. f.* Concavité d'une voûte sphérique.

— Ferblant. Enveloppe confectionnée en ferblanc, en zinc, en plomb, en cuivre, recouvrant un orifice ou une ouverture dans une toiture.

Calorifère *s. m.* Fumist. Appareil de chauffage, construit en briques, avec ou sans revêtement de faïence. Sa construction en est plus ou moins importante, selon le cas. Du foyer calorifique de cet appareil, la chaleur est répandue au moyen de conduits en fer, en fonte ou en maçonnerie et transmise par des *bouches* sur tous les points d'un local plus ou moins vaste que l'on veut chauffer.

La construction d'un calorifère est généralement l'objet d'un prix débattu, en raison de son volume et de son importance, **y** comprenant le plus souvent tous les accessoires qui s'y rattachent.

Calque, *s. m.* Reproduction d'un plan, d'un dessin, par la transparence d'un papier léger, préparé à cet effet, que l'on applique sur le dessin ou le plan à reproduire.

Camion, *s. m.* Chariot très-bas, à deux roues, sur lequel les ouvriers font le bardage des matériaux dans le chantier même. On le nomme aussi *crapaud*.

— Vase de terre ou de métal, dans lequel les peintres délayent la couleur au moment de son emploi.

Campanile, *s. m.* Archit. Petite tour ouverte, surmontant une toiture en dôme ou en pyramide, au sommet d'un édifice, dans laquelle, une ou plusieurs cloches sont suspendues.

Canal, *s. m*. Conduit souterrain en maçonnerie recouvert par une voûte, avec de fortes pierres ou avec des dalles brutes ou taillées.

Un canal sert à l'écoulement des eaux d'une maison, jusque dans l'égout collecteur de la ville ou dans un récipient quelconque. Les parois d'un canal sont généralement enduites de ciment. Le radier ou fond du canal légèrement concave, est ordinairement confectionné en béton, quelquefois revêtu de ciment ou d'un carrelage.

Le métré d'un canal s'effectue en raison de l'importance de son profil, soit au mètre linéaire avec une valeur relative, soit au mètre superficiel, par le détail de chaque partie qui le compose.

Candélabre, *s. m*. Grands chandeliers en métal placés sur les autels d'églises.

— Pour l'éclairage de la voie publique. le candélabre est une colonnette en fonte, avec ou sans ornements, recreusée dans son axe et reposant sur un socle en pierre ou en fonte. Son extrémité supérieure est terminée par un globe en verre ou une lanterne.

Caniveau, *s. m*. Large rigole en pierre, en béton ou en cailloux très-peu recreusée, pour servir à l'écoulement des eaux, au-devant d'un trottoir ou dans un chemin. La fourniture, la pose ou la confection des caniveaux, s'effectuent au mètre linéaire jusqu'à une largeur de 0,50; au-delà de cette largeur, il est compté à la surface, par sa largeur réelle.

— Les caniveaux sont quelquefois en fonte, dont la fourniture est comptée au poids, la pose au mètre linéaire.

Cannelure, *s. f*. Cavité légèrement recreusée et en ligne verticale, présentant un profil circulaire et concave, faisant ornement sur le fût d'une colonne ou d'un pilastre. En ce cas, les cavités sont presque toujours arrêtées à leurs extrémités, soit par de petites portions sphériques, soit par des arrêts droits ou carrés.

— Rainure taillée dans la pierre, le fer ou le bois, pour recevoir un autre corps, ou servir à divers usages.

Capacité, *s. f*. Contenance d'un corps creux; volume intérieur d'un vase, d'une cavité quelconque.

— S'emploie pour désigner, chez un individu, le mérite, le savoir et l'intelligence qui lui sont reconnus et qui peuvent lui être utiles, soit à son profit, soit à celui d'un patron.

Capote, *s. f*. Ferblant. Enveloppe confectionnée en zinc, en ferblanc, en plomb, en cuivre, entourant un œil-de-bœuf, une petite lucarne dans une toiture.

Elle est comptée à la pièce en raison de son volume et de sa nature.

— Plâtrer. - Fumist. Encaissement plus ou moins vaste en briques ou en tôle, de la forme d'une hotte renversée, établi au-dessus d'un fourneau de cuisine, d'une forge d'atelier, pour concentrer la fumée ou les émanations, et les diriger dans la gaine de la cheminée contre laquelle la capote est adaptée. Ordinairement comptée à prix débattu ou à l'estimation.

Capuchon, *s. m.* Ferblant. Sorte de petite capote, à laquelle on donne des formes variées et qui se compte à la pièce.

Caractère, *s. m.* Décoration d'un style accentué, sévère et régulier.

Caractéristique, *adj.* Accusant des formes sévères et d'une grande régularité.

Carrare, *s. m.* Marbre blanc de la plus belle espèce. Son nom est tiré de celui d'une ville d'Italie, près de laquelle se trouvent les carrières.

Carré, *s. m.* Géom. Rectangle régulier formé de quatre côtés égaux et de quatre angles droits.

Sa surface s'obtient en multipliant l'un de ses côtés par lui-même.

Carreau, *s. m.* Petit rectangle régulier en terre cuite ayant environ 0,16 $\times$ 0,16 de côtés, servant au pavage des chambres, cuisines, salles, greniers, etc.

Pour couvrir un mètre carré, il faut environ 38 carreaux, déchet compris.

Posés isolément, les carreaux se comptent à la pièce, ainsi que pour la fourniture. Groupés à plus de un mètre et demi de surface, les carreaux sont mesurés au mètre sperficiel.

— Pour *Carreau* de vitre, voyez *Vitre*.

Carreaudage, *s. m.* Petite dalle régulièrement équarrie, en pierre de taille, ayant son parement vu taillé ; elle est quelquefois ciselée à son pourtour. Le carreaudage est placé de champ par rangs régulièrement appareillés, pour former le parement d'un mur, ou la façade d'un édifice.

— La mensuration des carreaudages est toujours effectuée au mètre superficiel par chaque rang d'assises, et en mesurant à la plus forte longueur des rangs.

Dans le cas où les extrémités des rangs de carreaudages rencontreraient un angle rentrant, ces longueurs s'augmenteront de 0,16 pour chacune des têtes en pénétration. Quand la face faisant angle rentrant sera elle-même revêtue de carreaudage, la prise de 0,16 devra s'alterner à chaque rang, afin d'éviter une double pénétration au même rang et à la même tête du rang. Les longueurs rencontrant un angle saillant feront retour sur l'arète.

Les carreaudages taillés sur plan circulaire sont l'objet d'une plus-value par mètre superficiel.

Toutes tailles en boutisses dans un parement de carreaudage, dont la tête sera vue, seront cubées séparément, et la surface apparente sera déduite de la surface totale du carreaudage, ainsi que tous les vides.

Carrelage, *s. m.* Assemblage de carreaux à quatre, six ou huit pans, formant le sol d'une chambre, d'une salle ou d'un compartiment quelconque. Le carrelage doit présenter une surface régulière et un niveau parfait.

Quelle que soit la nature ou la forme des carreaux employés, les carrelages sont mesurés selon les formes géométriques qu'ils présentent. Tous les vides sont déduits à l'exception des emplacements occupés par les cheminées.

Carriche, *s. f.* Sorte de carreau à cinq, six ou huit pans, en terre cuite, mais d'une nature particulière, que la localité ne produit pas. Cette terre d'un grain très-fin est d'une nuance rouge, est brillante sur sa face apparente qui est polie. Ses dimensions ont une grande variété, sans changement dans la forme.

Les carrelages en carriches demandent une grande précision et une grande habitude d'exécution. Ils sont employés de préférence pour salles à manger, vestibules, galeries, salles de bains et autres lieux analogues.

Les plus belles carriches sont de provenance marseillaise, bien qu'il y ait des fabriques à Montchanin, dont les produits sont à peu près équivalents.

Carrier, *s. m.* Celui qui exploite une carrière. — L'ouvrier qui y travaille.

Carrière, *s. f.* Rocher d'exploitation et d'extraction de la pierre propre à bâtir. Le moëllon, la pierre de taille, l'ardoise, le plâtre, le marbre, sont le résultat de ces exploitations.

Carton-pierre, *s. m.* Vieux papiers cuits, convertis en pâte, recevant un mélange de colle et de craie broyée, qui, à froid, lui donne la consistance et la blancheur de la pierre. A l'état liquide, cette pâte est répandue dans des moules et en sort confectionnée en ornements, que l'on dispose et assemble pour les décorations intérieures.

Cartouche, *s. m.* Archit. Ornement sculpté, gravé ou peint, faisant encadrement à une inscription, à des armoiries ou autres choses analogues.

Le cartouche s'exécute aussi en plâtre, en ciment, en stuc, en carton-pierre. Sa valeur est estimative, en raison du dessin dont il est composé.

— La clouterie employée dans les ouvrages de charpente et de menuiserie, est livrée au commerce dans des étuis en carton, appelés *cartouches*. En ce cas, ce mot est féminin.

Caryatide, *s. f.* Arch. Figure d'homme ou de femme, nue ou vêtue, peinte ou sculptée, employée en décoration.

Les *Caryatides* remplacent en ce cas les colonnes et les pilastres et servent de soutien à une architrave qu'elles supportent ou paraissent supporter sur leur tête.

Casemate, *s. f.* Lieu voûté d'une fortification, à l'abri des effets de la bombe.

Caserne, *s. f.* Bâtiment réservé, dans une ville, au logement des troupes permanentes de l'armée.

— Se dit d'une grande maison dépourvue de style et de caractère, souvent sans architecture.

Casier, *s. m.* Meuble en menuiserie à compartiments horizontaux ou verticaux.

Cathédrale, *s. f.* La principale église d'une ville.

Cave, *s. f.* Compartiment voûté en contre-bas du sol à rez-de-chaussée.

Caveau, *s. m.* Petite cave.

— Dans un cimetière ou dans une propriété privée, cave souterraine, réservée à la sépulture d'une famille.

Cavet, *s. m.* Archit. Moulure en quart de rond concave.

Cavité, *s. f.* Tout ce qui est creux; vide, profondeur produits dans une fouille de terre ou de rocher, par suite d'extraction.

— Petits creux inégaux et défectueux, qui règnent sur le parement droit ou uni d'une surface quelconque.

Cellier, *s. m.* La partie des dépendances d'une habitation à la campagne renfermant les produits vinicoles. Lieu voûté où sont placés les provisions.

Cellule, *s. f.* Petite chambre dans un monastère destinée au logement d'une seule personne.

Centiare, *s. m.* Subdivision superficielle de *l'are* ayant un mètre de côté, dans les mesures agraires.

Centre, *s. m.* Géom. Point milieu du cercle, de la sphère, etc.

Céramique, *s. f.* Poterie en terre cuite. Art de la fabrication des objets en terre : poterie et faïencerie.

Cerce, *s. f.* Charp. Planches de forte épaisseur assemblées et découpées en conformité de la courbe prescrite d'une voûte. Les *cerces* sont rangées parallèlement et à intervalles égaux; et sur la partie externe, un lattis en planches ou voliges est cloué transversalement, qui détermine une surface curviligne, sur laquelle est construite la voûte. Voyez *Cintre*.

Cercle, *s. m.* Géom. Surface entièrement circulaire comprise dans une ligne courbe et régulière appelée *Circonférence,*

La surface du cercle s'obtient en multipliant la longueur de la circonférence par la moitié du rayon. La longueur de la circonférence s'obtient elle-même, en multipliant le diamètre du cercle par le chiffre uniforme de 3.1416.

Céruse, *s. f.* Carbonate de plomb en poudre, dont la couleur est blanche. Elle est insoluble dans l'eau. Réduite en pâte très-liquide avec un mélange de vernis ou d'esprit-de-vin, on l'étend par couches et en enduits sur des boiseries intérieures.

Chaîne, *s. f.* Lien en métal composé d'anneaux plus ou moins forts, à peu près semblables, engagés les uns dans les autres, servant à divers usages.

— d'angle. Assises de pierre de taille à joints réglés, superposées les unes sur les autres pour déterminer l'angle saillant de deux murs, de deux façades qui se rencontrent.

Chaque assise d'une *chaîne d'angle* est cubée en multipliant sa hauteur d'un joint à l'autre par son équarrissement, saillies et bossages compris quand les assises en comportent.

— Les *chaînes d'angles feintes* en plâtre, en ciment, en stuc, se comptent au mètre superficiel, avec plus-value pour les refends simples ou moulurés, bossages à pointes de diamant, etc., dont l'estimation est établie en conformité des prescriptions du tarif de la Chambre syndicale.

— métrique ou **d'arpenteur**. Instrument en fil de fer, servant à mesurer les terrains, les champs, les superficies ou les dimensions d'une grande étendue. La chaîne d'arpenteur, compris les deux poignées d'extrémités, mesure *dix mètres*. Elle est subdivisée en cinquante branches assemblées par des anneaux, dont la longueur est de 0^m 20 d'un milieu d'anneau à l'autre. Ces anneaux sont en fer, sauf ceux placés à chaque mètre, qui sont en cuivre.

A l'anneau de cuivre du milieu de la chaîne est adapté une petite broche en fer déterminant les cinq mètres ou la moitié de la chaîne.

La chaîne doit être employée toujours très-tendue et très-horizontalement. Voyez *Fiche*.

Chaîner, *v. a.* Mesurer à la chaîne en suivant une ligne droite décrite par une suite de jalons plantés à cet effet.

Chaînette, *s. f.* Petite chaîne formée d'anneaux en métal mince.

Chaîneur, *s. m.* Aide-arpenteur tenant l'extrémité de la chaîne et marchant en avant.

Chaînon, *s. m.* Chaque anneau d'une chaîne.

Chaire, *s. f.* Tribune élevée dans une église ou un temple, dans laquelle monte le prédicateur ou le ministre pour le sermon ou le prêche.

C'est aussi une tribune dans une école ou un cours public, dans laquelle se tient le professeur qui enseigne et qui démontre.

C'est encore un siége pour y faire la lecture devant une assemblée.

Quelle que soit sa destination, une chaire doit toujours être surmontée d'un dais ou *Abat-voix*. Voyez ce mot.

Une chaire est construite, selon le cas, en bois, en pierre, en marbre, avec ou sans sculptures, supportée par un ou plusieurs pieds, par une ou plusieurs colonnes. Un petit escalier de service est adapté sur l'une de ses faces latérales pour y donner accès.

Chalet, *s. m.* Petite construction rustique en bois mêlé quelquefois avec de la brique, qu'un arrangement artistique rend gracieux.

Le chalet dans un parc, un bosquet, sert de lieu de repos et d'abri, à l'imitation du kiosque.

— C'est aussi une construction, en la rendant plus importante, qui peut servir d'habitation.

Le chalet proprement dit appartient à la Suisse et sa forme en est très-pittoresque.

Chambranle, *s. m.* Encadrement mouluré d'une baie quelconque ouverte ou fermée.

Pour les baies encadrées de pierre de taille, le chambranle est taillé dans la pierre elle-même. En ce cas, la mensuration de cette pierre de taille doit être prise comme gros de mur, jusques et y compris la saillie du chambranle.

— Les chambranles exécutés en bois, en plâtre, en ciment, en stuc sont assimilés aux ouvrages à moulure. Voyez ce mot.

Chambre, *s. f.* Chacune des pièces d'un appartement pour coucher.

Chambre syndicale ou **Syndicat**, *s. f.* Est ainsi dénommée une Société civile chargée de veiller aux intérêts généraux de l'industrie ou de la profession quelle représente.

L'industrie de la construction est une des premières qui se soient, en France, organisées en syndicat; toutes les grandes villes possèdent un syndicat d'entrepreneurs.

La *Chambre syndicale* des entrepreneurs de Lyon a été fondée en 1863, par l'initiative de M. Malterre, entrepreneur, aujourd'hui décédé, et les soins de M. Champion, délégué actuel de cette Chambre. Son siége, fixé d'abord rue de l'Impératrice, 76, est actuellement rue des Archers, 2.

Son président, depuis cinq ans, est M. Maréchal, entrepreneur, rue Lanterne, 19, maintenu à ce poste lors de l'assemblée générale de 1873.

Chambrette, *s. f.* Petite chambre.

Champ, *s. m*. Espace lisse ménagé autour d'un panneau jusqu'à la moulure ou la bordure qui lui fait encadrement.

— Bandeau peint, bande de tapisserie faisant cadres à de grands panneaux, dont la nuance se détache sur les fonds et dont la largeur est proportionnée à la surface de ces panneaux.

Champ-lisse, *s. m*. Menuis. Sorte de plate-bande mince et étroite appliquée et collée sur une boiserie.

Sa mensuration a lieu, comme pour les plinthes, au mètre linéaire jusqu'à 0^m 10 de largeur ou hauteur ; au mètre superficiel, au-dessus de 0^m 10. Les longueurs courbes résultant de traits de scie, sont augmentées de 1/4 du développement réel de ces courbes. Les longueurs cintrées en élévation sont doublées.

Chanée, *s. f*. Voyez *Chéneau*.

Chanfrein, *s. m*. Moulure plate abattue à 45 degrés sur une arête de pierre ou de bois.

Faits sur bois, sur plâtre, sur ciment ou sur stuc, les chanfreins sont comptés au mètre linéaire réel. Ceux sur arêtes courbes ou cintrées sont comptées au double de leur développement réel ou augmentés de prix.

Chanfreiner, *v. a*. Pousser un chanfrein.

Chanlatte, *s. f*. Charp. Fort liteau taillé en biseau, cloué sur le forjet d'une toiture pour recevoir l'extrémité de la dernière tuile dans toute la longueur de ce forjet.

Sa valeur est toujours comptée au mètre linéaire, quelquefois comprise avec la valeur de la toiture.

Chantier, *s. m*. Se dit d'une construction en cours d'exécution.

— Lieu fermé servant de dépôt aux outils, agrès, matériel et matériaux d'approvisionnement d'un chef ouvrier ou d'un entrepreneur.

— Enceinte réservée pour la mise en œuvre des ouvrages de construction avant leur mise en place, comme pour la charpente, la pierre de taille.

— Le nom d'*atelier* est donné, pour la même préparation, aux ouvrages de menuiserie, serrurerie, ferblanterie, peintures.

Chantignole, *s. f*. Petite pièce de charpente taillée en équerre d'un côté et en biseau de l'autre, fixée sur l'arbalétrier d'une ferme, dans le but de retenir les pannes à leur passage.

Une chantignole se compte à la pièce ou est cubée par le résultat uniforme de 0^m 33 × 0^m 33 × 0^m 33.

Chantournement, *s. m*. Une pièce de charpente ou de menuiserie taillée ou découpée en suivant une courbe ou une sinuosité quelconque détermine un travail appelé *chantournement*.

Donc, toute pièce chantournée, ayant pour but un motif de décoration, est comptée à la pièce avec une valeur relative.

Chantourner, *v. a*. Découper en chantournement.

Chape, *s. f*. Revêtement de mortier, de ciment, de plâtre et souvent de béton étendu par couche plus ou moins épaisse sur l'extrados d'une voûte.

Les chapes en béton jusqu'à 0^m 20 d'épaisseur sont mesurées au mètre superficiel réel; au-dessus de cette épaisseur, elles sont cubées.

Les chapes en mortier, ciment, plâtre sont considérées comme *enduits*, et mesurées tels.

Chapeau, *s. m*. Charp. Pièce de bois non travaillée placée horizontalement sur une ou plusieurs têtes d'étais ou de chevalement.

Le chapeau est mesuré selon sa longueur réelle.

— Maçonn. Le chapeau dans une toiture est la tuile creuse placée à cheval sur deux autres tuiles renversées, qui se nomment *tuiles cheneaux*.

— Le dessus d'une souche de cheminée recouverte d'un fort enduit, d'une plaque ou d'une dalle, est nommé *chapeau*.

— Menuis. Revêtement en bois recouvrant le dessus d'une corniche ou d'un couronnement quand ces moulures sont à découvert. Il est compté au mètre superficiel.

Chapelage, *s. m*. Maçonn. Se dit de l'ensemble des tuiles-chapeaux dans une toiture en tuiles creuses. Une simple réparation de toiture entraîne toujours le déplacement et le replacement partiel ou entier du *chapelage*.

Ce travail est compté en régie ou au mètre superficiel des parties restaurées.

Chaperon, *s. m*. Couverture en tuiles, en briques, en dalles, en pierres plates, etc., à une ou deux pentes, couronnant un mur de clôture. Cette couverture doit faire une saillie suffisante sur l'une et l'autre des deux faces du mur pour en abriter les parements.

Quand le chaperon d'un mur de clôture est à une seule pente, le mur appartient exclusivement à la propriété sur laquelle les eaux sont déversées. Quand il est à deux pentes le mur de clôture est mitoyen. Un faîtage réunit le haut de ces deux pentes.

Les chaperons sont toujours mesurés au mètre linéaire, quelle que soient leur confection et leur forme.

Chapiteau, *s. m*. Arch. La tête d'une colonne ou d'un pilastre reposant immédiatement sur le fût.

Le chapiteau est simplement mouluré, à volutes ou à rinceaux, selon l'ordre auquel la colonne ou le pilastre appartient.

Charbonnier, *s. m.* Caveau dans un sous-sol réservé à l'approvisionnement du charbon.

— Menuis. Coffre à dessus mobile, établi dans la cuisine d'un appartement contenant du charbon pour l'usage journalier.

Charge, *s. f.* Le fardeau que peut porter un homme, trainer un ou plusieurs chevaux, soulever un levier. Se dit aussi de l'énorme poids d'une construction entière ou partielle.

Charger, *v. a.* Amasser des matériaux pour en former un fardeau. Placer ce fardeau pour être soulevé, entraîné ou voituré. Éprouver la résistance d'un plancher, d'une voûte en les chargeant de matériaux très-lourds.

Chargement, *s. m.* Synonyme de *charge* ; la charge elle-même prête à être enlevée ou voiturée.

Maçonn. *Chargement*, signifie le béton ou les terres que l'on rapporte sur une voûte pour en garnir les épaulements.

Chargement de planchers. Terres montées, rapportées et régalées sur l'aire d'un plancher avant l'établissement du parquet ou du carrelage.

Ce travail est toujours compté séparément au mètre superficiel des parties recouvertes de terres.

Chariot, *s. m.* Petit tombereau à deux roues et à bras, mû seulement par effort d'hommes, pour le transport de certains matériaux ou faire le charroi de déblais ou de gravois en petite quantité.

En ce cas, les voiturages de déblais sont comptés au chariot.

Charnière, *s. f.* Serrur. Deux plaques de métal plus ou moins fortes s'enlaçant l'une dans l'autre et tenues par une broche en fer qui passe dans les anneaux d'enlacement.

Les charnières servent à suspendre une porte, une croisée, un châssis, un masque de fermeture, un abattant, etc.

Chaque charnière est comptée à la pièce de fourniture et de pose, avec les vis qui servent à la fixer.

Charpente, *s. f.* Partie toute spéciale de la construction, à laquelle se rattache les travaux, la confection et l'emploi des gros bois d'assemblages, planchers, toitures, cintres, étaiements, échafaudages, etc., etc.

Charpenterie, *s. f.* Art de travailler, tailler et confectionner la charpente, d'en connaître le tracé, les principes, l'application et la mise en œuvre.

— Dénomination générique appliquée à l'entreprise en général, en ce qui concerne toutefois cette partie de la construction.

Charpentier, *s. m.* Patron ou ouvrier dont la spécialité est l'entreprise, l'exécution et la mise en œuvre des ouvrages de charpente.

Charrette, *s. f.* Sorte de voiture à deux roues et deux timons, plus ou moins longue, plus ou moins forte.

Charroi, *s. f.* Synonyme de voiturage.

Chasser, *v. a.* Frapper à coups de maillet ou de masse, soit pour joindre un assemblage de charpente ou de menuiserie, soit pour faire pénétrer avec violence un objet dans un autre.

Chasse-roues, *s. m.* Petite borne en pierre, façonnée ou non, destinée à protéger un mur, un angle du choc des roues d'une voiture, dans un passage ou sur la voie publique.

Le *chasse-roues* est confectionné également en fer, en fonte avec ou sans ornementations.

Châssis, *s. m.* La partie ouvrante et mobile d'une croisée ou d'un vitrage garnie de vitres.

— Petite croisée en bois ou en fer dans un larmier.

— Sorte de porte à abattant et à jour, posée dans le rampant d'une toiture pour y donner accès, appelée *Châssis à tabatière*.

Les châssis sont confectionnés en bois, en fer et en fonte.

—Les châssis en menuiserie sont assimilés comme mensuration aux cloisons vitrées dont souvent ils font partie.

Pour les châssis isolés, la mensuration est toujours effectuée au mètre superficiel, en comptant séparément les cadres dormants, s'il en existe, lesquels sont mesurés au mètre linéaire.

Pour les châssis qui n'ont pas un carreau par mètre superficiel, les bâtis qui le forment sont comptés au mètre linéaire.

Les châssis rectangulaires à compartiments de petits bois obliques, ont une valeur supplémentaire à ceux ordinaires, équivalente à un tiers en sus.

Les châssis présentant une pente ou une forme triangulaire, sont mesurés par leurs dimensions les plus fortes à titre de plus-value.

Les angles arrondis et les coins ronds sont toujours détachés et comptés à la pièce.

Les châssis cintrés en élévation, d'un seul centre, sont mesurés par la plus grande hauteur, augmentée de la flèche de l'arc.

Dans le cas où cette flèche serait inférieure à $0^m 25$, cette mesure est maintenue uniformément.

Les châssis cintrés, présentant une courbe elliptique, sont comptés en hauteur comme les précédents, mais en ajoutant *une fois et demie* la hauteur de la flèche.

Les châssis cintrés en plan sont comptés *trois fois* leur surface réelle.

Les châssis en fer, travaillés en serrurerie, sont indistinctement livrés au poids.

Ceux en fonte, au poids ou à la pièce.

Château, *s. m.* Pris dans le sens féodal, le château était une habitation seigneuriale, fortifiée, défendue par des murs de forte épaisseur, entourée par un ou plusieurs fossés d'enceinte. L'accès n'y était praticable que par un pont-levis. Le château était flanqué de tours, tourelles, donjon et généralement établi sur des points culminants, souvent inaccessibles.

Le château moderne est moins important sous le rapport de la défense. Le confortable, l'agréable et le luxe ont remplacé la sévérité imposante du vieux castel.

Le château de notre époque n'est qu'une maison de plaisance plus ou moins importante, dont les formes tendent quelquefois à rappeler celles de l'ancienne résidence féodale, mais avec un rafinement d'élégance inconnu à d'autres siècles.

Il est néanmoins entouré d'autres bâtiments simples qui forment ce que l'on appelle les *dépendances*, servant au logement des grangers, jardiniers, valets, et à l'installation des écuries, remises, chenils, celliers, cuviers, etc., etc.

Un parc est inévitablement le côté agréable du château, dont il fait l'embellissement.

Chaufournier, *s. m.* Patron ou ouvrier qui fabrique la chaux, qui la livre au commerce.

Chaussée, *s. f.* Levée de terre longeant une rivière, un canal.

— La partie bombée d'une rue, d'un quai, d'un grand chemin, réservée aux voitures.

Chaux, *s. f.* Pierre calcaire qui a perdu par l'action du feu son eau de cristallisation et son acide carbonique.

— *vive*, celle qui n'a pas été imprégnée d'eau.

— *éteinte*, celle qui a été délayée dans de l'eau ; réduite en pâte, est prête à être manipulée pour en confectionner du mortier avec un mélange combiné de sable.

— *fusée*, celle qui, par l'action de l'air ou de l'humidité, perd de ses propriétés, tombe et se réduit en poussière.

— *hydraulique*, quand elle est produite avec un calcaire renfermant des principes ferrugineux qui la rendent inaltérable dans l'eau et s'y durcit promptement.

— *grasse*, celle qui est produite par les calcaires purs, qui prend beaucoup d'eau à l'extinction et supporte une forte dose de sable ; elle est économique et de mauvaise qualité.

— *maigre*, celle qui, moins productive que la précédente, est préférable pour la solidité.

— *blutée*, qui est pulvérisée et passée au tamis.

Chef-d'œuvre, *s. m.* Ouvrage parfait et accompli, exécuté avec art et souvent avec des complications qui le rend remarquable. Il existe et se fait des chefs-d'œuvre en architecture, peinture, sculpture, coupe de pierre ou de charpente, en assemblages de menuiserie, ouvrage de serrurerie et pièces forgées, etc.

Chemin de fer, *s. m.* Outil de tailleur de pierre, ayant la forme d'une brosse, dont les crins sont remplacés par de petites lames d'acier dentées, disposées en zig-zag, pour râcler les parois de la pierre blanche.

Cheminée, *s. f.* Nom générique donné à tout appareil de chauffage dont le foyer est à découvert dans une chambre ou dans une salle.

— Est appelée cheminée, le revêtement en marbre, faisant encadrement autour du foyer lui-même, se composant de jambages, frise, tablette, etc. La valeur d'une cheminée en marbre est en raison de la nature du marbre et de la complication de son ornementation et de son style.

— Sont également appelées cheminées, les *gaînes* intérieures conduisant la chaleur et la fumée, ainsi que les *souches* sur le toit par lesquelles cette fumée s'échappe.

Chenal, *s. m.* Courant d'eau établi à l'usage d'une forge, d'un moulin, d'une usine, etc.

— Petit canal au long d'un toit pour l'écoulement des eaux de pluie. En ce sens, il est synonyme de

Chéneau, *s. m.* Rigole en ferblanc ou zinc, quelquefois en plomb, en cuivre, en bois, placée au long d'un forjet de toiture pour recueillir les eaux de pluie et les conduire dans un ou plusieurs tuyaux de descente.

Les chéneaux en ferblanc ou en zinc sont toujours mesurés au mètre linéaire. La valeur en est divisée en trois parties :

1° à 0^m 25 de développement.
2° à 0^m 33   —
3° à 0^m 40   —

Cette valeur comprend fourniture et pose des chéneaux avec les agrafes pour les tenir fixés.

Quand le développement des chéneaux dépasse 0^m 40, la mensuration est faite au mètre superficiel.

Les *fonds* de chéneaux sont les parties transversales faisant barrage ou arrêt au courant de l'eau; ils se comptent séparément à la pièce, ainsi que les *naissances* faisant orifice aux tuyaux de descente, lesquelles sont adhérentes aux chéneaux.

Les chéneaux en plomb ou en cuivre sont comptés au poids.

Chenet, *s. m.* Support en pierre, en fer, en fonte, placés sur les côtés d'un foyer de cheminée pour élever et soutenir le bois, afin qu'il brûle plus facilement. Ils sont toujours à double, c'est-à-dire par *paire*.

La *paire de chenets* est comptée séparément de fourniture et de pose.

Il est d'autres chenets qui dépendent des articles de la ferronnerie. Ils sont confectionnés en fer, en acier, en cuivre, en bronze, avec ou sans ciselures. Ils se placent transversalement devant le foyer d'une cheminée, et servent à reposer les pieds pour se chauffer.

Chenil, *s. m*. Lieu réservé dans une basse-cour d'habitation à la campagne, servant de logement aux chiens de chasse.

L'opulence donne quelquefois à ses sortes de logements un déploiement de luxe et de confortable dont sont privées bien des classes de gens dans la société.

Chernite, *s. m*. Sorte de marbre blanc qui ressemble à l'ivoire.

Chevalement, *s. m*. Charp. Sorte d'étaiement composé de deux étais sur patins et d'un chapeau, établi en vue d'un travail de maçonnerie exécuté en sous-œuvre.

Le chevalement est compté comme les étais ordinaires en détaillant les pièces de bois qui le composent.

Chevalet, *s. m*. appelé aussi *Tréteau*. Support en bois de charpente assemblé, de faible équarrissage, composé de quatre pieds et d'une traverse horizontale, recevant les plateaux d'un petit échafaudage sur lequel s'établit l'ouvrier, pour lui permettre l'exécution d'un travail hors de sa portée.

— Le scieur de long emploie le *chevalet* sur lequel il place la pièce de bois de charpente qu'il doit refendre. Il est alors d'une plus grande dimension.

Chevet, *s. m*. La partie d'une église placée derrière le maître-autel qui, ordinairement, est circulaire et dont le sol est plus élevé que celui de l'église.

Chevêtre, *s. m*. Charp. Pièce de bois formant l'un des côtés d'une enchevêtrure de cheminée, pratiquée ou ménagée dans un plancher.

Le chevêtre est cubé par équarrissement multiplié par sa longueur apparente, augmentée de 0^m 25 pour prise dans le mur, et de 0^m 05 pour tenon dans une autre pièce de charpente.

Si le chevêtre est déversé, son épaisseur est prise dessous au plus large du profil.

Cheville, *s. f*. Broche en fer ou en bois, taillée en rond, servant à fixer l'assemblage de diverses pièces de menuiserie, charpente ou serrurerie.

Menuis. Tige de bois courte et tournée ayant une tête renflée, fixée à un bandeau dans un placard ou dans un vestibule, à laquelle on suspend les vêtements. Sa valeur, peu importante, est comptée à la pièce.

Cheviller, *s. m*. Réunion de plusieurs chevilles de bois à têtes rondes fixées à un bandeau de boiserie.

Chèvre, *s. f.* Sorte de levier en fer dont l'extrémité est faite en pied de chèvre.

— Engin mécanique d'une grande puissance pour lever les fardeaux : pierre. bois ou fer, afin de permettre leur mise en place. Il est composé de deux poteaux en charpente réunis à la tête dans la forme d'un A. Une poulie en fer est fixée au sommet, sur laquelle passe un cordage qui, de son extrémité extérieure est liée au fardeau à soulever, tandis que l'autre extrémité du cordage, s'enroule sur un treuil placé au bas de l'engin à environ un mètre du pied, lequel treuil est mu avec des barres de bois ou des manivelles en fer adhérentes à une roue d'engrenage.

Les plus fortes chèvres se nomment *mécaniques*. Autrefois, *échelles d'engin*.

Chevron, *s. m.* Petite pièce de charpente de faible équarrissage, sur lequel est cloué transversalement les voliges d'une toiture. Les chevrons sont placés par rangs parallèles, espacés d'environ 0^m 50 et dans la direction du forjet.

Les chevrons d'une toiture faisant partie du lattis sont, comme valeur, compris dans la surface trouvée au lattis.

Chevronner, *v. a.* Charp. Poser, ajuster et assujétir des chevrons.

Chirat, *s. m.* Les pierres brutes ou moëllons de construction ramassées en un tas qui, présentant la forme plus ou moins régulière d'un parallèlipipède, est appelé communément *chirat*.

C'est sous cette forme, cubée par ses dimensions réelles, que la pierre brute est livrée au commerce. Le même cubage d'un chirat sert de base à tous ceux par les mains desquels la pierre a passée : 1° le *carrier*, pour la vente et le voiturage par eau (les carrières étant à Couzon, village sur la Saône. à quinze kilomètres de Lyon) : 2° le *débarqueur* pour le déchargement sur le port ; 3° le *voiturier*, pour le transport du port de débarquement à pied d'œuvre ; 4° enfin, l'*entrepreneur*, pour lequel la pierre a été conduite et employée.

Chœur, *s. m.* Archit. La partie orientale et intérieure d'une église entre le transept et l'abside. Il contient le maître-autel, et, dans les cathédrales, le mur circulaire ou polygonal du chœur est garni de stalles.

Choin, *s. m.* Dénomination générale sous laquelle sont connues toutes les pierres de taille calcaires qui, à Lyon, proviennent des carrières du Haut-Rhône.

Choix, *s. m.* Ce mot est appliqué généralement dans les conditions d'un marché, pour prescrire rigoureusement la bonne qualité des matériaux à employer.

Ciel-ouvert, ou mieux **Ciel vitré**, *s. m*. Serrur. Charpente en fer garnie de vitres et disposée en toiture.

Cette charpente est livrée au poids de fourniture et d'installation. Les prises et les scellements nécessaires sont faits par le maçon selon des valeurs relatives.

Les vitres qui garnissent un ciel-vitré sont posées par le vitrier, et comptées au mètre superficiel, en mesurant chaque carreau. Voyez *vitre*.

Cimaise ou **Cymaise**, *s. f*. Moulure saillante couronnant une hauteur d'appui, un socle, un piédestal, etc.

Menuis. Petite pièce moulurée couronnant un lambrissage de boiserie faisant soubassement. La cymaise n'est jamais détachée du lambris auquel elle appartient, mais sa saillie est ajoutée à la hauteur de la boiserie prise au sommet de la cymaise.

— Menuis.-Plâtr.-Cim.-Stuc. Les cymaises isolées sont assimilées aux *moulures* et mesurées telles.

Cimblot, *s. m*. Règle ou cordeau servant à décrire un arc de cercle, grandeur d'exécution.

Dans la construction de certaines voûtes en briques, l'ouvrier habile emploie seulement le *cimblot*, sans cintre préalable en charpente.

L'une des extrémités du cimblot étant fixée au centre de l'arc, la courbe est décrite par l'autre extrémité rendue mobile, permettant le tracé de la courbe ou la construction de la voûte.

Cimblotter, *v. a*. Décrire ou reconnaître une ligne courbe à l'aide du cimblot.

Ciment, *s. m*. Pierre calcaire, argileuse, mêlée d'oxyde de fer qui, pulvérisée, présente des couleurs variables, en raison de sa nature : brun foncé, brun clair, gris nankin, etc.

Les calcaires à ciment se cuisent comme les pierres à chaux, mais exigent plus de modération dans le feu, et conséquemment moins de combustible.

Les ciments sont livrés au commerce en poudre et au poids, soit en barrique, soit en sac. Le poids d'une barrique est de 200 à 350 kilog. Le poids du sac est d'environ 50 kilog.

La valeur des ciments varie en raison de leur qualité.

Les espèces préférées en France et réputées pour leur fabrication, sont celles connues sous le nom de *ciment Gariel de Vassy* (Yonne), de *ciment de Pouilly* (Côte-d'Or), et de *ciment de Porte de France* ou de *Grenoble* (Isère).

Le ciment est préparé, au moment de son emploi, dans une auge ou caisse n'ayant que trois côtés sur fond plat. Il est mélangé à des doses combinées avec de l'eau et du sable et forme alors un mortier ayant la propriété d'acquérir promptement une consistance et une durée presque comparable à la pierre.

Le ciment est employé dans la construction des maçonneries susceptibles d'humidité et d'immersion. Il est le plus souvent étendu en enduit, sur parois de fosses d'aisances, canaux, égouts et autres lieux analogues. La dernière couche de cet enduit doit être lissée et polie fortement à la truelle.

La mensuration de ces enduits est effectuée selon la surface géométrique et réelle des parties recouvertes.

— La confection des ouvrages moulurés ou lisses exécutés en ciment, qui, par l'effet d'un travail tout spécial effectué à la *truelle-brettée*, reproduit d'une manière factice, tout ce qui peut être taillé ou sculpté dans la pierre, est dit *ciment brettelé*.

La mensuration de ces ouvrages, presque toujours exécutés en décorations, est opérée en raison de leur forme et de leur dénomination, dont les prescriptions sont indiquées dans cet ouvrage.

Quant à leur valeur, elle est donnée dans le tarif de la Chambre syndicale. Cette valeur est toujours indépendante du travail préparatoire et indispensable, exécuté en régie, qui consiste à nettoyer, gratter et laver soigneusement les parois des maçonneries destinées à recevoir l'application de ces ciments. Ce travail a pour but de donner une adhérence solide à cette application.

La même opération doit aussi avoir lieu pour recevoir les ciments lissés, dont la valeur est également indépendante de celle appliquée à l'enduit.

Pour garnir solidement des joints d'assises en pierre, exposés aux intempéries, le meilleur ciment à employer est celui qui se fabrique et se confectionne avec un mélange de briques ou de tuiles pilées, de chaux, d'huile, de cire, de résine, le tout manipulé et réduit en pâte. Ce jointoiement ainsi fait, offre une dureté et une durée exeptionnelles. Il est mesuré par la longueur développée des parties garnies.

Cingler, *v. a.* Tracer à l'aide d'un cordeau tendu, frotté de noir, de blanc ou de rouge.

Cintre, *s. m.* Ligne courbe décrite autour d'un ou de plusieurs points de centre.

— Charp. Surface curviligne formée d'un lattis en volliges ou feuilles de sapin, clouées sur des cerces ayant la courbure prescrite.

Les cintres ainsi établis, servent à la confection des arcs et des voûtes en maçonnerie de toutes natures : moëllons, tailles, briques, plotets.

Les cintres sont mesurés selon le développement réel de la courbe, multiplié par la largeur ou la longueur du cintre. Les lunettes rapportées sur les berceaux sont mesurées séparément, le développement du grand arc, multiplié par la demi-longueur du triangle curviligne que forment les lunettes.

Les cintres pour voûtes de caves en *berceaux ordinaires*, comprennent le lattis, les cerces, les sablières ou couchis, et les étais, qui composent leur installation.

Les cintres pour *voûtes d'arêtes*, sont divisés en triangles ; chaque triangle est mesuré, le développement réel du plus grand arc, multiplié par la demi-longueur horizontale du triangle. Chaque partie d'arc de division corrrespondant aux piliers est développée aussi sur sa courbe réelle, multipliée par sa largeur.

Les cintres pour *voûtes d'églises* ou de *cloîtres*, sont mesurés comme il vient d'être dit pour les voûtes d'arêtes.

Cintrer, *v. a.* Poser, confectionner des cintres.

— Donner de la courbure à une pièce de menuiserie ou de charpente. Voyez *Courbe*.

Cirque, *s. m.* Grande enceinte circulaire ou oblongue, couverte ou non, réservée aux courses et aux exercices hippiques.

Cisailles, *s. f. pl.* Gros et forts ciseaux à longues ou courtes tranches, avec lesquels on coupe à froid, toutes sortes de métaux.

Ciseau, *s. m.* Outil à pointe acérée et tranchante dont se servent les tailleurs de pierre et les maçons, pour relever des ciselures sur les joints d'un parement de pierre de taille.

— Outil de menuisier et de charpentier terminé par une pointe à biseau et tranchante, pour faire des entailles dans le bois. L'extrémité opposée du ciseau est emmanchée dans une poignée en bois.

Ciseler, *v. a.* Sculpter, travailler finement une pierre de taille avec le *ciselet*. — Faire un travail semblable pour façonner des ornements dans le fer, l'acier et autres métaux.

Ciselet, *s. m.* Petit ciseau très-délié pour exécuter les ouvrages de ciselures.

Ciselure, *s. f.* Petite bordure taillée au ciseau sur l'arête ou le joint d'une assise de pierre pour en dresser les parements.

— Travail fait avec art et délicatesse sur une pierre, une pièce de serrurerie, d'orfèvrerie, etc.

Citadelle, *s. f.* Fortification importante dominant une ville, pour la protéger des attaques de l'ennemi.

Cité, *s. f.* La partie la plus ancienne d'une ville. La ville elle-même.

Citerne, *s. f.* Caveau souterrain et voûté servant à recueillir les eaux de pluie.

Citerneau, *s. m.* Petite citerne dans laquelle l'eau s'épure avant de passer dans la citerne.

Claire-voie, *s. f.* Voyez *Barrière*.

Clapet, *s. m.* Sorte de petite soupape qui se lève et s'abaisse, pour boucher et déboucher alternativement le passage de l'eau dans une pompe.

Claveau, *s. m.* Bloc de pierre taillé en coin, dont les joints tendent au centre de l'arc qu'il est destiné à former conjointement avec d'autres claveaux.

— *à crossette* ou en *tas de charge*, ainsi nommé par le retour horizontal que fait son joint, qui vient reposer sur l'assise ou sur le claveau qui le précède.

— *-clé*, le dernier claveau qui termine un arc.

Tout claveau est cubé par équarrissement, maintenu toutefois dans le plus petit parallélipipède circonscrit.

Clavette, *s. f.* Serrur. Sorte de clou plat, que l'on passe dans l'ouverture d'une cheville, d'un boulon, etc.

Clé, *s. f.* Serrur. Instrument de fer ou d'acier servant à faire jouer les ressorts intérieurs d'une serrure pour ouvrir ou fermer une porte, un placard, un meuble, etc. La tête qui fait poignée est terminée en anneau, tandis que l'extrémité opposée qui pénètre dans la serrure est formée d'une partie plate, entaillée et adhérente à la tige de la clé ; cette partie plate, se nomme *panneton*.

Une clé est *forrée* quand sa tige est recreusée, perforée dans une partie de sa longueur.

— Instrument de fer pour serrer les boulons.

— Croix en fer terminant un tirant, un crampon,

— Constr. Le dernier claveau ou le dernier rang de moëllons taillés en coins, terminant un arc ou une voûte est appelé *clé d'arc* ou *clé de voûte*.

— Dans un coiffage d'ouverture formé de blocs de taille équarris, la *clé* est le bloc dont les joints d'extrémités, ayant chacun une direction oblique tendant au même point, vient clore l'espace de ce coiffage, laissé entre les deux coussinets.

Clé (contre-), *s. f.* Le dernier claveau d'un arc qui touche à la clé de cet arc.

Clocher, *s. m.* Archit. Compartiment élevé, formé de murs en maçonnerie, percés de hautes fenêtres garnies d'abat-sons, dans lequel on place les cloches d'une église. Le clocher est ordinairement surmonté d'une pyramide, d'une flèche ou d'un dôme, le tout dans le style et le caractère de l'église elle-même.

— Dans certains cas, les clochers sont simplement construits en charpente.

Clocheton, *s. m.* Petit clocher.

— Comme forme ou comme décoration architecturale, le mot *clocheton*, bien que très-usité, ne paraît pas être sa dénomination exacte. Sa véritable définition est *pinacle*. Voyez ce mot.

Cloison, *s. f.* Mur léger en plotets, en briques, en planches, en boiseries, servant à clore ou à diviser un compartiment.

— Maçonn. Les cloisons en plotets se divisent en deux séries : celles en plotets posés sur champ, celles en plotets posés à plat. Leur confection, dans l'un et dans l'autre cas, est effectuée en employant le ciment, le mortier ou le plâtre. Chacune des faces, selon le cas, doit recevoir un enduit également en ciment, en mortier ou en plâtre.

La mensuration des cloisons en plotets sur champ ou à plat, est effectuée au mètre superficiel, selon les formes géométriques que ces cloisons présentent. Tous les vides sont déduits, à l'exception des poteaux et traverses de remplissage n'excédant pas 0^{m}15 de largeur.

Les pénétrations de cloisons dans les murs comme dans les poteaux d'extrémités ou d'angles, sont ajoutés aux longueurs apparentes des plotets et comptées pour 0^{m}03.

Les enduits sont détachés pour chaque face recouverte et comptés comme il est dit à *Enduit*.

— Plâtr. Les cloisons construites en briques avec l'emploi du plâtre, comprennent les enduits à deux couches de plâtre sur chaque face. La mensuration est effectuée aussi, au mètre superficiel, selon les formes géométriques que présentent les cloisons. Tous les vides sont déduits dans œuvre des aisseliers et traverses d'encadrement. Les pénétrations dans les murs sont comptées pour 0^{m}03, ajoutées aux longueurs et pour chaque pénétration.

Une plus-value est allouée aux surfaces de cloisons en plotets ou en briques établies sur plan circulaire. Cette plus-value est proportionnelle en raison du rayon qui forme la courbe, et cela, à titre d'indemnité, dans leur construction, pour déchet et sujétion de main-d'œuvre.

— Charp. Les cloisons en charpente, sont formées de planches brutes ou travaillées, à joints vifs ou bouvetés, placées verticalement et maintenues dans cette position par des poteaux et des traverses ou entretoises sur lesquels les planches sont clouées.

La mensuration a lieu par la surface géométrique des cloisons. Pour cellesqui, dans le haut, sont découpées en suivant une ligne courbe déterminée par une voûte, la hauteur est prise en moyenne, augmentée du dixième de la flèche, pour le déchet du bois perdu. Il en est de même pour les cloisons terminées par des lignes biaises, le 1/10e de la hauteur du biais est ajouté à la hauteur moyenne de la cloison.

Les cloisons en charpente sont généralement employées pour diviser les compartiments de caves ou de greniers.

— Menuis. Les cloisons en menuiserie sont généralement en assemblage et à deux parements. Elles sont pleines ou à vitres. Dans le cas où une cloison serait formée de boiserie pleine dans la

partie basse, et de partie à vitres dans le haut, la traverse placée
entre ces deux parties comptera en hauteur la moitié de sa largeur
à la partie pleine et l'autre moitié à la partie vitrée. Cette dernière partie est alors assimilée aux *châssis* et mesurée
comme tels.

Les cloisons en menuiserie, cintrées en plan ou en élévation,
sont mesurées dans les conditions stipulées à *Boiserie*.

Il en est de même des cloisons rampantes ou de formes irrégulières.

Voir le tarif de la Chambre syndicale, pour la répartition des
valeurs de ces diverses boiseries et du mode de métré qui s'y
rattache.

Cloître, *s. m.* Galerie voûtée dans un monastère, servant de
promenoir au pourtour d'une cour intérieure.

— Le monastère lui-même.

Clôture, *s. f.* Mur, grille, claire-voie d'une hauteur prescrite ou facultative, entourant entièrement ou partiellement une
étendue quelconque de terrain, cour, jardin, parc, etc.

Clou, *s. m.* Broche de métal, mais généralement en fer, ayant
une pointe à une extrémité et une tête à l'autre, servant à réunir
deux corps ensemble, bois ou métal.

Clouer, *v. a.* Enfoncer à l'aide d'un marteau, un clou dans
du bois ou tout autre corps, et le faire pénétrer avec violence en
le frappant sur la tête.

Clouterie, *s. f.* Usine où se fabriquent les clous.

Cognée, *s. f.* Grande et forte hache, ayant un manche d'une
certaine longueur, dont se servent principalement les charpentiers
et les scieurs de long, pour refendre, tailler, équarrir grossièrement une pièce de bois.

Coiffage, *s. m.* Se dit des tailles appareillées en gros blocs,
pour couvrir une large baie. Il est ordinairement composé de
coussinets et d'une clé.

Coin, *s. m.* Charp. Petite câle en bois, sapin ou chêne, livrée
par balle ou par sac dans un chantier en construction, employée
par les poseurs maçons à la mise en place d'un bloc de taille
sur son joint déposé et régler son niveau ou son aplomb.

Dans les édifices, les coins en bois sont quelquefois remplacés
par des bandelettes de plomb, pour le même usage, préférées en
raison de la souplesse et de l'élasticité que ces bandelettes offrent à la pose des blocs.

— Terrass. Bloc de fer taillé en biseau, que les terrassiers
emploient pour rompre et briser du roc ou du vieux béton. Il est
introduit par la pointe dans les interstices, et chassé violemment
à coup de masse.

— Petite bande de fer servant aux plâtriers pour la consolidation des cloisons et des gaînes de cheminées. Les coins sont plantés dans les murs en laissant saillir la tête qui, s'engagent dans les briques d'une cloison ou d'une gaîne ayant une pénétration légère dans ce mur.

Ces coins sont livrés à la pièce ou au poids.

— On entend par *coin rond*, en menuiserie, des rosettes ou rosaces moulurées ou non, en chêne ou en noyer, tournées et partagées en quatre parties égales. Chacune de ces parties est adaptée en décoration dans un angle de panneau plein ou à jour. Le coin rond est l'objet d'une valeur particulière ; si le coin rond est formé d'une moitié de cercle ou de circonférence, il est compté double, c'est-à-dire pour *deux coins ronds*. La rosace entière compte pour *quatre coins ronds*.

Colle, *s. f.* Matière gluante, molle ou liquide, qui sert à réunir, rassembler, maintenir deux corps l'un à l'autre, quand surtout cette matière a séchée.

— Dans les ouvrages de menuiserie, la colle-forte est employée presque constamment. C'est un corps gélatineux solide, que l'on fait dissoudre et réduire en pâte très-gluante, par l'action du feu. Cette opération est faite dans un vase de cuivre à manche de fer, connu sous le nom évident de *pot-à-colle*.

— Pour les soudures faites aux écornures de la pierre de taille ou du marbre, on emploie une sorte de résine fondue, dite *gomme-laque*. Les deux parties de pierre ou de marbre, destinées à se rejoindre, sont fortement chauffées par le contact d'un charbon enflammé, puis ces deux parties chaudes sont enduites de gomme-laque, réduite en pâte également chaude, et appliquées l'une à l'autre. Sitôt refroidies, les deux pièces deviennent solidement adhérentes.

— La colle de pâte est une sorte de bouillie faite avec de la farine ou de l'amidon, que les peintres emploient pour le collage des papiers peints.

— L'encollage des murs ou des plafonds destinés à recevoir un badigeon ou une peinture en détrempe, est fait avec une bouillie de peau de gants.

— Les peintures dites à la colle, sont celles faites par une préparation d'encollage, dans laquelle il entre la même bouillie de peau de gants.

Collecteur (Égout), *s. m.* Grand canal souterrain, recevant le déversement de toutes les eaux des maisons, dans chaque rue de la ville, pour les conduire directement dans une rivière ou un fleuve. Il reçoit aussi les eaux courantes dans les caniveaux de trottoirs, qui s'y précipitent par des gueulards établis aux angles des rues.

Collége, *s. m.* Etablissement public, réservé à l'éducation des jeunes gens, depuis les bases les plus élémentaires jusqu'aux branches les plus élevées de l'instruction.

Coller, *v. a.* Donner de l'adhérence à deux corps, en imprégnant de colle les faces ou l'une des deux faces destinées à être adaptées, appliquées ou jointes.

Collerette, *s. f.* Ferbl. Petit collet en ferblanc, zinc, cuivre ou plomb, entourant le pied d'un tuyau quelconque, qui dépasse une toiture ou tout autre objet analogue.

La collerette se compte à la pièce.

Collier, *s. m.* Cercle de fer, avec ou sans charnière, servant à fixer un tuyau de descente, en poterie, en fonte, en ferblanc, en zinc, en cuivre, et le maintenir au mur, auquel le tuyau est adossé.

Les colliers confectionnés par le serrurier sont livrés à la pièce ; leur pose, selon les scellements qui les fixent.

Colonnade, *s. f.* Archit. Rangée de colonnes disposées sur une ligne droite ou circulaire, formant galerie ou péristyle, et supportant un entablement.

Colonne, *s. f.* Archit. Pilier cylindrique en marbre, en pierre, en bois, en fer, en fonte, légèrement renflé jusqu'au tiers de la hauteur de son fût.

Les colonnes sont ordinairement placées en décoration pour supporter un poids quelconque, mais généralement un entablement.

La colonne est composée de trois parties distinctes : la *base*, le *fût* et le *chapiteau*.

Le style de la colonne détermine celui de l'édifice auquel elle appartient. Ce serait déroger aux règles de l'art que de s'en écarter.

Colonnette, *s. f.* Petite colonne mince, en fonte, en fer, en pierre, en bois, avec ou sans ornements, dispensée, toutefois, des proportions de la colonne.

Comble, *s. m.* La partie haute d'une construction, placée immédiatement sous la toiture.

— Se dit de l'ensemble des charpentes qui supportent ou forment la toiture.

Communs, *s. m. pl.* Se dit des bâtiments de dépendances d'une habitation à la campagne, réservés et occupés par les domestiques, valets, fermiers, jardiniers, etc.

Compagnon, *s. m.* Appellation donnée à tout ouvrier de la construction, qui fait partie d'une société ayant des ramifications secrètes très-étendues, connue sous le nom de *Compagnonnage.*

Pour être admis à faire partie du Compagnonnage, il faut avoir donné des preuves de capacité et d'habileté reconnues dans la profession exercée. Il faut surtout que la moralité du candidat soit à l'abri de tout reproche.

Compagnonnage, *s. m.* Nom générique donné à certaines associations mystérieuses, formées entre ouvriers du même état ou d'états analogues.

Les sociétés de compagnonnage sont au fond des sociétés de secours mutuels, dont les membres se promettent réciproquement aide, secours et assistance.

Autrefois, cette institution était entachée de deux vices capitaux : obstacle à la liberté du travail, source permanente de rivalités et de haines.

Mais, heureusement, ces scènes de violences déplorables qui faisaient souvent des victimes, ont peu à peu disparu et tendent à disparaître tout à fait.

L'origine du Compagnonnage remonte à la plus haute antiquité. Cette institution a dû nécessairement naître avec les corporations ouvrières.

L'histoire nous apprend qu'il existait des corporations de ce genre dans la Grèce, à Rome ainsi que dans la Judée.

Bien que le compagnonnage remonte, disons-nous, à une très-haute antiquité, peut-on admettre la légende, à laquelle les membres de l'institution s'attachent avec une respectueuse superstition ?

D'après les compagnons eux-mêmes, l'origine remonterait à la fondation du temple de Salomon.

Il y aurait trois principaux fondateurs.

Les uns se disent les *Enfants de Salomon*, les autres, les *Enfants de maître Jacques*, les troisièmes, enfin, les *Enfants du père Soubise*.

Chacun d'eux aurait *un devoir* particulier, qui serait imposé et observé sous la foi du serment, lequel, doit rigoureusement rester secret, et ne peut être dévoilé qu'aux initiés.

Selon les *Enfants de Salomon*, ils prétendent que ce roi, après les avoir employés à la construction de son temple, leur donna un *devoir*, les unit fraternellement dans l'enceinte même du temple et les congédia.

Ils partirent, se divisant en deux catégories : 1° les *Compagnons étrangers*, surnommés les *Loups*. C'étaient les tailleurs de pierre ; 2° Les *Compagnons du Devoir de Liberté*, appelés les *Gavots*. C'étaient les menuisiers et les serruriers.

Une fraction de charpentiers séparés du père Soubise, vint s'ajouter aux deux précédentes. Ils prirent le nom de *Renards de Liberté*.

Les *Enfants de maître Jacques* prétendaient que leur fondateur, après avoir étudié l'architecture, se rendit à l'appel de Salomon, qui demandait des artistes pour la construction du temple.

Les travaux achevés, il revint dans la Gaule, son pays natal, où il mourut assassiné par un disciple du père Soubise.

Les *Enfants de maître Jacques* comprennent les tailleurs de pierre, *Compagnons du Devoir*, dits *Loups-garrous*, les menuisiers et serruriers du *Devoir*, dits *Devoirants* ou *Dévorants*. On les appelle aussi *Chiens*.

Aux trois grands corps d'état, charpentiers, menuisiers et serruriers, qui constituent la famille primitive de *maître Jacques*, se sont adjoints, plus tard, un grand nombre d'autres métiers, qui ont pris nom de *Dévorants*.

Le *père Soubise* était, selon la légende populaire, un ami de *maître Jacques*. Après avoir travaillé tous deux au temple, ils revinrent ensemble dans la Gaule, et là, le *père Soubise* se sépara de son ami, pour fonder le troisième ordre du Compagnonnage.

Les *Enfants du père Soubise* ne comprenaient, dans le principe, qu'un seul corps d'état, les charpentiers ; mais depuis longtemps, les plâtriers et les couvreurs s'y sont adjoints.

Les compagnons charpentiers qui composent la société-mère, prennent le nom de *Compagnons passants*, de *Bons Drilles*, ou simplement de *Drilles*. Ils se divisent en deux classes, les *Renards* ou *Aspirants* et les *Chiens* ou *Maîtres* ; mais le *Renard* est toujours le martyr du *Chien*.

Chez eux. l'apprenti est appelé *Lapin*, l'aspirant *Renard*, le compagnon *Chien*, et le patron *Singe*. Voyez ce mot.

La mésintelligence qui régnait entre sociétés différentes était due à l'importance et à la rivalité des fondateurs de la légende. Elles étaient une cause permanente d'hostilités regrettables, auxquelles la jalousie de profession n'était pas non plus étrangère.

Quoiqu'il en soit, ces violences de la rue n'existent plus et la raison a succédé à ces combats, quelquefois sanglants, dont le souvenir est déjà bien éloigné.

Compartiment, *s. m.* Espace dans une construction, limité par des murs à chaque étage.

— Se dit aussi des encaissements saillants ou refouillés, rectangulaires ou non, dans une décoration de plafond ou de mur, exécutés soit en menuiserie, soit en plâtrerie, voire même en ciment et en stuc.

— Menuis. Chaque case d'un casier est aussi un *compartiment*.

Compas, *s. m.* Petit instrument de cuivre, terminé par deux pointes d'acier, pour mesurer et compasser sur un dessin. Ceux à pointes de rechange servent à faire des tracés au crayon ou à l'encre, en décrivant des lignes courbes et régulières.

— Pour le tracé des épures et même pour tailler la pierre ou le bois, le compas prend des dimensions beaucoup plus grandes; en ce cas, il est en bois avec des pointes de fer, ou même tout en fer.

Compasser, *v. a.* Combiner, mesurer, diviser, tracer avec le compas.

Composite, *adj.* Le cinquième des ordres d'architecture.

Comptable, *s. m.* Celui dont les aptitudes s'appliquent à la comptabilité du bâtiment, qui a l'habitude des chiffres, des calculs.

Comptabilité, *s. f.* Tout ce qui se rattache aux écritures et aux calculs de la construction.

— La tenue des livres d'un entrepreneur et tout ce qui constitue par écritures et par chiffres, le mouvement de ses affaires.

Compte, *s. m.* Calcul par écrit de ce l'on doit, de ce que l'on paye, de ce que l'on a reçu ou de ce que l'on a à recevoir.

Concave, *adj.* Géom. Surface courbe et creuse, opposée à *convexe*.

Concavité, *s. f.* État d'une surface courbe, creuse.
— Excavation plus ou moins large ou profonde.

Conche, *s. f.* Pierre plate et légèrement recreusée pour recueillir les eaux d'un évier. Elle est toujours placée à niveau du sol, dans une cuisine ou dans une souillarde. L'écoulement des eaux s'effectue par une sorte de courte rigole, faisant partie de la conche elle-même, traversant l'épaisseur de la façade pour aboutir à une cuvette de la descente extérieure. Cette partie de conche qui fait rigole se nomme *douille*.

Conduit, *s. m.* Petit canal composé de tuyaux en poterie ou en fonte, reliés les uns aux autres par emboîtages. Lesquels emboîtages sont revêtus de ciment dans la forme d'un bourrelet. Quand les tuyaux sont enfouis dans le sol, ils sont quelquefois enveloppés de béton ou de mortier pour les protéger.

Les *conduits* servent à opérer les écoulements d'eaux dans un parcours plus ou moins long. Ils sont toujours comptés au mètre linéaire de fourniture, de pose et de garniture, sauf pour les tuyaux de fonte, dont la fourniture est livrée au poids.

Cône, *s. m.* Géom. Corps solide, ayant la forme d'une pyramide circulaire, élevée sur un cercle. Son cube s'obtient en multipliant la surface du cercle qui lui sert de base, par le tiers de la perpendiculaire abaissée du sommet sur le centre du cercle.

— Un cône est tronqué, quand sa hauteur est interrompue par une surface courbe, parallèle ou non au centre du cercle.

Congé, *s. m.* Archit. Moulure concave, dont le profil présente un quart de rond en creux.

Conique, *adj.* Ayant la forme d'un *cône*.

Console, *s. f.* Archit. Pierre de taille saillante, avec ou sans moulure ou sculpture, dont le but est de supporter, de soutenir une corniche, un balcon, une statue. Quelquefois, la console reçoit l'about d'une pièce de charpente, mais en ce cas, elle prend le nom de *corbeau*.

La fourniture, comme la pose d'une console ou d'un corbeau sont comptés à la pièce, en raison de son volume, de son taillage et du travail nécessité pour sa mise en place.

— Les consoles font quelquefois décoration et sont confectionnées en marbre, en menuiserie, en charpente, en plâtre, en ciment, en stuc. En ce cas, quelles que soient sa nature et sa forme, la console est toujours l'objet d'une évaluation particulière et relative.

— Menuis. Petit support en bois chantourné dans une planche travaillée, pour recevoir ou supporter des rayons ou des tablettes. Se compte à la pièce.

— Serrur. Fer contourné de telle façon qu'il peut servir de support sous des formes plus ou moins variées et présentant des pattes à vis ou à scellement pour la pose.

Consolidation, *s. f.* Travail de prévoyance ou de nécessité, tendant à rendre ferme et solide.

Consolider, *v. a.* Compléter par un travail spécial, une solidité douteuse ou insuffisante.

Construction, *s. f.* Se dit d'un bâtiment, d'un édifice en cours d'exécution.

Construire, *v. a.* Bâtir.

Contenance, *s. f.* Géom. Capacité, superficie, étendue.

Contour, *s. m.* Ligne qui détermine le périmètre d'une surface, d'une enceinte, d'une construction entière.

Contradictoire, *adj.* Se dit d'une opération de mesures prises ou de reconnaissances faites par le représentant de chacune des parties intéressées à une opération de métrage ou d'estimation.

Contradictoirement, *adv.* D'une manière contradictoire, c'est-à-dire examinée, débattue, admise ou rejetée séance tenante, sur place et en présence des parties intéressées ou de leurs représentants. C'est le moyen d'éviter toute suspicion.

Contre-bas, *adj.* Ce qui est plus bas par rapport à un point, à une ligne, à une surface, à un corps quelconque.

— Naturellement, c'est l'opposé de *contre-haut*.

Contre-buter, *v. a.* Agir avec des étais ou de la maçonnerie en contre-fort, pour maîtriser une poussée quelconque, arc, voûte, terre, etc., menaçant un mur isolé ou un vide.

Contre-clé, *s. f.* Voyez *Clé.*

Contre-cœur, *s. m.* Se dit du fond vertical d'un foyer ou âtre d'une cheminée, auquel est appliquée la plaque en fonte appelée *bretagne.* Voyez ce mot.

Contre-chambranle, *s. m.* Menuis. Cadre sur lequel est appliqué le chambranle au pourtour d'une baie de porte ou de croisée.

Le contre-chambranle est toujours considéré uni ; il est mesuré par son plus grand développement de longueur multiplié par sa largeur réelle.

Quand une moulure, un chanfrein ou un élégissement est poussé sur la rive ou l'arête du contre-chambranle, cette moulure, ce chanfrein ou cet élégissement est mesuré au mètre linéaire réel, non compris les *arrêts* s'il en existe, lesquels sont alors comptés à la pièce.

Plâtr. — Cim. — Stuc. — Le contre-chambranle est assimilé aux bandeaux et mesuré tels, c'est-à-dire à la surface réelle. Si les contre-chambranles, comme les bandeaux, comportent une moulure poussée à l'aide du même calibre, ils sont assimilés alors aux moulures et mesurés par le développement du profil.

Les traverses de contre-chambranles cintrées en élévation et sur un seul centre sont comptées, en menuiserie, au double de leur surface réelle, c'est-à-dire que le développement réel de l'arc est doublé ; ceux en ciment, en plâtre ou en stuc, le développement réel est augmenté de sa moitié.

Les courbes elliptiques comptent trois fois.

Dans l'un ou l'autre cas, la longueur obtenue est multipliée par la largeur réelle du contre-chambranle, pour la menuiserie ; et par le développement du profil si, exécuté en plâtre, ciment ou stuc, le contre-chambranle est mouluré, sinon par la largeur simple.

Contre-fiche, *s. f.* Charp. Pièce de bois de faible équarrissage dépendant d'une ferme en assemblage supportant une toiture.

La contre-fiche est destinée à soulager la portée de l'arbalétrier en s'appuyant au poinçon ; elle est en assemblage à ses deux extrémités.

Sa mensuration a lieu par équarrissement moyen multiplié par sa plus grande longueur apparente augmentée de $0^m 10$ pour chaque tenon. Dans le cas où la contre-fiche prendrait son point d'appui par une pénétration dans le mur, cette pénétration est comptée selon sa prise réelle ajoutée à la longueur de la contre-fiche.

Contre-fort, *s. m.* Pilier en maçonnerie ou en assises de pierre de taille, construit à l'adossement d'une baie cintrée, d'un arc ou d'une voûte, pour en maîtriser la butée ou la poussée. La construction d'un contre-fort est toujours cubée par ses dimensions réelles Comme fourniture, la pierre de taille qui le compose, est mesurée par chacune de ses assises, soit au cube, soit au carré en raison de l'épaisseur des blocs.

Contre-haut, *adj.* C'est le contraire de *contre-bas*, évidemment.

Contre-maître, *s. m.* Le principal ouvrier d'un chantier ou d'un atelier, ayant sur les autres ouvriers autant d'autorité que le patron lui-même qu'il représente. Il transmet les ordres qu'il reçoit, en donne même directement aux ouvriers ; distribue le travail, en surveille l'exécution. Il répond au client, à l'architecte. En un mot, son rôle a l'importance de celui du patron, et même dans certains cas, il endosse une responsabilité relative.

Contre-marche, *s. f.* La face verticale d'une marche qui en forme la hauteur.

Dans l'élévation complète d'une rampe, les contre-marches doivent rigoureusement avoir une hauteur égale, régulière et uniforme.

Contre-mur, *s. m.* Mur supplémentaire adossé à un autre en vue de le consolider et dans un but que celui-ci ne peut atteindre.

Un contre-mur est mesuré selon sa surface jusqu'à 0^m 50 d'épaisseur, ou cubé quand même à cette épaisseur. Au-delà, il est toujours cubé par son épaisseur réelle dans les conditions prescrites à *mur*.

Contre-voûter une cheminée, consiste à boucher avec une maçonnerie légère en briques ou en plotets, l'orifice inférieur d'une gaîne pour en suspendre le service. On ménage quelquefois dans cette maçonnerie une petite ouverture pouvant être bouchée par une brique mobile, afin de permettre au besoin le dégagement de cette gaîne.

Ce travail est ordinairement compté à l'estimation.

Convention, *s. f.* Marché écrit et signé en autant d'expéditions que de parties contractantes, dans lequel sont rappelés et prescrits les prix et les conditions d'un travail à exécuter ou d'une fourniture à faire.

Convexe, *adj.* Contour extérieur d'un corps présentant une surface renflée ou bombée.

C'est l'effet contraire de *concave*.

Copal, *s. m.* Suc résineux que l'on étend en couche liquide et claire pour donner du brillant à des peintures, nouvelles ou anciennes.

Sur du bois naturel le vernis copal est également appliqué, mais sur une couche de peinture à l'huile cuite passée au préalable.

Il est mesuré à la surface réelle, comme les vernis et les peintures.

Copeau, *s. m.* Ruban de bois que la varlope enlève à une pièce de charpente ou de menuiserie. Fil enlevé aux métaux tournés.

Coquille, *s. f.* Sorte de vase en fonte, ayant la forme d'une conque marine, employé comme auge de fontaine.

— Serrur. Petite plaque de fer convexe sur laquelle on appuie le pouce pour faire lever un loquet.

— Sculpt. Ornement de la forme d'une conque marine, placé debout dans le fond d'une niche.

— Certaine nature de pierre de taille sur les parois de laquelle sont produits des rognons blancs appelés *coquilles*, telle est la pierre des carrières de Saint-Cyr.

Corbeau, *s. m.* Petite console en pierre de taille unie ou moulurée dont la queue est en prise dans un mur, tandis que la tête qui fait saillie supporte l'extrémité d'une pièce de charpente.

Se compte à la pièce de fourniture et de pose.

— Serrur. Forte et large patte de fer dont la tête a le même usage, et la queue fait prise dans le mur. La fourniture est comptée au poids, la pose en est faite à la pièce, selon que la prise est dans la taille ou dans la maçonnerie.

— Les entailles faites dans une pièce de bois, dans lesquelles sont incrustées les têtes de corbeaux, sont comptées à la pièce.

Cordages, *s. m. pl.* Nom générique donné à toutes les cordes de longueur et de grosseur diverses employées dans la construction, et dont les noms varient selon leur usage.

La fabrication des cordages est effectuée sous des hangars ou dans des lieux ayant une grande étendue appelés *corderies*. Leur confection est composée de chanvre peigné, filé et disposé en *torons*, dans une grande longueur.

Ces torons sont réunis et tordus en plusieurs bouts au moyen d'un rouet ou dévidoir appelé *caret*.

L'assemblage de plusieurs torons constitue les cordages à diverses grosseurs dont l'emploi dans la construction est de la première nécessité.

Les cordages font partie des agrès d'un entrepreneur de maçonnerie et ne sont pas les moins coûteux. Ils se divisent et changent de nom en raison de leur usage et de leur emploie :

1° Le *câble*, qui est le plus fort cordage, sert à élever les fardeaux ; il s'enroule sur un treuil à mécanique, passe dans une poulie au sommet de l'engin et retombe verticalement pour s'adapter au fardeau à élever ;

2° Le *hauban*, autre fort cordage, toujours employé à double, pour retenir la tête de la mécanique ou de l'engin dans une position légèrement inclinée du côté de la charge.

L'on comprend l'importance de solidité que doit avoir ce cordage qui sert d'appui à la tête de l'engin ;

3° La *guide*, cordage également à double, mais de force inférieure au précédent, servant à maintenir la tête de l'engin mécanique du côté opposé aux haubans pour en éviter le déversement;

4° Les *cordages*, se dit de l'ensemble des cordes de second ordre employées aux échafaudages volants;

5° La *corde à main*, dont on se sert pour enlever à bras des fardeaux ordinaires d'un étage à l'autre ;

6° La *corde de service*, servant à monter des menus matériaux, tels que : un benaut de mortier, une balle de pierres, un seau d'eau, etc.

Cette corde, qui doit avoir assez de longueur pour faire deux fois la hauteur d'une maison, passe dans une poulie fixée à une écoperche établie dans la toiture. A l'une des deux extrémités retombant sur le sol, est attaché le fardeau dont l'ascension est opérée par l'autre extrémité ;

7° La *corde à moufles*, qui est mince et serrée, s'enroule dans les poulies d'une moufle en faisant un certain nombre de tours qui en augmente la force ;

8° La *tortissière*, cordage servant à lier et encabler les fardeaux au moment de leur ascension ;

9° Le *bout-à-fit*, cordage mince servant de lien aux cordages d'un échafaud volant. Il réunit et assujéti à hauteur d'homme les deux cordages correspondants ;

10° Le *cordeau*, servant à tirer des alignements ou à tracer des fondations ;

11° La *corde à nœuds*, celle qui, garnie de nœuds à distances égales, est fixée à une toiture et descend verticalement le long d'une façade jusqu'au sol, pour le service des réparations ou pour exécuter un travail en dehors sur cette façade. L'ouvrier chargé de cette réparation ou de ce travail, est enveloppé de courroies, et ses jambes sont pourvues de jambières en cuirs, avec des crochets de fer qui s'agraffent aux nœuds de la corde. Les ouvriers maçons et surtout les ouvriers ferblantiers, travaillent à la corde à nœuds, dont le danger est combattu par l'habitude.

Corde, *s. f.* Chanvre filé et tordu ayant des grosseurs diverses. Voyez *cordage*.

Géom. Ligne droite qui relie les deux extrémités d'un arc de cercle en passant au-dessus du centre de ce même cercle.

Corderie, *s. f.* Lieu où se fabriquent les cordages, où ces cordages sont mis en dépôt.

Cordier, *s. m.* Industriel qui fabrique les cordes, qui en fait le commerce.

Cordon, *s. m.* Arch. Petit corps mouluré qui règne ordinairement sur une ligne horizontale faisant décoration dans une façade et qui, généralement, est placé au sommet d'un soubassement.

Taill. de p. Le cordon est compté au mètre linéaire quand sa largeur, avec sa saillie, ne dépasse pas 0ᵐ 50, et que sa hauteur ou épaisseur est de 0ᵐ 20 au plus. Au-dessus de 0ᵐ 50 de largeur et jusqu'à 0ᵐ 20 d'épaisseur, ils peuvent être mesurés à la surface réelle (vue en plan).

Quand ces deux dimensions sont dépassées, le cordon doit être cubé par ses dimensions de longueur, de largeur et d'épaisseur réelles. Les parties en ressaut et en retour sont ajoutées à sa longueur principale pour sujétion de taillage et d'arètes.

La pose des cordons ne doit être comptée soit au mètre linéaire ou au mètre cube, rarement au mètre superficiel, que pour sa partie saillante au parement du mur dans lequel le cordon est placé.

— Plât. — Cim. — Stuc. Les cordons sont assimilés aux moulures et mesurés tels.

Cornet, *s. m.* Cône creux renversé.

— Ce mot est souvent employé avec la plus grande erreur pour celui de *tuyau*.

Le *cornet* est un vase conique ouvert d'un côté, fermé de l'autre.

Le *tuyau* est un tube cylindrique ouvert des deux côtés.

Corniche, *s. f.* Arch. Assemblage de moulures couronnant, dans une direction toujours horizontale, un entablement, une façade, une boiserie.

Taill. de p. Blocs de pierre taillés sur le même profil, reposant sur le sommet d'un entablement, couronnant une façade et dont les moulures font saillie.

Ces blocs sont successivement mesurés par les dimensions de longueur et de largeur les plus fortes, contenues toutefois dans le plus petit parallélogramme possible.

La surface générale obtenue en plan est cubée par la hauteur ou l'épaisseur commune de la même corniche.

La pose de ces blocs est comptée pour le même cube de la fourniture.

— Charp. Assemblage de moulures formant un seul et même profil, pour servir au même usage que la corniche en pierre. Elle est fixée au sommet d'une façade ou d'un entablement par des bras ou pièces de bois appelés *blochets* qui sont fixés sur le mur et arrêtés sous le forjet du toit.

Elle est mesurée au mètre linéaire comprenant toutes les parties de moulures assemblées et les blochets. La longueur est prise à la partie la plus saillante, augmentée des retours et des ressauts s'il en existe.

Ces sortes de corniches reçoivent toujours une peinture à l'huile qui est mesurée à sa surface réelle.

— Menuis. La corniche est formée d'un ou de plusieurs corps de moulures travaillés sur le même profil, et placée au sommet d'une boiserie de laquelle elle est toujours détachée.

Elle est mesurée constamment au mètre superficiel; sa longueur la plus forte multipliée par la largeur obtenue de sa saillie ajoutée à sa hauteur. Tous les ressauts et saillies doivent être ajoutés à la longueur principale. Les coupes simples d'onglets, en plus de *une* par mètre linéaire, sont comptées séparément et à la pièce, selon l'importance du profil. Les joints en assemblage d'onglets sont comptés comme valeur au double des coupes simples d'onglets. Les denticules rapportées et collées donnent lieu à une plus-value comptée au mètre linéaire.

Les parcloses, s'il en existe, sont comptées à la pièce.

Les corniches sur plan circulaire sont mesurées deux fois en plus que la première longueur réelle et converties en surface par la hauteur du profil ajoutée à sa saillie, comme il a été dit plus haut.

—Plâtr. - Cim. - Stuc. Les corniches sont mesurées selon leur surface résultant de la longueur prise au milieu du profil, multipliée par le développement de ce même profil.

Les longueurs sont augmentées de 0m 33 pour chaque onglet, d'angles saillants ou rentrants, et de 0m 15 pour chaque amortissement à la rencontre d'un plan droit ou oblique.

Les corniches cintrées en plan ou en élévation d'un seul arc de cercle sont comptées une demi-longueur en plus de la première longueur réelle déjà prise. Celles à plusieurs centres sont doublées. Celles enfin à double cintre en plan et en élévation sont comptées trois fois leur longueur réelle.

Quand l'importance d'un profil de corniche nécessite un massif préalable au-delà de 0m 30 de saillie, ce massif est cubé par ses dimensions réelles en déduisant de la saillie et de la hauteur de son profil 0m 04 au profit de l'enveloppe moulurée.

Si le chapeau ou dessus d'une corniche est formé d'une surface plane, cette surface ne fait point partie du développement mouluré. Si au contraire ce chapeau est à gorge et poussé avec le même calibre, il est assimilé aux moulures de la corniche et fait partie de son développement.

Cornière, *s. f.* Ferblant. Revêtement en zinc, en ferblanc, en cuivre, en plomb, appliqué sur la partie en ligne biaise que forme l'angle rentrant de deux surfaces de revers qui se rencontrent. Cette ligne est ordinairement déterminée par une pièce de charpente qui reçoit les abouts du lattis de ces deux revers, appelée *noue*. La cornière a donc pour but de protéger la noue des infiltrations ou du contact de l'eau.

Elle est mesurée, selon sa surface géométrique, quand elle est confectionnée en zinc.

Les cornières en ferblanc sont mesurées au mètre linéaire dans une largeur indéterminée jusqu'à 0ᵐ 33.

Celles confectionnées en cuivre ou en plomb, se comptent au poids.

Corps de bâtiment, *s. m.* Tout ce qui constitue un seul et même bâtiment.

Corridor, *s. m.* Passage long et étroit desservant les pièces d'un appartement, les chambres d'un hôtel, les cellules d'une communauté religieuse.

— Corridor de caves, de greniers.

Corroyer, *v. a.* Menuis. Travail qui a pour but d'enlever les aspérités dans une surface de boiserie, de rendre cette surface unie et polie en la frottant avec du papier préparé à cet effet, connu sous le nom de *papier verré*.

Côte, *s. f.* Voyez *Boudin*.

Cote, *s. f.* Mesure prescrite dans un plan ou prise sur place.

Coter, *v. a.* Ecrire, indiquer, prescrire, relever une cote.

Coterie, *s. f.* Expression familière dont se servent les ouvriers du bâtiment, même d'une corporation à une autre, pour s'interpeller entre eux.

Couche, *s. f.* Maçonn. Aire de béton, de mortier, de terre, de sable, étendue dans une certaine surface et dans une épaisseur relativement peu importante.

— Peint. Verni, badigeon, peinture étendus au pinceau et d'une seule fois, pour recouvrir les parois d'une boiserie, d'un mur, d'une cloison, d'un plafond, etc. Chaque fois que cette opération est faite, représente une *couche*. Le nombre de fois qu'elle est répétée, donne lieu à une valeur proportionnelle à la peinture, au verni, au badigeon.

Le mortier, le ciment, le plâtre en enduits s'étendent aussi par *couches*.

Couchée, *s. f.* Dans l'intérieur d'un manteau, comme dans l'intérieur d'une souche de cheminée, quand une gaîne a besoin d'être déviée de sa direction primitive, on y construit une division, une sorte de languette rampante, ayant une hauteur variée, tout en conservant la largeur de la gaîne. Cette division ou languette, ainsi construite, est appelée *couchée.*

Dans l'ancien usage, en raison de la difficulté de cette construction, difficulté douteuse, il était arrêté qu'une couchée était comptée pour une surface constante et uniforme de 2ᵐ 20. Aujourd'hui, cet usage est vivement discuté et l'on accorde encore, par tolérance, 1ᵐ 10, c'est-à-dire la moitié.

Selon la logique, il convient de mesurer une couchée pour ce qu'elle est réellement, ainsi que l'a décidé la Chambre syndicale dans son tarif.

Couchis, *s. m. pl.* Sorte de sablière reposant horizontalement sur des poteaux et servant d'appui aux naissances d'un cintre en charpente pour la construction d'une voûte.

Coude, *s. m.* La portion d'un tuyau en poterie, en fonte, en zinc, en ferblanc, etc., qui, placée dans le parcours d'une descente d'eaux ou de matières, a pour but d'en dévier la direction, soit par une section brusque, dite *carrée*, soit par une section adoucie par une *courbe*.

Les coudes ronds ou carrés dans une descente en zinc ou en ferblanc, sont comptés à la pièce. Les coudes en fonte sont pesés avec les autres tuyaux de la même descente. Ceux en poterie, comptent chacun pour 0ᵐ 35 en plus-value, ajoutée à la longueur principale de la descente ou du conduit auquel ils appartiennent.

Coudière, *s. f.* Tablette en pierre ou en bois faisant appui dans le bas d'une croisée.

Sa fourniture, en pierre de taille, est comptée selon sa longueur réelle, si sa largeur n'excède pas 0ᵐ 50. Au-delà, la coudière est comptée au mètre superficiel ; sa largeur est prise en comprenant sa saillie, si cette saillie existe.

L'épaisseur maximum d'une coudière est de 0.20 Quand cette épaisseur est dépassée, la coudière est cubée selon son épaisseur réelle.

Dans le cas où une coudière serait établie en tour ronde, c'est-à-dire sur plan circulaire, évidée à l'intérieur, les dimensions de longueur et de largeur doivent être circonscrites dans le plus petit rectangle possible. La pose d'une coudière est toujours comptée avec la maçonnerie à laquelle elle est adhérente.

Coulisse, *s. f.* La partie de la scène d'un théâtre cachée par les décors. — Les décors eux-mêmes.

Menuis. Liteau à feuillure dans laquelle glisse une pièce de boiserie, un guichet, un tiroir.

Coulisseau, *s. m.* Petite coulisse en bois.

Coupe, *s. f.* Arch. Plan en élévation d'une construction faite ou à faire, selon le tracé d'une ligne transversale ou longitudinale qui diviserait cette construction dans son milieu ou sur un point quelconque.

La coupe, ainsi représentée, donne les épaisseurs de murs, les parties massives ou évidées, les profils des planchers, combles, moulures, saillies, enfin, toutes les dimensions intérieures coupées par cette ligne.

On donne quelquefois le nom de *coupe* à des profils de détails.

Menuis. Dans les chambranles, moulures, cymaises, corniches, bandeaux, plinthes, stylobates, etc., les *coupes* simples d'onglets, en plus de une par mètre linéaire, sont comptées à la pièce, en raison de l'importance de leur profil

Les joints en assemblage d'onglets sont comptés au double des coupes simples.

Coupe de pierre, *s. f.* Art de tracer, de débiter la pierre de taille selon les règles et les principes de cet art. La coupe des pierres demande une très-grande aptitude et une étude sérieuse des lignes que doivent suivre le découpage et le taillage de la pierre, ce qui s'appelle aussi *appareillage*.

Cet art appartient à la *stéréotomie*.

Coupole, *s. f.* Arch. Vide demi-sphérique formé par l'intrados d'un dôme, surmontant une église, un temple, la partie principale d'un édifice, etc.

Cour, *s. f.* Espace libre à l'intérieur d'une maison ou d'un édifice sur lequel prennent jour les pièces auxiliaires des divers étages.

Dans une habitation à la campagne, c'est l'espace compris entre la maison bourgeoise et les dépendances. Cet espace se nomme *basse-cour*.

Courbe, *s. f.* Géom. Ligne qui n'est ni droite, ni brisée.

— Charp. Les pièces *courbes* ou cintrées dans leur longueur sont mesurées à l'équarrissement de chaque partie qui peuvent les composer, en prenant leur longueur à l'extrémité des assemblages et en ajoutant à leur largeur réelle la flèche ou segment de cercle évidé.

— Menuis. Les bois unis ou lisses *courbes* ou cintrés en plan, sont comptés en double surface.

Courette, *s. f.* Petite cour d'un espace très-restreint. Expression peu usitée à Lyon, par la raison que le genre de construire n'admet pas cette exiguité, d'ailleurs peu hygiénique.

Couronnement, *s. m.* Arch. Corps de moulures surmontant un attique. Il est en ligne droite ou forme un triangle rectiligne dans le genre du fronton, mais avec beaucoup moins d'importance. Il offre aussi la forme d'un segment.

Le couronnement étant assimilé aux moulures, est mesuré telles, quelle que soit du reste sa nature, sauf en pierre de taille. En ce cas, il est cubé selon le volume qu'il présente.

— Maçonn. Le haut des souches de cheminée au-dessus des toits est presque toujours orné d'un couronnement formé de deux ou trois rangs de plotets superposés et saillants. Cette saillie est prise séparément de la souche et convertie en surface, en multipliant sa longueur développée par une largeur constante de 0^m 15. Quand le couronnement est plus important et qu'il cesse d'être ordinaire, il est compté à l'estimation.

Coussinet, *s. m.* Bloc de taille équarri, plus ou moins finement taillé, avec ou sans moulures sur sa face externe quand cette face est apparente, destiné conjointement avec la clé à couvrir une baie de grande largeur.

Les extrémités du coussinet se terminent par deux joints, dont l'un est vertical au pilier sur lequel le coussinet repose dans environ deux tiers de sa longueur, l'autre joint est incliné tendant à un centre placé dans l'axe de la baie. Le milieu de la longueur de ce joint est rompu par une petite partie droite, appelée *crossette*.

Il est bien entendu, qu'il doit exister un autre coussinet semblable portant sur l'autre pilier ou pied droit de la même baie. L'intervalle qui existe entre les deux extrémités des coussinets, au-dessus de la baie, est rempli par la clé, dont les deux joints obliques s'ajustent avec ceux des coussinets. Ces deux joints sont toujours à crossettes.

Un coussinet est double quand, posé sur un pilier séparant deux baies, il présente ses deux têtes avec des joints obliques semblables.

Il arrive même qu'un coussinet peut être triple et quadruple. si le pilier sur lequel il repose, présente ses côtés à trois ou à quatre ouvertures.

La mensuration des coussinets s'effectue par équarrissement au plus fort de ses dimensions multiplié par sa longueur, prise à la partie saillante du joint incliné, appelée mouchette.

— On donne également le nom de *coussinets* à de forts coins de bois ou de fer dont l'usage est varié.

Couvert, *s. m.* Voyez *Toiture.*

Couverte, *s. f.* Pierre de taille ou pièce de bois placée sur une baie de porte ou de croisée pour terminer carrément le haut de l'ouverture. Les deux extrémités de la pierre de taille ou de la pièce de bois doivent porter sur les pieds droits de la baie. Cette portée ne peut être inférieure à 0^m 15 pour chacune d'elles.

Les couvertes en pierre de taille doivent toujours avoir en largeur au moins l'épaisseur du mur dans lequel la baie est placée. Cette largeur est quelquefois augmentée de la saillie du chambranle ou du couronnement adhérent à la couverte. En ce cas, la couverte est mesurée par toute la largeur, augmentée de la plus forte saillie. A moins que les longueurs des couvertes ne soient prescrites par les cotes d'un plan d'appareil, cette longueur est toujours prise dans œuvre de la baie, augmentée des deux portées réglementaire de 0m 15 pour chacune, soit 0m 30.

— Les couvertes en bois sont comptées à leurs dimensions réelles.

— Les couvertes en pierre sont, selon le cas, comptées au mètre linéaire jusqu'à 0m 20 d'épaisseur et 0m 50 de largeur. Au-dessus de 0m 50 de largeur, elles sont comptées au superficiel. Dans ce dernier cas, si la couverte dépasse 0m 20 d'épaisseur, elle est comptée au mètre cube. Celles en tour ronde, la surface est prise comme pour la coudière.

— Les couvertes étant adhérentes à la maçonnerie, rien n'est compté pour la pose, à moins toutefois qu'elles aient une saillie extérieure, cette saillie est alors comptée par son cubage, pris au plus fort de ses dimensions.

Couvertine, *s. f.* Dalle équarrie, quelquefois renflée en son milieu, servant à couvrir ou à couronner un mur de terrasse, d'appui ou de clôture. Sous ses rebords saillants, doit régner une feuillure longitudinale dite *goutte pendante*. Cette dalle est aussi nommée *bahut*, qui paraît être sa dénomination française.

Jusqu'à 0m 50 de largeur, les couvertines ou bahuts sont mesurées, de fourniture et de pose, au mètre linéaire. Au-delà de cette largeur, elles sont comptées au mètre superficiel.

Couvreur, *s. m.* Patron ou ouvrier dont la spécialité est l'entreprise ou la confection des toitures en ardoises ou en tuiles vernies.

Couvre-joint, *s. m.* Charp. Liteau méplat cloué sur la jonction de deux planches ou de deux voliges non bouvetées, afin d'en cacher le joint.

— Ferbl. Revêtement en zinc recouvrant des tuiles, ou la jonction de feuilles disposées en toiture.

Ces revêtements sont comptés à leur surface réelle, quelquefois au mètre linéaire ou à la pièce.

Coyau, *s. m.* Charp. Petite pièce de bois de l'équarrissage d'un chevron, rapporté dans la couverture d'un bris, d'une flèche, d'un dôme et de toute pente rapide, pour établir, à la partie basse de cette toiture, un renvoi pour l'égout des eaux, en amortir la chute et éviter le rejaillissement.

Les coyaux se comptent à la pièce en raison de leurs assemblages et de leur chantournement.

Coyer, *s. m.* Charp. Pièce de bois équarrie placée horizontalement dans l'angle d'une croupe portant d'un côté, assemblage dans le poinçon d'une ferme, de l'autre, dans l'arêtier correspondant. Le coyer remplit les fonctions de l'entrait.

— Dans un plancher, le coyer est placé dans la direction d'un angle dans lequel il pénètre, et reçoit en empanons les solives de deux travées adjacentes faisant retours.

Dans l'un et l'autre cas, le coyer est cubé par équarrissement moyen, multiplié par sa longueur apparente. augmentée de 0^m 10 pour tenon et de sa prise réelle quand elle existe dans le mur.

Crampon, *s. m.* Serrur. Forte barre de fer courte, carrée ou ronde, terminée pour une ou deux têtes coudées et échancrées à leur pénétration dans la maçonnerie ou dans la pierre de taille. Le crampon est destiné à relier deux corps adjacents l'un à l'autre. Indépendamment de ses deux scellements, le crampon lui-même est quelquefois incrusté dans toute sa longueur.

Comme fourniture, le crampon est compté au poids ; comme pose, il est porté en raison de l'importance et de la nature des scellements qui le fixent. L'incrustation est l'objet d'une valeur supplémentaire mesurée linéairement.

Crapaud, *s. m.* Grande et forte charrette montée sur essieu ayant deux roues épaisses et solides, dont la hauteur ne dépasse pas l'affleurement du tablier de la charrette.

Le crapaud est employé au transport à pied d'œuvre des blocs de pierre de taille d'un grand poids et d'un grand volume.

Son attelage se compose presque toujours de plusieurs chevaux.

— Il existe également des crapauds de même forme, mais de dimensions bien inférieures, pouvant être mus à bras pour le transport et le bardage, sur le chantier même, des divers blocs de taille. Voyez *camion*.

Crapaudine, *s. f.* Serrur. Forte plaque de fer ou de cuivre, carrée ou ronde, creusée ou percée d'un trou qui reçoit le pivot d'un vantail de porte, de barrière, de portail, etc.

Crèche, *s. f.* La place d'une écurie ou mangent les chevaux, les bestiaux. — L'auge ou mangeoire dans laquelle ils mangent.

Crémaillère, *s. f.* Dentelure en pierre ou en bois recevant la tête des marches d'un escalier du côté du mur.

Les crémaillères en pierre de taille sont mesurées linéairement dans les sections droites, n'ayant pas au-delà de 0^m 50 de largeur et 0^m 20 d'épaisseur. Elles sont mesurées au mètre superficiel, quand cette largeur est dépassée. Enfin, elles sont cubées quand les parties d'angles présentent des courbes délardées ou que l'épaisseur est supérieure à 0^m 20.

— Les crémaillères en bois se comptent au mètre linéaire ; mais, le plus souvent, sont comprises dans la valeur de la marche elle-même.

— Menuis. Il arrive quelquefois que des rayons ou des tablettes, dans un placard, une bibliothèque, une armoire, une vitrine, au lieu d'être soutenus par des tasseaux fixés aux extrémités, ces rayons ou tablettes en vue de les rendre mobiles, sont supportés par des liteaux à crans, qui prennent aussi le nom de *crémaillère*. Ces liteaux sont alors mesurés linéairement.

Crémone, *s. f.* Serrur. Sorte d'espagnolette d'un système nouveau, composée de deux tiges verticales et mobiles, mues à l'aide d'une poignée qui, en tournant, abaisse la tige supérieure, tandis qu'elle élève celle inférieure, de façon à leur faire échapper en même temps les anneaux d'extrémités qui retiennent la cré-mone pour fermer.

Le commerce en livre de simples et d'ornées. Il y en a même en fer poli et à poignée dorée.

Elles font partie de la ferronnerie du bâtiment.

Créneau, *s. m.* Petite ouverture rectangulaire présentant à l'extérieur une faible largeur en raison de sa hauteur. L'embrasure intérieure est ordinairement très-évasée.

Crépissage. *s. m.* Maçonn. Synonyme de *dégrossissage*.

Se dit de la première couche de mortier jetée sur le parement brut d'un mur ou d'une cloison et étendue à la truelle.

Afin de donner de l'adhérence à l'enduit de plâtre destiné à être appliqué sur un crépissage, le maçon pratique des hachures verticales et parallèles avec l'angle de la truelle, ce qui fait donner à cet enduit le nom de *mortier coupé*.

Ces sortes d'enduits ou crépissages sont mesurés au mètre superficiel réel, selon les formes géométriques qu'ils présentent, avec déduction de tous les vides.

Crêt, *s. m.* Maçonn. Le couronnement d'un mur isolé, comme le sont les murs de clôture, quand ce couronnement n'est pas un chaperon en tuiles, est appelé *crêt*.

Les crêts de murs sont quelquefois composés de petites dalles brutes ou taillées présentant un profil triangulaire ou demi-circulaire. Ces dalles sont posées de champ et plaquées les unes contre les autres, et cela dans toute la longueur du mur, avec un garnissage en mortier.

D'autres fois, les crêts ne sont composés que d'un fort revêtement de mortier ou de ciment recouvrant le sommet en dos d'âne du mur.

Afin de rendre dangereuse l'escalade dans une partie ou dans toute la longueur d'un mur de clôture, le crêt de ce mur est hérissé de tessons de bouteilles et de verres cassés plantés debout dans le mortier frais. Voyez *Hérisson*.

Le crêt d'un mur quelles que soient sa nature et sa forme, est l'objet d'une plus-value qui est généralement comptée au mètre linéaire.

Crête, *s. f.* Archit. Ornement dentelé et festonné en bois, en fer, en zinc, quelquefois en terre cuite, qui décore un faîtage.

Les crêtes se confectionnent avec une très-grande variété de dessin et sont livrées selon des choix faits sur albums ou d'après des croquis donnés. Leur valeur est débattue pour chaque mètre linéaire de fourniture et de pose.

Creusement, *s. m.* Action de creuser.

Creuser, *v. a.* Rendre creux, faire une excavation : creuser un puits, une fondation, une niche, un trou, etc.

Creux, *s. m.* Espace vide dans un corps.
— Cavité plus ou moins profonde.

Crevasse, *s. f.* Fissure, fente qui se produit dans un mur, une cloison, un plafond en plâtre, un conduit. Synonyme de *lézarde*.

Crible, *s. m.* Treillis en fil de fer parallèles ou croisés mais serrés et entourés dans un cadre en bois, au travers duquel on fait passer le sable ou le gravier pour en dégager les parties trop grossières.

Cric, *s. m.* Sorte de levier composé d'un mécanisme contenu dans le creux d'un fort madrier en chêne, appelé *chappe*, et consolidé avec de forts colliers en fer.

Au moyen d'une manivelle qui fait tourner une roue dentée fixée dans le madrier, il en sort une pièce de fer droite à crémaillère, terminée par un chapeau à deux crocs. Le bas de la crémaillère présente également une forte patte en fer qui en suit le mouvement ascensionnelle.

Le cric est le plus puissant des leviers portatifs. Aussi son usage est des plus indispensable dans tous les chantiers pour le bardage et le soulèvement des fardeaux, pierre ou bois, même des plus lourds.

Cristal, *s. m.* Sorte de verre très-limpide auquel on donne les formes les plus diverses ; mais principalement employé dans le bâtiment, en boules, boutons unis ou à facettes, pour poignées de serrures et pour pommes ou pommeaux.
— Pierre de roche claire et transparente, mais très-dure.

Crochet, *s. m.* Dans les revers de toitures en ardoises dont les pentes sont généralement très-rapides, l'on place d'espace en

espace de forts crochets en fer, auxquels sont fixés, d'une manière mobile et selon le besoin, de courtes échelles plates permettant la réparation de ces toitures.

Ils se comptent à la pièce de fourniture et de pose.

Croisée, *s. f.* Menuis. Double châssis à vitres, montés sur
un cadre dormant à feuillures qui se place dans la baie d'un mur
de façade réservée et ménagée à cet effet.

La croisée est ferrée et maintenue fermée au moyen d'une espagnolette en fer. Autrefois, l'espagnolette était remplacée par un
fléau, c'est-à-dire une tige de bois mobile fixée dans son milieu
sur l'un des battants de la croisée.

Les croisées sont, en outre, pourvues d'une pièce d'appui portant jet d'eau placé transversalement au bas et à l'extérieur de
chaque croisée.

Les croisées sont mesurées au mètre superficiel. Pour celles
dont la traverse supérieure est seulement chantournée, la hauteur
est prise à la partie la plus élevée.

Les croisées cintrées dans le haut, comme celles cintrées en
plan, tout aussi bien que celles qui sont tout à la fois cintrées en
plan et en élévation, seront mesurées suivant les indications
données à *châssis*.

— Quel que soit le système de ferrure d'une croisée, ainsi que
les happes qui fixent son cadre, ne sont jamais comprises dans la
valeur de la croisée, dont la confection et la fourniture sont du
ressort de la menuiserie. La ferrure en est faite et ajustée par le
serrurier. Les scellements qui fixent son cadre, sont faits et
comptés par le maçon. Les happes livrées à la pièce.

Croisillon, *s. m.* Arch. Croix en pierre ou en bois dans une
baie de fenêtre qui la divise en quatre parties.

Croisement, *s. m.* Toutes lignes ou surfaces planes qui se
traversent d'outre en outre dans une direction perpendiculaire
ou oblique, déterminent un *croisement*.

Croquis, *s. m.* Arch. Dessin esquissé, représentant un détail
d'ornements, de plan ou de profil quelconques.

— Forme tracée par des lignes représentant ou figurant un
travail fait ou à faire, quelquefois aidant à la clarté d'une mesure
prise ou à prendre.

— Un architecte qui veut reproduire sur le papier les formes
vagues que son imagination recherche pour un projet quelconque,
en fait un *croquis*. S'il lui est demandé un dessin hâtif d'une
chose projetée, il fait encore un *croquis*.

Crosse, *s. f.* Bloc de taille posé debout entre deux lancis pour
former un pied-droit à tableau ou à dosseret.

La crosse faisant partie d'un jambage de porte ou de croisée,
est mesurée au mètre linéaire, quand toutefois son épaisseur n'ex-

cède pas 0^m 20 et un gros de mur de 0^m 50. Au-delà, la crosse est cubée par ses dimensions réelles, comprenant la saillie du chambranle si cette moulure existe sur la face externe de la crosse.

— Serrur. Sorte de happe en fer à tête plate et coudée, dont le côté opposé, terminé en pointe, pénètre dans un mur. Elle est ainsi plantée pour consolider un objet quelconque.

Crossette, *s. f.* Petite partie horizontale du joint incliné d'un claveau ou d'un coussinet qui repose carrément sur une autre petite partie taillée à cet effet.

— Menuis. Petit ressaut dans le parcours d'une moulure rapportée, qui nécessite deux coupes d'onglet, est, par cette raison, estimée en plus-value et à la pièce.

Croupe, *s. f.* La partie triangulaire d'une toiture faisant quelquefois retour à un long-pan. Sa surface s'obtient en multipliant la longueur de sa base par la moitié de sa hauteur perpendiculaire.

Crypte, *s. f.* Archit. Chapelle voûtée et souterraine placée ordinairement sous le chœur d'une église.

Cubage, *s. m.* Opération qui consiste à rechercher par le calcul la contenance d'un corps solide ou la capacité d'un vide. Cette opération s'effectue inévitablement avec trois dimensions : longueur, largeur, hauteur ou épaisseur.

Cube, *s. m.* Corps solide composé de six faces carrées et égales, et dont les côtés opposés sont parallèles deux à deux.

— Résultat d'un cubage.

— Maçonn. Les murs cubés sont convertis en surface, en doublant le cube trouvé.

Cuber, *v. a.* Faire un cubage.

Cuisine, *s. f.* La pièce d'un appartement réservée à la confection des mets. Cette pièce doit être carrelée ou dallée, les murs badigeonnés ou mieux, peints à l'huile. Sa seule décoration doit être la grande propreté.

La cuisine est placée dans la partie la plus reculée d'un appartement, en restant toutefois en communication directe avec le vestibule d'entrée; autant que possible aussi avec la salle à manger.

Dans les hôtels et restaurants, les cuisines ont trouvé leur place dans les sous-sols que l'on dispose à cet effet.

Cuivre, *s. m.* Métal jaune et rouge, rendu brillant par le poli, servant à la confection de divers objets du bâtiment, tels que : bouton, pomme, poignée, etc.

— Le cuivre est employé, dans la zinguerie et la plomberie, à la confection des couvertures, revêtements, tuyaux, et des accessoires de fontaines, pompes, etc.

Cul-de-lampe, *s. m*. Archit. Sorte d'ornement à pendentif, en pierre, en marbre, en bois, en plâtre, en ciment, portant sculptures et dont la forme est celle d'un dessous de lampe d'église. Le cul-de-lampe se place dans un angle ou sur un parement de mur pour recevoir la naissance d'un arc, d'un cintre, un candélabre, une statue, etc.

Culée, *s. f*. Massif plus ou moins considérable en maçonnerie ou en terre, maîtrisant la poussée d'une première ou d'une dernière arche de pont.

Culot, *s. m*. Archit. Petite sculpture servant à orner des frises.

Culotte, *s. f*. Tuyau de poterie ou de fonte portant un ou plusieurs tronçons obliques et adhérents au même tuyau pour recevoir les divers embranchements qui se rencontrent dans le parcours d'une descente de latrines. Ces tronçons appelés *culottes* s'adaptent chacun avec la jambette ou avec le siphon de chaque siége d'aisance, afin d'établir une communication directe avec les descentes à laquelle ce tuyau appartient.

Un même tuyau peut ainsi avoir deux et trois tronçons ; il est alors à double ou triple culotte. Il est simple quand il n'en a qu'une seule. Voyez *Descente*.

Curage, *s. m*. Extraction d'immondices, synonyme de *vidange*.

Curviligne, *adj*. Toute ligne qui n'est pas droite, toute surface qui est formée par une courbe dans un ou plusieurs sens.

Curvité, *s. f*. Surface non plane. Ligne décrivant une courbe.

Cuvette, *s. f*. Ferbl. Sorte d'entonnoir en zinc, en ferblanc, en cuivre, en plomb, formant l'orifice supérieure d'une descente.

— Dans l'appareil inodore d'un siége d'aisance, est compris la cuvette en faïence ou en fonte émaillée, qui est placée immédiatement sous la lunette, et s'emboîte avec le siphon. Sa forme est celle d'un cône tronqué, creux et renversé.

Cuvier, *s. m*. Compartiment d'une habitation à la campagne dans lequel est placée la cuve où se fait le vin.

— Grand caveau voûté pour le dépôt des vins.

Cylindre, *s. m*. Géom. Corps solide formé de deux cercles égaux et parallèles, réunis dans leurs circonférences par une surface courbe.

Son cube s'obtient en multipliant la surface de l'un des cercles par la distance qui existe perpendiculairement d'un cercle à l'autre.

Cylindrique, *adj*. Tout corps solide ayant la forme d'un cylindre. Un treuil est un corps cylindrique.

— Les tubes, les tuyaux ont également des formes cylindriques, mais creux, ouverts aux extrémités.

D

Dais, *s. m.* Petit dôme ayant des formes et des dimensions diverses, avec ou sans ornements et sculptures, surmontant un autel, un trône, un catafalque, etc.

— Il reçoit de riches draperies, auquel elles sont ordinairement appendues.

Dallage, *s. m.* Assemblage régulier ou non de dalles en pierre ou en marbre formant pavé, présentant un niveau parfait.

— Sa surface s'obtient par le calcul géométrique des formes que le dallage présente dans son ensemble.

Dalle, *s. f.* Pierre plate et mince ayant des formes géométriques, variant depuis le triangle jusqu'au polygone à plusieurs côtés, lesquels côtés sont toujours affranchis et réguliers, pour permettre la coïncidence des joints contigus.

Daller, *v. a.* Poser, assembler des dalles.

Damage, *s. m.* Action de damer à l'aide du *pilon* ou *dame*, soit des terres, soit une aire de béton. Ce travail a pour but de donner de la consistance à des couches de terre ou de béton répandues ou étendues selon le cas. Cette opération s'effectue également, à l'aide du pilon, pour confectionner les murs en pisé, ainsi que pour enfoncer et consolider chaque pavé d'un pavage. En ce dernier cas le pilon est appelé

Dame ou **Demoiselle**, *s. f.* Sorte de pilon en bois dur, cerclé de fer et emmanché de façon à être facilement soulevé et relâché pour la manœuvre du damage.

Damer, *v. a.* Battre de la terre ou du béton par couches successives, pour les rendre fermes et solides, ou pour enfoncer et asseoir un pavage.

Dansante, *adj.* Se dit des marches tournantes d'un escalier.

Dans-œuvre, *adj.* Mesure prise ou prescrite intérieurement, du dedans au dedans.

Dauphin, *s. m.* Tuyau de fonte terminé à sa base par un coude rond. Sa fourniture est comptée au poids.

Ce tuyau forme ordinairement la base d'une descente d'eau. Il est fixé au mur par des colliers en fer, fixés eux-mêmes par des scellements.

La pose du dauphin est comptée au mètre linéaire, comprenant sa garniture et son incrustation, si elles existent. Les colliers qui servent à le fixer et à l'assujétir au mur sont eux-mêmes comptés selon le nombre et la nature de leurs scellements.

Dé, *s. m.* Petit socle en pierre, taillé ou non, recevant un poteau, une colonnette, un montant quelconque.

— Il est compté à la pièce de fourniture et de pose.

Débillardement, *s. m.* Tailler extérieurement, recreuser, évider intérieurement une pièce de bois ou une pierre de taille, pour changer la direction de ses parties latérales ou externes, en décrivant en plan une ligne courbe, biaise ou brisée, déterminent un *débillardement*.

Débillarder, *v. a.* Opérer un débillardement.

Débiter, *v. a.* Se dit des combinaisons prises pour découper la pierre, le marbre, le bois, de manière à éviter les déchets inutiles.

Déblai, *s. m.* Terre, gravier, débris, que l'on enlève et transporte hors d'une construction. Les déblais de terre se comptent selon le cubage fait dans l'excavation même où ils ont été extraits. Leur valeur a pour base le *relais*. Voyez ce mot.

Les déblais de gravois ou débris de démolitions se comptent au tombereau, selon contrôle effectué par cachets.

Déblaiement, *s. m.* Déblai fait ou à faire.

— Entreprise ayant pour but un ou plusieurs déblais.

Déblayer, *v. a.* Effectuer un ou plusieurs déblaiements.

Décamètre, *s. m.* Étendue de dix mètres. En ce sens, le mot est peu usité.

— Instrument de mesurage, composé d'un ruban étroit en fil, marqué depuis un jusqu'à dix mètres, avec les subdivisions de décimètres et de centimètres. Cet instrument, vulgairement appelé *chevilière*, s'enroule dans une boîte ronde pour être plus facilement portatif.

Décalitre, *s. m.* Vase quelconque servant de base métrique, de la contenance de dix litres.

Décapage, *s. m.* Action de décaper.

Décaper, *v. a.* Enlever, à l'aide de procédés chimiques, l'oxide d'un métal. Appliquer une préparation également chimique, pour donner de l'adhérence à des peintures.

Décharge, *s. f.* Pierre de taille brute conforme à une liaison, grossièrement équarrie, placée au-dessus de la couverte d'une baie de porte ou de croisée, pour protéger cette couverte.

— Pièce de bois de charpente, employée d'une manière économique dans le même but.

Déchargement, *s. m.* Le sens inverse de chargement.

Décharger, *v. a.* Opération qui a pour but de soulager une partie faible recevant un poids auquel cette partie ne peut résister et qu'elle est cependant destinée à supporter. Cette opération consiste quelquefois à jeter un arc appelé *arc de décharge*.
— Enlever, ôter des matériaux qui chargeaient.
Décharger un bateau, une voiture, un plancher, une voûte, etc.

Déchausser, *v. a.* Mettre à découvert la basse fondation d'un mur, ce qui n'est jamais sans danger pour la sécurité de ce mur.

Déchet, *s. m.* Perte inévitable que subissent les matériaux de toutes natures, entre le moment de leur mise en œuvre et celui de leur emploi ou de leur mise en place.

Décimètre, *s. m.* La dixième partie du mètre.
— Petite échelle subdivisée par centimètres et millimètres, servant à dresser les plans dans les proportions de l'exécution. Cette échelle est ordinairement composée des deux dixièmes du mètre, soit vingt centimètres, confectionnée en buis, en acier, en ivoire.

Décintrer, *v. a.* Démolir, enlever les cintres en charpente qui ont servi à la construction d'une voûte, d'un arc. Cet enlèvement ne doit s'effectuer qu'après avoir laissé à la maçonnerie un temps suffisant pour sécher ou permettre le tassement. Il y a toujours danger imminent de décintrer avant cette précaution rigoureuse.

Décistère, *s. m.* La dixième partie du stère.

Déclivité, *s. f.* Inclinaison, biais, pente d'un corps, d'une surface ou d'une ligne par rapport à un autre corps, surface ou ligne qui se rencontrent.

Décombres, *s. m.* Voyez *Gravois*.

Décor, *s. m.* Archit. Ensemble de décorations peintes et quelquefois dorées.
— Terme de théâtre : châssis, fonds, rideaux peints à effet, qui font face à la scène et lui donnent la vue et l'apparence du lieu où s'effectue l'action qui se joue. Les décors d'un théâtre se montent ou se déroulent sur des treuils placés dans les cintres ; se glissent et se placent dans des rainures établies sur les côtés de la scène et dans des directions légèrement obliques, afin de donner du fuyant et de la perspective.

Décorateur, *s. m.* Artiste peintre chargé d'exécuter ou de diriger des ouvrages de décoration, selon des prescriptions données ou selon sa propre inspiration.

Décoration, *s. f.* Art d'appliquer des ornements de peinture, sculpture ou dorure, en suivant un style arrêté mais de bon goût, propre à un embellissement quelconque.

Décorer, *v. a.* Exécuter ou faire exécuter de la décoration.

Découverte, *s. f.* Travail préalable ayant pour but d'ouvrir une carrière de pierre et la mettre en exploitation. Ce travail entraîne quelquefois des frais relativement très-considérables.

Décrottage, *s. m.* Travail qui a pour but de dépouiller certains vieux matériaux de démolition : briques, carreaux, plotets du vieil enduit qui les recouvre. Mettre ces matériaux en état d'un nouvel emploi.

Ce travail doit être compté, soit au mille, soit à la régie.

Dédale, *s. m.* Mauvaise disposition dans la distribution d'un grand appartement. La difficulté de se reconnaître au milieu d'un grand nombre de pièces mal distribuées.

Défectuosité, *s. f.* Léger vice ou défaut reproché à un travail ou à une fourniture quelconque.

Déferrer, *v. a.* Enlever les ferrures d'une croisée, d'une porte, d'un portail, d'un châssis.

Dégagement, *s. m.* Petit couloir dans un appartement précédent une chambre et lui servant de communication et de passage particulier, avec le vestibule d'entrée ou l'antichambre.

Dégauchir, *v. a.* Dresser dans tous les sens une pierre, une pièce de charpente ou de menuiserie, selon les directions données par la règle et l'équerre.

— Se dit aussi de l'alignement fait ou à faire de plusieurs objets placés ou à placer dans une même direction.

Dégauchissage ou **Dégauchissement**, *s. m.* Action de dégauchir.

Dégorgeoir, *s. m.* Canal, conduit, tuyau servant à l'écoulement du trop plein d'un bassin, d'un récipient quelconque.

Dégradation, *s. f.* Dégât fait par le temps, l'intempérie, l'imprudence, l'intention ou la malveillance d'une partie ou du tout d'une construction.

— Se dit aussi de l'affaiblissement progressif de la lumière et des couleurs dans un tableau, dans une décoration, dans un dessin.

Dégradé, ée, *adj.* Effet d'une dégradation, mauvais état qui nécessite une réfection, ou au moins une restauration.

Dégrader, *v. a.* Faire volontairement ou involontairement une dégradation.

— Dégarnir et enlever le mortier ou le ciment qui lie le joint de deux pierres, de deux dalles, etc., soit pour refaire ce joint, soit pour l'application d'un nouvel enduit dont ce dégarnissage prépare l'adhérence.

Degré, *s. m.* Géom. La 360e partie de la circonférence d'un cercle. Chaque degré se divise lui-même en 60 minutes, chaque minute en 60 secondes.

C'est au moyen des degrés que l'on mesure l'ouverture ou l'écartement d'un angle. Voyez *Rapporteur*.

L'angle droit est composé de 90 degrés, c'est-à-dire le quart de la circonférence entière.

— Une marche d'escalier se désigne aussi sous le nom de *degré ;* probablement en raison de la subdivision égale répartie dans la hauteur de la rampe à laquelle la marche appartient.

Dégrossir, *v. a.* Synonyme d'*ébaucher*.

— Se dit du premier enduit étendu sur parement brut de maçonnerie, de briquetage ou de lattage destiné à recevoir un deuxième enduit poli, frisé, éparvéré ou rustiqué.

Dégrossissage, *s. m.* Action de dégrossir.

— Travail ayant pour but de préparer, soit en donnant les premières formes à une pierre de taille, à une pièce de bois, soit aussi à recouvrir d'un premier enduit grossier les parois d'un mur, d'une cloison, d'un plafond latté, en attendant un ou plusieurs enduits suivant appliqués par dessus.

Déjeter, *v. a.* Se dit du bois vert mis en œuvre dans un assemblage de menuiserie qui, en séchant, se retire, se disjoint et se voile.

Déjoindre ou **Disjoindre**, *v. a.* Séparation d'objets assemblés; effet de retrait qui s'opère dans les assemblages d'un ouvrage de menuiserie, dont le bois a été employé trop vert.

Délardement, *s. m.* Action de délarder.

—Amaigrissement que l'on fait subir à une pièce de bois, à une pierre de taille.

Délarder, *v. a.* Amaigrir une pierre de taille, une pièce de bois sur une ou plusieurs de ses faces, lui donner du chanfrein pour obtenir un raccordement quelconque.

Délarder le dessous d'une marche, le dessus d'une pièce de faîtage ou d'arêtier.

Délit, *s. m.* Se dit des pierres dont les joints du banc de carrière sont placés d'aplomb ou inclinés; la face de la pierre opposée à son lit naturel.

Déliter, *v. a.* Refendre une pierre dans le sens de son lit de carrière.

Poser une pierre sur le côté opposé à son lit naturel.

Démaigrir, *v. a.* Couper le joint trop fort d'une pierre pour sa mise en place.

— Couper une pièce de bois à angle aigu. Synonyme de *délarder*.

Demeure, *s. f.* Domicile.

Demi-cercle, *s. m.* La moitié d'un cercle, la partie comprise entre le diamètre et la demi-circonférence qui correspond à 180 degrés.

Demi-circonférence, *s. f.* La moitié du développement entier de la circonférence d'un cercle.

Demi-circulaire, *adj.* Surface géométrique égale à la moitié d'un cercle.

— Forme géométrique ayant l'apparence d'un demi-cercle.

Démolir, *v. a.* Abattre, détruire.

Démolisseur, *s. m.* Patron ou ouvrier qui exécute ou fait exécuter des démolitions.

Démolition, *s. f.* Action de démolir.

—Entreprise ayant pour but l'abattage de vieilles constructions.

Démonter, *v. a.* Désassembler des ouvrages de menuiserie, serrurerie, charpente qui étaient réunis en assemblages.

Démurer, *v. a.* Démolir la maçonnerie qui bouchait une ouverture.

Dentelé, ée, *adj.* Découpage de bois ou de pierre dont la délicatesse du travail rappelle la dentelle ou la

Dentelure, *s. f.* Sorte de taillage fait dans la pierre ou le bois présentant des entailles en forme de dents de loup.

Denticule, *s. f.* Arch. Ornement ayant la forme d'un petit cube régulier placé sous le larmier d'une corniche.

— Elle est adhérente ou rapportée et de valeur estimative.

Départ (marche de), *s. f.* La première marche d'une rampe d'escalier. Si dans un escalier de bois elle est massive, elle compte double, c'est-à-dire pour deux marches.

Dépouillement, *s. m.* Démolition d'une partie de mur pour pénétrer dans son épaisseur, afin d'y placer ou en extraire un corps quelconque et étranger à ce même mur.

Dépouiller, *v. a.* Opérer un dépouillement.

Désafleurer, *v. a.* Donner à deux corps adjacents une saillie ou une hauteur différente.

Désafleurement, *s. m.* Action de désafleurer.

Desceller, *v. a.* Dégarnir, arracher un objet scellé.

Descente, *s. f.* Ce mot s'emploie pour désigner tout tuyau, tout conduit vertical ou incliné entraînant des eaux ou des matières soit dans un égout, soit dans une fosse.

— Ferbl. Les descentes sont composés de tuyaux en zinc ou en ferblanc d'un diamètre prescrit selon les diverses dimensions de la feuille employée.

Les descentes sont mesurées linéairement, sans détacher la valeur des colliers en fer qui les fixent. Cette valeur est comprise avec celle de la descente elle-même.

— Maçonn. Les descentes d'eaux sont quelquefois composées de tuyaux en fonte également fixés au mur par des colliers à scellement. Ces sortes de descentes sont comptées au mètre linéaire, en raison du travail effectué comme pose. Les colliers sont détachés et comptés par le nombre et la nature des scellements qui fixent les tuyaux. Enfin, la fourniture de ces tuyaux en fonte est comptée selon le poids, celle des colliers en fer à la pièce.

— Relativement aux descentes de latrines, les tuyaux en fonte comportent un calibre bien supérieur aux précédents. La fourniture est également comptée au poids. La pose est elle-même comptée en raison du travail effectué au mètre linéaire, selon la hauteur de la descente; toutefois cette hauteur, partant de la fosse jusqu'à son sommet sur le toit, est augmentée de 0,70 pour chaque embranchement de siége. Si cette descente est en tuyaux de poterie, la fourniture et la pose de ces tuyaux sont comptées ensemble selon la hauteur principale, augmentée aussi de 0,70 pour chaque embranchement de siége. Ces embranchements sont appelés *culottes*. Voyez ce mot.

La démolition des vieilles descentes de latrines est comptée, soit au mètre linéaire sans addition de culottes, soit à la régie.

Descente de lieux, *s. f.* Se dit de la visite, de l'examen que fait un ou plusieurs experts dans une opération d'expertise, sur les lieux même de l'objet en litige; opération qui doit toujours être faite, autant que possible, en présence des parties divergentes, pour recevoir, écouter, apprécier et juger leurs observations réciproques.

Dessin, *s. m.* Art de reproduire sur le papier la forme et les effets d'une construction projetée ou déjà exécutée, soit comme ensemble, soit comme détail.

Dessinateur, *s. m.* Aide-architecte chargé de la composition et de la reproduction des dessins; ordinairement attaché à un cabinet d'architecte, pour ce travail tout spécial, sous les ordres et les indications du patron.

Dessiner, *v. a.* Faire du dessin, évidemment.

Détail, *s. m.* Dessin représentant une ou plusieurs parties d'une construction, détachées du plan d'ensemble, pour en faciliter la compréhension.

Ces dessins sont ordinairement faits sur une échelle plus grande que celui d'ensemble.

— Dans un mémoire de travaux, les détails sont des mesures prises par parties, pour former un tout. Ce sont aussi les explications données dans ce mémoire, qui doivent être claires et précises à l'égard d'un travail, pour le rendre compréhensible ou en faire ressortir la valeur, mais sans abus.

Détailler, *v. a.* Faire du détail.

Détrempe, *s. f.* Sorte de peinture délayée avec de l'eau et mélangée d'une proportion de colle ou de gomme, pour donner de l'adhérence à cette peinture.

Devanture, *s. f.* Voyez *Fermeture*.

Développement, *s. m.* Action de développer.

— Mesures prises qui contournent toutes les faces de l'objet mesuré.

Les peintures, les vernis, les dorures, sont mesurés au développement, c'est-à-dire que les mesures prises soit en longueur, soit en hauteur, doivent comprendre toutes les sinuosités de moulures recouvertes par le pinceau ou la feuille d'or.

Développer, *v. a.* Donner du développement.

— Mensurations prises en observant le développement.

Dévers, *s. m.* Poteau de bois posé obliquement dans un pan de bois ou dans un parement qui ne peut être dégauchi.

— Pente, inclinaison d'une surface.

— Paroi d'un mur, d'une cloison, d'une boiserie qui manque d'aplomb.

Déversé, ée, *part. pass.* S'emploie adjectivement.

— Mur déversé, pièce de bois déversée.

Déverser, *v. a.* Pencher, incliner.

— Défaut d'aplomb qui ne peut se dégauchir.

Déviation, *s. f.* Changement de direction.

— Déplacement gradué d'une position primitive avec celle actuelle.

Dévier, *v. a.* Rejeter à droite ou à gauche.

— Se dit d'une gaîne de cheminée dont la direction est changée par une légère inclinaison.

— Il en est de même pour toutes descentes en tuyaux, dont les parties inclinées sont motivées par un besoin quelconque.

Devis, *s. m.* Évaluation préalable, détaillée ou résumée, d'un travail partiel ou d'ensemble d'une construction, d'une réparation ou d'une décoration projetée.

— Il est ordinairement dressé par l'architecte auteur du projet. Il prend le nom de *Devis estimatif*.

— Le *Devis descriptif* est celui qui donne les prescriptions à suivre pour les mêmes travaux, en indiquant ces travaux et la nature des matériaux à employer.

Devoyer, *v. a.* Monter obliquement contre un mur, une gaîne de cheminée, pour en changer la direction. Ce mot est synonyme de *Dévier*.

Diable, sorte de traîneau monté sur quatre roues en fer basses et massives, servant, à l'imitation du crapaud, dans l'enceinte d'un grand chantier, au transport des fardeaux d'un certain volume ou d'un certain poids.

Ce chariot, pourvu d'une flèche et d'un palonnier, est mû par efforts d'hommes, ou au besoin à l'aide d'un attelage de un ou plusieurs chevaux.

Diagonale, *s. f.* Géom. Ligne droite sur un plan rectangulaire, qui relie deux angles opposés.

Diagonalement, *adv.* Qui suit la diagonale ou qui en affecte la direction.

Diamant, *s. m.* Pierre précieuse, dure, pesante, pure, diaphane et brillante.

— Rubis ou petite rose taillée en pointe, enchassée dans une tête d'acier ayant un petit manche, dont se servent les vitriers pour couper ou faire des incisions dans le verre à vitre ou à glace.

Diamant (Pointe de). Panneau de boiserie, de pierre de taille ou de toute autre matière, composé de quatre faces triangulaires, dont le point d'intersection ou sommet des triangles forme une légère saillie par rapport aux côtés du panneau.

Menuis.-Platr.-Cim.-Stuc. Ces panneaux sont l'objet d'une estimation particulière.

Diamètre, *s. m.* Géom. Ligne droite traversant un cercle, une ellipse, une sphère, en passant par le centre de la figure ou du solide.

Digue, *s. f.* Chaussée en maçonnerie, en terre ou en bois, en vue de contenir le débordement d'une rivière.

Dilatation, *s. f.* Expansion, augmentation des corps soumis à l'action de la chaleur, sans toutefois changer de constitution. Ces effets se produisent principalement dans les métaux. La pierre elle-même n'est pas à l'abri de ce phénomène. Les ouvrages faits sur métaux doivent donc trouver dans leurs assemblages le jeu nécessaire à une libre *dilatation.*

Dilater, *v. a.* Augmenter, étendre, élargir le volume d'un corps, en le soumettant à l'action de la chaleur, sans qu'il y ait désagrégation des molécules.

Dimension, *s. f.* L'une des trois mesures géométriques, qui sont : longueur, largeur, hauteur ou épaisseur.

Diminution, *s. f.* Réduction de mesure, de poids ou de valeur.

Disposition, *s. f.* Art de grouper, de placer, d'ordonner les différentes parties d'une composition, d'une distribution en vue d'un arrangement convenable.

Disposition (Changement de), *s. m.* Se dit d'un arrangement nouveau succédant à un ancien. Démolir, reconstruire, refaire, pour satisfaire une nouvelle combinaison prise en vue de modifier, réduire ou augmenter un ouvrage déjà fait.

Disproportionné, ée, *part. passé.* Qui manque de proportion.

Distance, *s. f.* Géom. Intervalle mesuré par une ligne droite reliant deux points opposés.

— Intervalle qui règne entre deux corps.

Distribuer, *v. a.* Étudier, tracer une

Distribution, *s. f.* Répartition convenable des murs dans un corps de bâtiment.

— Combinaison prise dans l'arrangement et le tracé des cloisons d'un appartement, tendant à donner aux diverses pièces qui doivent le composer, une disposition régulière et d'un accès facile à chacune d'elles. Les rendre indépendantes autant qu'il est possible, éviter le terrain perdu et utiliser les irrégularités quand elles se présentent.

Dock, *s. m.* Mot anglais qui signifie *Bassin*, destiné à recevoir des navires.

Pris dans son sens pur et simple, le mot *Dock* est appliqué à la désignation de vastes établissements propres au commerce maritime et où se trouve réuni tout ce qui peut activer et simplifier les opérations commerciales. Ces établissements se composent :

1° Un système de bassins à flot munis d'écluses à sas;

2° Des quais préparés et outillés pour faciliter le chargement et le déchargement des navires, ainsi que pour la manutention des marchandises ;

3° De vastes hangars et magasins destinés à loger toutes sortes de produits et pourvus de tous les appareils mécaniques pouvant faciliter ou accélérer la réception, le pesage, la vérification, l'arrimage, la bonne conservation et la réexpédition des marchandises ;

4° Une enceinte complète et sûre, et une surveillance très-active ;

5° Enfin, une administration qui centralise, pour les négociants, toutes les opérations de douane (entrée, sortie, transit) et toutes les mains-d'œuvre commerciales auxquelles les marchandises sont soumises.

Les vastes constructions servant d'entrepôts dans les autres villes, ne sont des *Docks* que par imitation plus ou moins complète.

Dôme, *s. m.* Archit. Comble demi-sphérique ou conique surmontant un clocher, le chœur d'une église ou la partie saillante et principale d'un édifice.

La partie intérieure et concave du dôme s'appelle *Coupole*.

Donjon, *s. m.* Grande et principale tour, de forme ronde ou polygonale, d'un château ou d'un manoir. Le donjon est quelquefois flanqué de tourelles ou d'autres constructions, mais toujours soigneusement fortifié.

— Petite tourelle élevée sur la plate-forme d'une tour, et servant de guérite pour la sentinelle.

Dorique, *s. m.* et *adj.* L'un des cinq ordres d'architecture, d'origine égyptienne, qui se distingue des autres ordres par l'absence de base ou de socle ; la colonne posant sur le soubassement général.

Dormant, *s. m.* Tout ouvrage de menuiserie ou de serrurerie qui n'est point mobile.

— Menuis. Cadre portant feuillure, dans lequel s'ajuste le vantail ou les vantaux d'une porte ou d'une croisée.

Jusqu'à 0,11 de largeur, les dormants sont mesurés au mètre linéaire ; au-dessus, ils sont mesurés au mètre superficiel en multipliant le pourtour développé par la largeur réelle du cadre dormant.

Les longueurs de traverses cintrées sont comptées deux fois quand elles sont formées d'un seul rayon. Si la courbe est le résultat de plusieurs centres, le développement est triplé.

Dortoir, *s. m.* Grande salle d'un lycée, d'un séminaire, d'un hospice, d'un couvent, etc. où sont rangés les lits pour le sommeil en commun.

Les dortoirs doivent, autant que possible, occuper les étages supérieurs, afin d'être parfaitement aérés ; les murs peints et non tapissés, le sol planchéié et non carrelé ou dallé.

Dorure, *s. f.* Opération par laquelle on couvre d'or une surface quelconque pour lui donner le brillant ou le mat que l'objet exige.

La dorure s'emploie comme complément de décoration. L'art et le bon goût doivent en éviter la profusion et ne la répandre qu'avec une certaine réserve. C'est à l'artiste à apprécier et à juger les parties d'une décoration les plus convenables à recevoir de la dorure. Elle s'applique généralement sur certaines parties saillantes de sculpture sur de minces et délicates moulures en pâte ou en boiserie. Les parties destinées à cette application reçoivent, au préalable, un léger enduit gras qu'on appelle *mixion*, qui donne de l'adhérence aux parcelles si légères de l'or que le commerce livre par cahier de vingt-cinq feuilles, ayant $0,08 \times 0,08$.

La dorure se compte à l'emploi du livret ; par conséquent selon l'or employé déchet compris.

Quand la dorure est convenue au mètre superficiel, l'opération du métrage devient fort minutieuse.

Les filets ou baguettes qui ne donnent pas au moins une largeur de 15 millimètres, sont comptés pour cette largeur. Les parties évidées ou refouillées dans les sculptures, dont la mensuration devient un résultat incertain, sont comptées au livret. Chaque livret employé à ces parties, représente une surface de 0,15 cent.

Dos-d'âne, *s. m.* Tout corps qui a deux parties rampantes ou dont le profil présente un renflement plus ou moins sensible vers son milieu. Cette forme se rencontre assez souvent dans les crêts de mur en clôture.

Dose, *s. f.* Proportion réglementaire ou combinée apportée dans le mélange de certains matériaux. La chaux, le mortier, le ciment, le plâtre reçoivent des mélanges avec l'eau, le gravier, le sable, etc.

Dosse, *s. f.* Voyez *Redos*.

Dosseret, *s. m.* Maçonn. Petit avant-corps en forme de pilastre servant de pied-droit à un arc ou de jambage à une porte, sans tableau ni évasement. Il termine carrément une tête de mur.

Il est ordinairement formé par des assises superposées, ou par appareillage de crosses et de lancis.

La mensuration nouvelle des murs terminés en dosserets n'accorde plus, comme à l'ancien usage, la face du dosseret ajoutée à la longueur du mur auquel il fait tête.

Double mètre, *s. m.* Réunion de deux mètres avec leurs subdivisions de décimètres et de centimètres. Il est formé d'une seule règle en bois dur.

Pour le rendre plus portatif dans les opérations de métrés, l'invention l'a rendu mobile en le subdivisant d'abord en **deux** branches, puis en quatre, et enfin, en vingt branches qui se déploient et se maintiennent tendues au moyen de petits ressorts en acier, ingénieusement placés aux brisures.

Doublis, *s. m.* Rang de tuiles écailles ou d'ardoises qui règne supplémentairement sur les rives d'égoûts d'une toiture, pour éviter les bavettes en zinc ou en ferblanc.

Ce rang de tuiles ou d'ardoises est converti en surface au prix de la couverture à laquelle il appartient, en multipliant sa longueur réelle par une largeur constante de 0,16 centimètres.

Doucine, *s. f.* Arch. Moulure d'un style grec, concave par le haut, convexe par le bas ; est employée comme cymaise dans la composition d'une corniche. Le profil se trace avec la même ouverture de compas, et par deux centres opposés.

— Outil de menuisier, dont le fer est taillé en doucine pour pousser cette moulure dans le bois.

Douelle, *s. f.* Arch. La partie courbe d'une voûte ou la partie cintrée d'un voussoir. Le côté convexe se nomme *douelle intérieure*, et le côté concave, *douelle extérieure*.

Douille, *s. f.* Petit tube en métal, rond et creux, ouvert aux deux extrémités ou seulement à une, dans laquelle s'introduit un corps quelconque.

— *De conche ou d'évier*. La partie saillante taillée en rigole adhérente à une conche ou à un évier en pierre de taille qui traverse une épaisseur de mur pour l'écoulement des eaux dans la descente extérieure ou dans une cuvette adaptée à cette descente.

Ce système est aujourd'hui abandonné ; il est remplacé par des tuyaux de plomb qui servent à l'écoulement des eaux ménagères dans les descentes mêmes.

Dragage, *s. m.* Action de draguer. Travail qui a pour but l'extraction du gravier ou du sable puisés dans les rivières.

Drague, *s. f.* Engin mécanique établi et fonctionnant sur bateaux pour l'extraction du gravier, du sable ou de la vase puisés dans le fond d'une rivière. Cet engin est mû par des hommes, des chevaux, mais le plus ordinairement par machine à vapeur. Il est composé d'une sorte de chapelet auquel sont adaptées des hottes ou poches en forte tôle pourvues de griffes au rebord externe, qui vont successivement s'emplir au fond de l'eau, et rejettent de même leur contenu dans un bateau appareillé à celui de l'engin ou dans tout autre récipient approprié à cet effet.

Dragueur, *s. m.* Bateau qui porte une machine à draguer.

Drainage, *s. m.* Travail qui a pour but|le dessèchement des terrains humides au moyen de conduits, de rigoles et d'écoulements souterrains.

Dresser, *v. a.* Mettre d'aplomb ou debout; rendre droit les joints et les parements d'une pierre; équarrir à la cognée ou à la varlope une pièce de charpente ou de menuiserie; frapper sur la tête des pavés pour les égaliser et rendre le pavage régulier.

Dressoir, *s. m.* Sorte de buffet à étagères; armoire propre à serrer les ustensiles de table.

— Panneau de menuiserie avec ou sans encadrement, garni de crochets auxquels est appendue ce que l'on appelle vulgairement la batterie de cuisine.

Droit, oite, *adj.* Géom. Ligne droite qui relie deux points opposés par la direction la plus courte; tout corps, quelle que soit sa position, qui ne présente ou doit ne présenter aucune déviation entre ses deux extrémités.

Ductile, *adj.* Qui peut être battu, tiré, allongé sans se rompre, tel que le plomb. L'or est le plus ductile de tous les métaux. Le verre en fusion est essentiellement ductile. La terre argileuse, mise en pâte par le contact de l'eau, est aussi très-ductile.

Ductilité, *s. f.* Qualité dont jouissent certains corps, notamment les métaux, de s'étendre et de s'allonger sous le marteau, au laminoir et à la filière sans reprendre, ni instantanément ni à la longue, leur forme primitive.

E

Eau, *s. f.* Élément liquide et transparent, d'une nécessité absolue dans la préparation de certains matériaux de la construction; tels sont les bétons, les mortiers, les ciments, le plâtre, etc.

L'eau pure et limpide doit être préférablement employée pour la bonne préparation de ces matériaux.

Ébauche, *s. f.* Sculpt. Dégrossir un bloc de pierre, de marbre ou de bois, pour lui donner les premiers contours de sa forme définitive.

— Donner à un dessin les lignes principales d'essai; à une peinture, les premières teintes et les premiers effets.

Ébaucher, *v. a.* Faire une ébauche.

Ébauchoir, *s. m.* Outil de fer dont se servent les sculpteurs, les charpentiers pour ébaucher.

Cet outil est en buis ou en ivoire pour modeler ou ébaucher sur de la terre glaise ou de la cire.

Éboulement, *s. m.* Chute d'une masse de terre, d'une muraille, d'une construction partielle ou entière, qui s'affaisse, qui tombe.

— Etat actuel d'une masse éboulée.

Ébousiner, *v. a.* Enlever au marteau la mauvaise couche de pierre qui sépare chaque banc en carrière.

Ébranler, *v. a.* Donner des secousses. Diminuer la solidité.

Écailles, *s. f. pl.* Sorte d'ornement qui imite les écailles du poisson et qui décore quelquefois la toiture d'un dôme, d'une flèche, d'une tour, d'une tourelle ; décore aussi des fûts de colonne.

Écartement, *s. m.* Intervalle qui règne entre deux corps.

Échafaudage, *s. m.* Plancher provisoire en charpente, composé de plateaux, reposant sur des longrines fixées à des poteaux ou à des bigues.

Un échafaudage est établi en vue de permettre l'exécution d'un travail élevé, soit intérieurement soit extérieurement.

Ces sortes d'échafaudages sont assujétis par des boulons ou quelquefois simplement maintenus par des liens.

Quand ils ne sont pas l'objet d'un prix débattu, les échafaudages sont mesurés par les dimensions que forment chacune des pièces qui les composent, soit linéairement, soit superficiellement.

— L'*Échafaudage volant* est plus léger et plus fragile, comme l'indique du reste sa dénomination.

Il est composé d'échelles placées horizontalement et à plat, suspendues par des cordages à des écoperches fixées dans le haut d'une façade.

Ces cordages, qui le tiennent ainsi suspendu, passent sur des poulies fixées à l'extrémité des écoperches, ce qui le rend mobile et facilite selon le besoin sa manœuvre ascensionnelle.

Les échelles placées à plat et horizontalement sont recouvertes de plateaux formant un plancher des plus mobiles sur lequel marche l'ouvrier avec la plus parfaite insouciance. Un simple garde-fou adapté à l'échafaudage volant est exigé par les règlements de voirie et de police pour la sécurité de l'ouvrier.

L'emploi et la fourniture des échafaudages volants s'effectuent par la valeur locative des cordages qui le tiennent suspendu. Chaque cordage est alors compté selon le temps qu'il a pu rester en place.

Pour la confection des enduits ordinaires faits en façade par le maçon lui-même, l'échafaudage est fourni ou doit être fourni par lui sans autres rétributions que la valeur de l'enduit.

Échafauder, *v. a.* Établir, construire un échafaudage.

Échantillon, *s. m.* Matériaux modèles présentés comme base d'une fourniture proposée.

— Essai de peinture, de décoration ou d'ornement, pour juger des tons, des effets et des proportions.

— Pavé d'échantillon. Voyez *Pavage*.

Échappée, *s. f.* Hauteur, calculée et jugée suffisante, entre deux rampes du même escalier, ou à l'arrivée sous une enchevêtrure, pour avoir un libre passage, soit pour monter, soit pour descendre, avec ou sans fardeau.

— Espace suffisant entre la voûte et les marches d'un escalier de cave, permettant le passage sans se baisser ni se heurter.

Écharpe, *s. f.* Charp. Traverse de bois assemblée ou non, placée obliquement derrière les vantaux d'un portail, pour en maintenir les panneaux en planches ou en lames.

Les écharpes sont mesurées séparément au mètre linéaire.

— Outil de maçon, pourvu d'une poulie en fer, servant à encâbler une pierre de taille, au moment de son ascension par la mécanique ou par le cabestan.

Écharper, *v. a.* Dépouiller, démolir une partie de maçonnerie pour le passage d'un corps quelconque, ou pour donner du dégagement ou du développement à un passage, à une échappée, etc.

Échelle, *s. f.* Maçonn. Engin mécanique pour l'ascension et la mise en place des gros matériaux; plus ordinairement appelé *mécanique*.

— Archit. Ligne divisée en parties égales et en rapport avec le mètre, pour servir au tracé d'un plan, et lui donner les proportions de l'exécution.

— Sorte d'escalier formé de deux bras ou montants en bois parallèles, auxquels sont fixés et superposés des petites traverses rondes ou carrées, appelées *échelons*, servant de communication entre les étages d'un bâtiment en construction, non encore pourvu de son escalier définitif.

Indépendamment des grandes échelles qui suppléent dans une construction à l'escalier non encore établi, il en existe d'autres conservant la même forme, mais avec des dimensions plus ou moins faibles et très-variées, employées à divers usages.

— *Politesse de l'échelle.* Elle consiste, dans la construction, à laisser passer et monter devant soi le personnage que vous accompagnez et auquel vous devez de la déférence : tels sont le propriétaire ou l'architecte de la construction.

Pour descendre à l'échelle, vous devez à votre tour passer le premier, c'est-à-dire faire le contraire que pour monter.

Le motif de ce dernier cas est d'éviter, en descendant le dernier, de faire tomber, de votre chaussure, la poussière, le gravois ou le mortier, qui pourraient s'y détacher et que recevrait la personne placée au-dessous de vous, dans l'échelle.

Dans le cas où pour descendre cette personne aurait franchi l'échelle avant vous, vous devez attendre en haut qu'elle ait mis pied à terre.

Échelon, *s. m.* Petite traverse ronde ou carrée faisant marche dans une échelle.

Échiffre, *s. m.* Maçonn. Mur rampant ou droit, recevant les marches d'un escalier en pierre.

— Plafond en pierre de taille, débillardé ou non, avec ou sans panneaux et moulures, recevant les premières marches d'une rampe d'escalier.

— Charp. Assemblage de pièces de bois, taillées triangulairement, servant au même usage dans un escalier en bois.

— Les murs d'échiffre, droits ou rampants, sont mesurés selon leur surface réelle et cubés comme il est dit à *Mur*.

— Les échiffres en taille sont mesurés soit au carré, soit au cube, par leurs dimensions les plus fortes, en les contenant toutefois dans le plus petit rectangle, ou le plus petit parallélipipède circonscrit.

— Les échiffres en charpente sont mesurés à leur surface réelle avec une valeur relative au travail exécuté et au bois employé. Les parties débillardées sont cubées ou estimées.

Échoppe, *s. f.* Maisonnette de chétive apparence, généralement adossée à une muraille.

Écluse, *s. f.* Travaux de maçonnerie destinés à interrompre le cours des eaux d'un canal, d'une rivière ; de les élever et de n'en prendre qu'une quantité voulue, au moyen d'une *vanne* qui y est adaptée.

Écoinçon, *s. m.* Sorte de crosse en pierre de taille brute, formant pied-droit dans l'évasement intérieur d'une formette de croisée. Elle est entaillée à sa partie supérieure et externe pour recevoir la coudière de la croisée.

L'écoinçon est ordinairement compté avec la pierre de taille du jambage auquel il appartient, sans changement de prix.

Écoperche, *s. f.* Pièce de bois à l'extrémité de laquelle est fixée une poulie en fer pour l'ascension des matériaux, ou pour servir à la suspension d'un échafaudage volant. L'écoperche se place horizontalement ou à peu près au sommet d'une façade pour faciliter l'usage auquel elle est destinée.

Écornure, *s. f.* Eclat de pierre enlevé accidentellement de l'angle d'un bloc taillé. Si cet éclat n'est pas brisé, il peut être ajusté et recollé à sa place au moyen d'un ciment préparé ou de la gomme-laque, en chauffant les parties à rejoindre. Voyez *Colle*.

Écrou, *s. m.* Serrur. Petite ouverture ronde et filetée dans un morceau de fer ou de cuivre dans laquelle passe une vis.

Écroulement, *s. m.* Synonyme d'*Éboulement*.

Écurie, *s. f.* Compartiment reculé d'une cour, réservé au logement des chevaux.

A la campagne, bâtiment affecté au logement des chevaux et des bestiaux. Quelquefois le compartiment d'écurie est pris dans les bâtiments de dépendances.

Il doit exister plusieurs écuries dans une habitation à la campagne d'une certaine importance :

Écurie des chevaux pour les maîtres ;

Écurie des chevaux pour le labour ;

Écurie pour les bestiaux.

Écusson, *s. m.* Sculpture ou peinture représentant sur un champ les armoiries d'une personne de distinction ayant des titres de noblesse.

Serrur. Petite plaque de métal placée devant l'entrée d'une serrure, par laquelle on introduit la clé. Cette plaque est percée dans la forme du panneton de la clé.

Édifice, *s. m.* Se dit de toute construction importante, palais, église, arc de triomphe, enfin tout monument public ayant des formes architecturales sérieusement étudiées et exécutées qui rendent ce monument remarquable.

Effondrement, *s. m.* Affaissement, éboulement d'un sol, d'une voûte, d'un plancher, d'une toiture, etc.

Égaliser, *v. a.* Rendre égal, unir, aplanir, régler la surface d'un sol, d'un terrain, d'une couche de béton ou de sable.

Égalisée, *adj.* Se dit d'une mesure déterminant la moyenne entre plusieurs autres prises dans le même sens.

Église, *s. f.* Pris dans le sens architectural, l'église est un monument public consacré à l'exercice du culte chrétien catholique. Son style et ses formes sont très-variés.

Son plan représente assez généralement une croix latine qui se divise toujours en trois parties très-distinctes : le chœur, le transept ou bras de croix et la nef.

L'importance d'une église comporte quelquefois trois et même cinq nefs dont la direction est toujours celle de l'est à l'ouest, car selon le rite catholique, le chœur doit être constamment tourné vers l'orient, origine de la chrétienté.

Le clocher qui conserve ou doit conserver le même caractère. le même style que l'église elle-même, surmonte ordinairement sa façade principale, quelquefois il est placé au-dessus du chœur ou des bras de croix, et dans certains cas, il est même complètement isolé.

L'architecture romane et l'architecture ogivale nous ont laissé de remarquables et imposants souvenirs dans les monuments de ce genre qui subsistent encore à travers les siècles qu'ils ont majestueusement traversés.

Égout, *s. m.* Conduit souterrain en maçonnerie ayant un profil rectangulaire, elliptique ou ovoïde.

Les égouts servent à l'écoulement de toutes les eaux pluviales ou ménagères qui s'y rendent par divers canaux ou petits conduits.

Les parois intérieures doivent être revêtues de ciment. Des gaînes ou *regards* sont établis à la partie supérieure des égouts et distancés sur leurs parcours pour donner accès à l'intérieur.

Ces travaux sont mesurés par le détail des diverses parties qui les composent. Ils sont exécutés souvent au mètre linéaire, comprenant tous les sous-détails préalablement appliqués en raison des divers profils prévus appelés *types*.

Égoutier, *s. m.* Ouvrier chargé du nettoiement, du curage des égouts.

Égouttoir, *s. m.* Menuis. Petite caisse ouverte dessus, avec compartiments intérieurs, placée à proximité de l'évier d'une cuisine ou d'une souillarde. L'égouttoir est placé dans une position inclinée; il contient la vaisselle de table pour y être égouttée.

Il est toujours compté à la pièce en raison de son volume et du nombre de ses compartiments.

Élégissement, *s. m.* Épaisseur réduite, pratiquée dans le bois ou dans la pierre de taille.

— Menuis. Moulure, platebande, champ pris dans l'épaisseur d'un bâti ou d'un panneau. Amincissement partiel d'un panneau ou d'un bâti.

Élévation, *s. f.* Tous les murs d'une construction qui s'élèvent au-dessus du sol de la chaussée constituent l'élévation.

— Se dit de tout ce qui se produit en hauteur.

— *Plan d'élévation*, dessin qui représente une ou plusieurs façades.

Élever, *v. a.* Augmenter une hauteur; monter, placer plus haut. Synonyme d'*exhausser*.

— S'applique aussi à une construction entière ou partielle en voie d'exécution.

Ellipse, *s. f.* Géom. Ligne courbe, continue et régulière qui tourne autour de deux centres appelés *foyers* et qui renferme un espace plus long que large. Son tracé est opéré selon une théorie géométrique qui donne à cette figure des proportions constantes.

La surface elliptique s'obtient en multipliant la moitié de son grand axe par la moitié du petit, le produit est multiplié par 3,1416, rapport fixe de la circonférence au cercle. Le périmètre ou développement de la courbe elliptique est égale à la somme du grand axe avec le petit, le total multiplié par 3,1416.

Le tracé de l'ellipse peut néanmoins s'effectuer par une méthode toute pratique, offrant une manière très-simple et très-exacte dans l'opération.

Sur une ligne droite et à une distance quelconque, plantez deux épingles qui seront les *foyers*, passez autour d'elles un fil noué donnant une longueur égale à la moitié en plus de leur écartement ; puis, à l'aide d'un crayon passé dans ce fil, suivez et tracez la courbe que le fil déterminera en le parcourant dans tout son entier. Cette ligne courbe décrira une ellipse.

Pour reconnaître l'exactitude de ce tracé, on formera un triangle dont la base sera les deux foyers ou l'écartement des deux épingles et le sommet, un point quelconque de la courbe. Alors, la somme des deux côtés du triangle qui se réunissent à ce sommet, doit être *égale* à la longueur du grand axe de l'ellipse.

Le tracé d'une ellipse comme épure ou grandeur d'exécution, est opéré comme il vient d'être dit, seulement les épingles sont remplacées par des piquets ou fiches ; le fil par un cordeau.

— Il existe des instruments de précision pour le tracé de cette courbe.

Elliptique, *adj.* Qui a la forme d'une ellipse.

Embauche, *s. f.* Terme vulgaire et familier employé par tout ouvrier de bâtiment qui cherche ou obtient du travail journalier chez un patron nouveau.

Embaucher, *v. a.* Admission d'un ouvrier chez un patron.

Emboîter, *v. a.* Enchâsser, encaisser ; faire entrer une chose dans une autre.

Emboîture, *s. f.* Menuis. Petite languette qui entre dans une rainure ou une mortaise.

— Cadre lisse, collé ou assemblé dans le pourtour d'un panneau uni, composé de plusieurs planches réunies pour les maintenir liées ensemble.

Embosser, *v. a.* Charger à dos de menus matériaux.

Embouchure, *s. f.* Voyez *Orifice*.

Embranchement, *s. m.* Jonction oblique ou d'équerre de deux tuyaux, de deux conduits, de deux canaux.

— Partie de tuyaux, de conduit, de canal, soudée ou emboîtée, introduite dans le parcours d'un autre tuyau, conduit ou canal plus important, dans lequel l'embranchement se déverse.

Embrancher, *v. a.* Assembler, réunir, emboîter, souder, introduire par embranchement.

Embrasure, *s. f.* L'épaisseur du mur vue dans une baie quelconque.

Embrèvement, *s. m.* Menuis. et Charp. Deux pièces de bois ou de boiserie assemblées l'une sur l'autre, de façon que l'about de la première pénètre tout entier dans la seconde, et que cette pénétration ait la forme d'un prisme triangulaire.

Embrever, *v. a.* Faire un embrèvement.

Emmétrage, *s. m.* Voyez *Chirat*.

Empanon, *s. m.* Assemblage de solives ou de chevrons ; les premières dans un coyer, les seconds dans une noue ou un arêtier ; le tout à la rencontre de deux surfaces de planchers ou de toitures formant angle ou retour l'une à l'autre.

Emparage ou **Jouée de lucarne**, *s. f.* Les à-côtés triangulaires soutenant la toiture d'une lucarne.

Les emparages sont en briques ou en planches.

Ils sont mesurés selon la forme géométrique qu'ils présentent, c'est-à-dire triangulairement.

Empatement, *s. m.* Sur-épaisseur graduée des murs en fondation, combinée selon le poids et l'épaisseur des parties du même mur qui doit surmonter cette fondation.

Cette sur-épaisseur ou empatement se nomme aussi *Recoupe*.

Empierrement, *s. m.* Maçonnerie en pierres sèches, servant à revêtir ou consolider des massifs de terre.

— Couche de cailloux dont on garnit les chemins pour les affermir.

Emplacement, *s. m.* Se dit d'une surface de terrain destinée à recevoir une construction.

Encâbler, *v. a.* Maçonn. Manière de lier, d'entourer un bloc de taille avec des cordages, au moment de son ascension par l'effort d'un engin mécanique.

Encaissement, *s. m.* Ouvrage de menuiserie ou de charpente établi en vue de servir d'enveloppe.

Encastrement, *s. m.* Niche pratiquée dans la taille ou la maçonnerie, propre à recevoir un corps étranger, tel qu'un crampon, un harpon, un corbeau, un tuyau, etc. dont la pénétration est faite en entier ou en partie.

Ce travail peut être compté soit en régie, au mètre linéaire, ou à la pièce, selon les cas.

— Menuis. ou Charp. Joindre, assembler deux pièces de bois ou de menuiserie par des entailles à embrèvement.

Encastrer, *v. a.* Faire un encastrement, une incrustation.

Encaustique, *s. f.* Sorte de peinture dont la cire fait la base et qui s'emploie pour lustrer les parquets et les boiseries en chêne et en noyer.

Enceinte, *s. f.* Espace plus ou moins étendu, clôturé dans tout son pourtour.

Enchevêtrure, *s. f.* Ouverture ménagée dans un plancher, au passage d'un escalier, d'une ou de plusieurs gaînes de cheminées réunies.

— Se dit aussi de l'ouverture pratiquée dans une toiture, au passage d'un paquet de gaînes ou d'une lucarne.

Enclave, *s. f.* Trou fait dans la pierre ou la maçonnerie pour recevoir un tampon de bois qui, lui-même, sert à fixer des lambris de boiserie. Se compte à la pièce.

— Trou fait pour recevoir un scellement. Se compte à la pièce, scellement compris.

Enclaver, *v. a.* Arrêter une pièce avec des clés ou des boulons en fer.

— Entrer les bouts des solives dans leurs mortaises.

— Enfin, introduire un corps dans un autre.

Enclos, *s. m.* Synonyme d'*Enceinte.*

Enclume, *s. f.* Bloc de fer porté par un billot en bois, pour travailler les métaux à l'aide du marteau.

Encluseaux, *s. m. pl.* Petits tasseaux en bois qui reçoivent les abouts ou têtes des tras d'un plancher à la française. (Sorte de plancher qui ne se fait plus guère.)

Encoignure, *s. f.* Angle rentrant, formé par la rencontre de deux murs ou de deux cloisons.

Encollage, *s. m.* Couche de colle faite avec de la peau de gants bouillie, étendue en préparation sur murs, cloisons, ou plafonds, avant qu'ils soient badigeonnés ou tapissés.

— Se dit aussi de la couche de mixion passée sur des parties de moulure et de sculpture, qui doivent recevoir de la dorure.

Encoller, *v. a.* Passer de l'encollage. Étendre de la colle.

Encorbellement, *s. m.* Partie saillante d'une construction portant à faux en dehors d'un angle saillant et soutenu par un assemblage de charpente ou d'assises en pierre de taille.

— Les tourelles d'un château sont presque toujours en encorbellement.

Endiguement, *s. m*. Travaux ayant pour but d'encaisser un cours d'eau, de contenir, de mettre obstacle à son débordement.

Enduit, *s. m*. Application de mortier, de ciment, de plâtre, étendu à la truelle ou à la taloche, sur un mur, une façade, une cloison, un plafond, etc.

— Les enduits sont mesurés au mètre superficiel, selon les formes géométriques qu'ils présentent. Les vides sont toujours déduits, sauf le cas des enduits de mortier sur les façades. En ce cas seul, les vides sont comptés pleins, dans le but d'indemniser les frais d'échafaudages qui ne sont pas détachés de la valeur de ces sortes d'enduits.

Enfouissement, *s. m*. Action de cacher en terre.

Enfourchement, *s. m*. Charp. Enture ou assemblage de pièces verticales.

— Constr. Angle solide formé par des douelles de voûtes, comme dans celles en arêtes.

Engagée, *adj*. Se dit d'une colonne ou objet analogue, dont une partie de l'épaisseur semble pénétrer dans la muraille.

Engin, *s. m*. Nom générique donné à toute machine, agrès, mécanique, etc. pour l'exécution du gros œuvre d'une construction.

Engrenés, *adj*. Se dit de claveaux disposés sur deux ou plusieurs rangs, s'emboîtant les uns dans les autres, au moyen d'angles rentrants et saillants, dont leurs intrados sont garnis.

Engraissement, *s. m*. Nom donné aux assemblages de charpente, dont les tenons ne peuvent entrer que par la force, dans leurs mortaises.

Enrayure, *s. f*. Charp. Assemblage de pièces de bois placées horizontalement, et recevant une ferme de flèche, de dôme ou autre analogue.

Enseigne, *s. f*. Inscription peinte d'une manière apparente sur la voie publique.

— Lettres faisant relief en métal, en pâte ou bois composant cette inscription.

Voyez *Lettre*.

Entablement, *s. m* Archit. La partie supérieure d'un ordre d'architecture supportée par des colonnes ou des pilastres.

L'entablement lui-même se compose de trois parties : l'architrave, la frise, la corniche.

Entaille, *s. f*. Ouverture plus ou moins large et profonde faite pour lier une pièce à une autre, ou pour lui donner passage.

— Charp. et Menuis. Les entailles sont carrées, à mi-bois, par embrèvement, à dent ou à queue d'arronde, etc.

Entasis, *s. f.* Renflement imperceptible d'un fût de colonne.

Enter, *v. a.* Charp. Joindre deux pièces de bois de même grosseur et de même direction.
Menuis. Allonger, élargir ou hausser une boiserie.

Entonnoir, *s. m.* Ferbl. Petite cuvette en métal, zinc, ferblanc, cuivre ou plomb, recevant les eaux d'un chéneau pour les transmettre dans une descente ou un conduit, ou pour servir à un emploi analogue.
Il se compte à la pièce selon sa forme et sa nature.
— Maçonn. Tronçon de tuyau en poterie évasé par le haut, qui s'adapte à l'embranchement d'une descente de latrines pour la communication entre cette descente et le siphon d'un siége. Il est aussi employé pour le raccordement des tuyaux neufs, avec les tuyaux vieux et conservés, d'une même descente reconstruite en partie.
L'entonnoir compte pour un mètre linéaire ajouté à la mensuration principale de la descente reconstruite entièrement ou partiellement.

Entrait, *s. m.* Charp. Pièce de bois de fort équarrissage servant de base horizontale à une ferme.
Sa mensuration a lieu par équarrissement moyen, multiplié par sa longueur apparente, augmentée de ses portées dans le mur nommées *prises*, lesquelles sont comptées pour leurs pénétrations réelles, mais jamais moins de $0^m 25$.

Entre-colonnement, *s. m.* Intervalle compris entre deux colonnes voisines.

Entrée, *s. f.* L'ouverture principale par laquelle on pénètre dans un lieu quelconque.
— Serrur. Plaque de fer ou de cuivre, percée d'une ouverture ayant le profil de la clé, et adaptée au devant d'une serrure.

Entrepôt, *s. m.* Lieu fermé où sont déposés des matériaux, des approvisionnements de toutes sortes, soit en réserve, soit pour les livrer au commerce.

Entreposer, *v. a.* Déposer provisoirement.

Entrepositaire, *s. m.* Celui qui tient en dépôt des marchandises ou des matériaux destinés à la construction, tels que le plâtre, le ciment, les produits de terre cuite, etc.

Entrepreneur, *s. m.* Tout patron, tout chef de chantier ou d'atelier qui entreprend, est, de fait, entrepreneur en ce qui concerne la profession qu'il exerce ou l'entreprise dont il est chargé.

Ce titre, selon la loi (1), le rend responsable sur tous les points du travail qu'il exécute avec ou sans conditions.

Il est donc tenu moralement de surveiller activement les travaux qui lui sont confiés, de n'apporter dans leur exécution que des matériaux de bonne qualité et de suivre dans cette exécution les *règles de l'art* qui constituent la bonne et parfaite confection.

Entreprise, *s. f.* L'exécution même d'un travail ou d'une fourniture. Se dit plus particulièrement de l'ensemble général des

---

(1) Extrait du Code civil en ce qui concerne l'Entrepreneur du bâtiment :

« Art. 1792. — L'Entrepreneur et l'Architecte sont solidairement responsables, pendant dix ans, des travaux dont ils ont la direction et l'exécution, par vice de construction et même par vice du sol sur lequel la construction est établie.

« Art. 1793. — Un Entrepreneur, chargé de la construction d'un bâtiment d'après des plans et des prix arrêtés et convenus avec le propriétaire, ne peut demander aucune augmentation sur la main-d'œuvre ou sur les matériaux, sous le prétexte de changements ou augmentations faits sur ces plans, si ces changements ou augmentations n'ont pas été autorisés par écrit et le prix convenu avec le propriétaire.

« Art. 1797. — L'Entrepreneur répond du fait des personnes qu'il emploie.

« Art. 1798. — Les maçons et autres ouvriers qui ont été employés à la construction d'un bâtiment ou d'autres ouvrages faits à l'entreprise, n'ont d'action contre celui pour lequel les ouvrages ont été faits, que jusqu'à concurrence de ce dont il se trouve débiteur envers l'Entrepreneur, au moment où leur action est intentée.

« Art. 1799. — Les maçons et autres ouvriers qui font directement des marchés à prix faits, sont astreints aux règles prescrites dans la présente section ; ils sont Entrepreneurs dans la partie qu'ils traitent. »

Art. 2103. — Les Créanciers privilégiés sur les immeubles sont :

1° Le vendeur, sur l'immeuble vendu, pour le paiement du prix ;

S'il y a plusieurs ventes successives dont le prix soit dû en tout ou en partie, le premier vendeur est préféré au second, le deuxième au troisième, et ainsi de suite;

2° Ceux qui ont fourni les deniers pour l'acquisition d'un immeuble, pourvu qu'il soit authentiquement constaté, par l'acte d'emprunt, que la somme était destinée à cet emploi , et, par la quittance du vendeur, que ce paiement a été fait des deniers empruntés ;

3° Les cohéritiers, sur les immeubles de la succession, pour la garantie des partages faits entre eux, et des soulte ou retour de lots ;

4° Les *architectes* ou *entrepreneurs*, maçons et *autres ouvriers* employés pour édifier, reconstruire ou réparer des bâtiments, canaux, ou autres ouvrages quelconques, pourvu néanmoins que, par un expert nommé d'office par le tribunal de première instance dans le ressort duquel les bâtiments sont situés, il ait été dressé préalablement un procès-verbal, à l'effet de constater l'état des lieux relativement aux ouvrages que le propriétaire déclarera avoir dessein de faire, et que les ouvrages aient été, dans les six mois au plus de leur perfection, reçus par un expert également nommé d'office ;

Mais le montant du privilège ne peut excéder les valeurs constatées par le second procès-verbal, et il se réduit à la plus-value existante à l'époque de l'aliénation de l'immeuble et résultant des travaux qui y ont été faits ;

5° Ceux qui ont prêté les deniers pour payer ou rembourser les ouvriers, jouissent du même privilège, pourvu que cet emploi soit authentiquement constaté par l'acte d'emprunt, et par la quittance des ouvriers, ainsi qu'il a été dit ci-dessus pour ceux qui ont prêté les deniers pour l'acquisition d'un immeuble.

travaux et fournitures de toutes natures exécutés, à exécuter ou en cours d'exécution, relatif à une seule et même construction.

— Marché passé entre une administration ou un propriétaire avec un entrepreneur par suite d'une adjudication publique ou d'un traité particulier, dont les conditions et les prix ont été préalablement débattus ou imposés.

Ce marché s'applique presque généralement à l'exécution des travaux d'ensemble que l'entrepreneur accepte ou obtient dans une construction entière, pour laquelle il traite particulièrement les diverses natures de travaux qu'il ne veut ou ne peut exécuter lui-même. Ces entrepreneurs, qui sont en sous-ordre, sont appelés *sous-traitants*; ils relèvent directement de l'entrepreneur adjudicataire, qui prend alors le titre d'*Entrepreneur général*. Voyez *Adjudication*.

Entre-sol, *s. m.* Etage intermédiaire entre le rez-de-chaussée et le premier étage.

Entretoise, *s. f.* Charp. Pièce de bois de faible équarrissage placée transversalement derrière une cloison en planches ou une claire-voie, pour la maintenir fixe avec le secours des poteaux.

Les entretoises se comptent séparément et au mètre linéaire.

Enture, *s. f.* Pièce de charpente ou de menuiserie ajoutée à une autre pour élargir, exhausser ou allonger cette dernière.

Épaisseur, *s. f.* L'une des trois dimensions d'un corps, d'un volume.

Épannelage, *s. m.* Etat dans lequel se trouve un bloc de pierre, de marbre au moment de son taillage.

— Ce terme est synonyme d'*ébauche*.

Épanneler, *v. a.* Dégrossir un bloc de pierre avant de recevoir son taillage définitif.

Éparvérage ou **Frisage**, *s. m.* Polissage à la palette de bois ou éparvier de la dernière couche de mortier jetée en enduit sur une couche déjà étendue en dégrossissage.

L'éparvérage est mesuré comme l'enduit dont il dépend.

Éparvérer ou **Friser**, *v. a.* Faire l'éparvérage d'un enduit de mortier.

Éparvier, *s. m.* Maçonn. Petite truelle en bois de forme rectangulaire pour étendre et friser un dernier enduit de mortier.

Épaufrure, *s. f.* Eclat enlevé de l'arête d'une pierre taillée par l'effet d'un choc ou d'un coup de marteau maladroitement donné par l'ouvrier.

— Se dit aussi d'un éclat enlevé accidentellement de l'arête d'une pièce de bois taillée.

Épaulement, *s. m*. Le vide qui existe au-dessus d'une voûte vers sa naissance, jusqu'à niveau de l'extrados de la clé.

— Les épaulements d'une voûte doivent être remplis en béton, dont le cube est opéré par les dimensions réelles. Voyez *Chape*.

Éperon, *s. m*. Massif de maçonnerie destiné à servir d'appui à un mur de soutènement, dans le but de maîtriser la poussée des terres que ce mur est destiné à soutenir.

— Sorte de contrefort en maçonnerie, servant également à maîtriser la poussée d'une voûte ou d'un arc.

Les massifs de maçonnerie se cubent, selon leurs dimensions réelles, d'après les formes géométriques qu'ils présentent.

Épreuve (Puits d'), *s. m*. Fouille faite contre une fondation de mur pour reconnaître ou vérifier la profondeur ou l'état de cette fondation.

Épure, *s. f*. Tracé fait de grandeur d'exécution pour la reproduction d'un plan de détail ou d'ensemble.

— L'épure a pour but de confectionner en charpente des panneaux ou des modèles pour le taillage des pierres, des bois de charpente, et autres ouvrages présentant des complications de formes qui ne pourraient être saisies et exécutées sans ce tracé.

Équarrir, *v. a*. Rendre d'équerre les angles d'une pierre ou d'une pièce de bois, en faire les arêtes vives et bien dressées.

Équarrissage ou **équarrissement**. Charp. Les deux épaisseurs d'une pièce de bois. La multiplication de ces deux épaisseurs, l'une par l'autre, forme l'équarrissage ; le produit multiplié par la longueur donne le cube de la pièce.

Équerre, *s. f*. Instrument de dessin, en bois, en cuivre, en ivoire, ayant la forme d'un triangle rectangle, c'est-à-dire ayant un angle droit.

— Instrument de chantier, également en bois ou en fer, présentant inévitablement un angle droit et servant aux maçons, aux tailleurs de pierre, aux charpentiers, menuisiers, etc. pour leur travail respectif.

Le *tracé d'un angle à l'équerre* sans le secours d'instruments consiste à faire croiser deux cordeaux tendus et de leur intersection, porter 3^{m}00 sur l'un, 4^{m}00 sur l'autre, puis de réunir ces deux points par une hypothénuse de 5^{m}00. L'exactitude de cette simple opération détermine un angle droit ou d'*équerre* au croisement des deux cordeaux.

— L'*équerre d'arpenteur* est un petit appareil en cuivre, creux, de forme cylindrique ou octogonale, percé de petites fenêtres opposées deux à deux, que l'on nomme *pinules*, garnies d'un fil léger que l'on nomme *alidade*, qui se correspondent par les pinules.

L'équerre fixée par sa douille sur un pied fiché verticalement dans le sol, sert à relever les angles sur le terrain et à projeter des lignes droites à l'aide de *jalons*.

L'opération du chaînage a lieu dans les directions que présentent les jalons.

— Serrur. Les équerres sont des fers coudés qui s'emploient à la construction des cloisons en briques ou en plotets.

Ce sont aussi des petites pièces de serrurerie, vissées aux angles des châssis et des bâtis pour en consolider les assemblages.

— Ferbl. Coude carré dans un chéneau, qui est l'objet d'une plus-value.

Équilatéral, *adj*. Géom. Se dit d'un triangle dont les trois côtés sont égaux.

Équipage, *s. m.* Se dit de l'ensemble du matériel et agrès d'un entrepreneur : voitures, tombereaux, chars, charrettes, chevaux, etc.

Équiper, *v. a.* Mettre des agrès en état de fonctionner ; s'applique plus particulièrement pour l'échelle à mécanique.

Escalier. *s. m.* Réunion de marches, en pierre ou en bois superposées, pour la communication facile d'un étage à l'autre.

— Un escalier est à quartier tournant quand les marches qui le composent sont tournantes ou dansantes, dans le tout ou dans une partie de la rampe.

Le quartier tournant s'emploie dans un espace limité et restreint pour donner du développement à l'emmarchement.

Les escaliers de bois se comptent à la marche. Celle du départ, quand elle est massive, compte double. La partie du palier à l'arrivée qui forme la dernière hauteur, est comptée pour une marche et au même prix des autres.

Le prix d'une marche en bois doit comprendre la contre-marche, les poteaux, limon, faux limon, quartier tournant, etc.

Pour les escaliers en pierre, toutes les marches et les paliers sont comptés au mètre superficiel de fourniture et de pose. Voyez *Marches* et *Paliers*.

Escarpe, *s. f.* Mur en talus d'un bâtiment ou partie d'un rempart en talus, tourné à l'extérieur.

Contre-escarpe est le mur opposé de revêtement ou de soutènement aux terres d'un fossé.

Escofine, *s. f.* Petite scie à poignée dont se servent les charpentiers et les menuisiers pour découper le bois en petites parties, quelquefois sur place.

Esmiller ou **smiller**, *v. a.* Equarrir un moëllon et tailler son parement avec la pointe du marteau.

Espace, *s. m.* Intervalle qui règne entre deux corps.

Espagnolette, *s. f.* Serrur. Tige de fer verticale, terminée par des crochets dans le haut et dans le bas, pour s'agraffer dans des pitons d'arrêts.

— L'espagnolette sert à tenir fermée une croisée, une porte à balcon, un portail, etc., au moyen d'une poignée mobile.

Esplanade, *s. f.* Plate-forme élevée.

— Terrain plat et uni au-devant d'un édifice.

Esquisse, *s. f.* Ebauche d'un dessin d'architecture, d'une peinture, d'une sculpture, d'un ouvrage scientifique ou autres.

— Synonyme d'*Ebauche*.

— Dessin fait avec des simples traits non arrêtés.

Estimatif. Pris adjectivement ne s'emploie qu'avec le mot *Devis*, pour indiquer la dépense approximative d'une construction, d'une restauration ou d'une décoration.

Estimer, *v. a.* Faire une estimation. Appliquer une valeur.

Estrade, *s. f.* Plancher élevé dans une enceinte, dans une salle, avec marches ou marche-pieds pour y parvenir, sur lequel est placé en évidence un siége, un bureau, une tribune.

Étable, *s. f.* Petite écurie à la campagne pour les bestiaux.

— Petit hangar servant de retraite au bétail.

Établi, *s. m.* Sorte de table longue et étroite pour travailler le bois, le fer, etc.

Établir, *v. a.* Se dit du tracé des fondations d'un bâtiment, d'un édifice, etc., sur l'emplacement même destiné à leur construction.

Étage, *s. m.* Dans tout bâtiment c'est la partie comprise entre deux planchers superposés.

Étai, *s. m.* Charp. Poteau brut servant à soutenir provisoirement un poids quelconque.

Les étais se comptent généralement au mètre linéaire. Quand ils sont cubés, l'équarrissage se prend en multipliant le quart de ceinturage de la pièce par lui-même, le produit est ensuite multiplié par la hauteur.

Étaiement, *s. m.* Charp. Un ou plusieurs étais placés dans un but de soutenir, de supporter un poids plus ou moins considérable, de maintenir la poussée d'une masse de terre, de faire résistance à une maçonnerie qui tend à se rompre ou encore de contenir un corps, une masse qui menace ruine ou éboulement.

Étampe, *s. f.* Serrur. Pièce d'acier dans laquelle on creuse des moulures pour les imprimer en relief sur le fer rougi au feu.

État de lieux, *s. m.* Description détaillée ou résumée des pièces et agencemens qui composent un local loué ou vendu pour être annexé au bail ou à la vente de ce local.

État de situation, *s. m.* Décompte résumé ou détaillé de travaux ou de fournitures en voie d'exécution.

Étau, *s. m.* Sorte de presse en fer composée de deux mâchoires pouvant se resserrer au moyen d'une clé à vis. Cet outil est à l'usage des serruriers, des ferblantiers, pour travailler les métaux.

L'objet travaillé est rendu solidement immobile par l'effet de la clé qui resserre plus ou moins fortement les mâchoires de l'étau, entre lesquelles l'objet travaillé est placé.

— Les étaux de charpentiers et de menuisiers sont en bois dur.

Étayer, *v. a.* Charp. Placer des Étais en vue de supporter, de soutenir, de maintenir.

Étendar, *s. m.* Charp. Sorte d'étai placé transversalement et presque horizontalement dans le vide d'une tranchée, pour contre-buter en même temps les parois opposées de cette tranchée.

Ils sont aussi placés dans l'écartement de deux maisons pour contre-buter l'une d'elles, rendue isolée par une démolition contiguë.

Les étendars sont mesurés dans les mêmes conditions que les étais, quelquefois cubés, en raison de la force du bois, quand l'équarrissage devient par nécessité supérieur à 0ᵐ 30 × 0ᵐ 30.

Étendue, *s. f.* Dimension en longueur et en largeur, quand l'une ou l'autre dimension, ou même les deux, présentent de grandes distances ou forment de grandes surfaces.

Étrésillon, *s. m.* Charp. Petit étai placé en travers d'une fouille de mur ou dans une baie. Dans des dimensions plus petites, il est placé entre les flancs de deux solives dans un plancher, pour en contenir le variement.

Dans l'un et l'autre cas, les étrésillons se comptent à la pièce jusqu'à un mètre de longueur. Au-dessus, ils sont mesurés au mètre linéaire.

Étrésillonnement, *s. m.* Ensemble de plusieurs étrésillons.

Étrésillonner, *v. a.* Placer des étrésillons.

Étrier, *s. m.* Serrur. Fer méplat et d'une certaine force, coudé en deux parties et en équerre, servant à soulager la partie d'un poitrail, d'une maîtresse solive ou de toute autre pièce de charpente vers son assemblage.

Il est fixé au moyen de boulons et de crochets. Doit être revêtu d'une couche de minium pour qu'il soit à l'abri de l'oxydation.

Sa fourniture est comptée au poids, comprenant sa pose.

Étrière, *adj*. Ainsi dénommée une *jambe* ou **jambage** placé en tête d'un mur mitoyen et à rez-de-chaussée , qui porte double poitrail, double retombée, double coussinet ou double tableau.

Cette disposition est désignée sous le nom de *jambe étrière*.

Étude, *s. f.* Travail de l'esprit pour la combinaison d'un plan, d'un dessin, d'un mémoire, d'un devis.

Évaluation, *s. f.* Valeur donnée à un travail ou à une fourniture, fait ou à faire.

— Synonyme d'*Estimation*.

Évaluer, *v. a.* Faire une évaluation, une estimation.

Évaporation, *s. f.* Se dit des tuyaux de descente de latrines, dont la tête dépasse la toiture. Ils donnent issue aux émanations de la fosse d'aisance.

On nomme soupirail la partie qui apparaît sur le toit.

Évasement, *s. m.* L'écartement de deux lignes ou de deux surfaces planes, qui prolongées formeraient un angle plus ou moins ouvert.

— Ouverture, orifice, embouchure, dont la largeur est plus forte d'un côté que de l'autre.

Évaser, *v. a.* Opérer en vue d'obtenir un évasement.

— Elargir intérieurement une baie de porte ou de croisée depuis le tableau de la baie.

Évidement, *s. m.* Recreusement, refouillement dans son épaisseur d'une pierre de taille, d'une pièce de bois, de charpente ou de menuiserie.

Évider, *v. a.* Faire un évidement, un refouillement.

Évier, *s. m.* Pierre plate, posée à hauteur d'appui, légèrement recreusée et évidée à sa surface, avec une bordure en relief à son pourtour.

Il est percé d'un trou auquel s'adapte un tuyau en plomb, conduisant à la descente extérieure les eaux qui s'écoulent de l'évier. A ce trou est scellée une petite grille interceptant le passage à tout ce qui n'est pas liquide.

— L'évier est à l'usage d'une cuisine.

La fourniture d'un évier est comptée selon sa surface ; sa pose est comptée à la pièce, sauf le cas de dimensions exceptionnelles. La pose comprend le montage, la mise en place et la prise dans le mur.

Il y a des éviers en fonte pour les petits emplacements. Ils se comptent au poids pour la fourniture et à la pièce pour la pose.

Excavation, *s.* Tranchée faite dans le sol, pour recevoir une fondation ; fouille, déblai pour établir un sous-sol.

— Tout vide naturel ou creusé dans la terre ou dans le roc.

Excédant, *s. m*. Toute mesure linéaire, superficielle ou cubique, qui dépasse celle prescrite ou qui dépend d'une quantité plus grande.

Exhaussement, *s. m*. Constr. C'est établir une cons'ruction nouvelle sur une ancienne, afin d'élever la maison d'un ou de plusieurs étages.

Exhausser, *v. a*. Procéder à un exhaussement.

— Exhausser un mur, c'est augmenter sa hauteur, évidemment.

Expédition, *s. f*. Copie nouvelle d'un mémoire, d'un devis, d'un marché, d'une convention, etc.

Expert, *s. m*. Celui qui, par suite d'un mandat judiciaire ou amiable, est chargé par des parties divergentes de vérifier et d'apprécier les causes d'un litige et d'en faire l'estimation.

On ne peut être expert sans être compétent dans la matière à juger.

Expertise, *s. f*. Opération d'expert.

Expertiser, *v. a*. Procéder à une expertise.

Exploitation, *s. m*. S'applique plus généralement aux travaux d'extraction de pierre dans les carrières.

Extérieur, *s. m*. Par opposition à intérieur, tout ce qui est au dehors.

Extérieurement, *adv*. A l'extérieur, au dehors. Mesure prise ou prescrite de dehors en dehors.

Externe, *adj*. Synonyme d'*Extérieur*.

Extrados, *s. m*. Curvité extérieure d'une calotte sphérique.

— La partie externe et supérieure d'une voûte, d'un arc, d'un cintre quelconque.

Extrémité, *s. f*. La partie qui termine un corps, le point où s'arrête une ligne.

F

Fabrique, *s. f*. Usine composée de un ou plusieurs bâtiments et de tous les accessoires qui se rattachent à la confection d'objets de toutes sortes employés dans la construction.

Ces objets consistent principalement dans la ferronnerie, la fonte ouvrée, la faïencerie, la poterie, la tuile et autres produits de même utilité.

Façade, *s. f.* La face extérieure d'un édifice, d'une maison qui est apparente sur la voie publique.

Dans une construction isolée, chaque façade qui se présente à la vue.

Dans une cour, les murs qui prennent jour pour éclairer les pièces auxiliaires de chaque étage.

Les façades principales qui sont celles les plus en évidence, percées inévitablement de fenêtres et de portes, peuvent recevoir des décorations architecturales ou fantaisistes de toutes sortes. Elles doivent néanmoins se conformer à un caractère, à un style qui doit rester le même pour toute la construction.

Face, *s. f.* Le côté apparent d'un mur, d'une pierre de taille, d'une boiserie, d'une pièce de charpente, etc.
Synonyme de *Parement*.

Facette, *s. f.* Petite face d'un corps taillé à plusieurs angles ou à plusieurs côtés.

Façon, *s. f.* Main-d'œuvre d'un travail quelconque exécuté sans aucune fourniture.

— Journées employées à son exécution.

Façon (mal-), *s. f.* Ouvrage mal exécuté, mal confectionné, sujet à dépréciation.

Factice, *adj.* Composition quelconque qui n'est pas naturelle et qui tend à imiter ce quelle représente.

Le ciment brettelé, imite la pierre de taille, le stuc imite le marbre, etc.

Facture, *s. f.* Déclaration écrite indiquant la quantité et la nature de la marchandise livrée, laquelle déclaration doit toujours accompagner la livraison de cette marchandise.

— Résumé général d'une fourniture comportant les quantités exactes et leur valeur convenue ou estimative.

Faïence, *s. f.* Produits en terre cuite vernissés ou émaillés.

Faïencerie, *s. f.* Lieu où se fabrique la faïence.

Faisceau, *s. m.* Assemblage de plusieurs objets réunis et liés dans le sens de leur longueur et formant décoration, ornement, trophée, etc.

Faîtage, *s. m.* Constr. Ligne horizontale terminant un comble.

— Charp. Pièce de bois placée horizontalement à la rencontre de deux longs-pans de toiture opposés l'un à l'autre.

Cette pièce qui est délardée dessus reçoit l'extrémité supérieure des chevrons.

Elle est mesurée par équarrissement moyen délardement compris, multiplié par la longueur réelle de la pièce.

Faîte, *s. m.* Le sommet, la partie la plus élevée d'un mur' d'une façade, d'un comble, d'une construction entière, d'une flèche, d'une tour, etc.

Faîtière, *s. f.* Grosse tuile recouvrant le faîtage. Elle recouvre également les arêtiers dans une toiture.

Prise séparément, la tuile faîtière se compte à la pièce comme fourniture. Dans une toiture neuve, les tuiles faîtières sont l'objet d'une mensuration particulière qui s'effectue au mètre linéaire, de fourniture comme de pose, y comprenant les *arêtiers* s'il en existe.

Fanal, *s. m.* Tour très-élevée à l'entrée d'un port de mer auprès d'un écueil. Au sommet de cette tour, on entretient des feux pendant la nuit; ces feux servent de signaux pour prévenir les dangers que peuvent encourir les navires qui s'approchent de la côte.

Les plus importants, prennent le nom de *Phares*.

Fardeau, *s. m.* Tout ce qui constitue la charge d'un homme, d'un cheval, d'un engin quelconque.

Faubourg, *s. m.* La partie d'une ville au-delà de ses barrières et de son enceinte.

Fausse-cote, *s. f.* Erreur dans une mesure prescrite ou relevée.

Fausse-coupe, *s. f.* Joint de maçonnerie ou de pierre de taille dans un cintre qui ne tend pas à un centre commun.

— Charp.-Menuis. Lorsque les coupes ne sont ni d'équerre, ni d'onglets.

Fausse-croisée, *s. f.* Croisée murée dans une façade, recouverte d'une peinture extérieure, qui simule plus ou moins artistement une vraie croisée avec ses vitres, son abat-jour, etc.

Cette peinture est l'objet d'une estimation particulière et relative.

Fausse-équerre, *s. f.* Instrument dont se servent les charpentiers et les menuisiers pour relever les angles et faire des épures.

Fausse-porte, *s. f.* Menuis. Porte placée symétriquement avec une ou plusieurs autres portes, mais qui reste condamnée.

Elle prend aussi le nom de *porte-feinte*.

Elle est mesurée comme boiserie d'assemblage à un parement.

Fausser, *v. a.* Faire plier, courber un corps métallique sans qu'il puisse se redresser.

Faux-jour, *s. m.* Jour indirect ou jour venant de bas en haut.

Faux-plancher, *s. m.* Plancher factice dissimulant un comble ou doublant un autre plancher.

Fenêtre, *s. f.* Baie ou vide ménagé dans une façade pour laisser pénétrer le jour à l'intérieur.

Fenil, *s. m.* Grenier à fourrage, toujours placé au-dessus d'une écurie.

Fente, *s. f.* Fissure, lézarde, interstice qui se produit dans la pierre, la maçonnerie, le bois, une cloison, un plafond, un enduit, etc.

Fer, *s. m.* Métal dur et malléable, dont l'usage tient une grande place dans la construction et forme l'un de ses trois principaux éléments.

Le poids d'un mètre cube de fer est de 7788 kilogr.

Les fers au commerce se divisent en plusieurs catégories, dont les principales sont les *fers carrés*, les *fers méplats*, les *fers ronds*.

Pour obtenir le poids des fers carrés ou méplats (pour un mètre de longueur), il faut multiplier la largeur par l'épaisseur du fer. Le produit est ensuite multiplié par 7 grammes 788 milligr.; le résultat est le poids cherché dans une longueur de *un mètre*.

Pour obtenir le poids des fers ronds, il faut carrer le diamètre et en multiplier le produit en millimètres par 6 grammes 219 milligrammes 140 millièmes, qui est le poids du fer rond, de un millimètre de diamètre et un mètre de longueur.

Fer à T. *s. m.* Serrur. Solive en fer, dont le profil présente la forme d'un T, et qui s'emploie à la confection de certains planchers dont le poutage est en briques.

Le *fer à T* est également employé comme poitrail, décharge, couverte et objets analogues.

Il est toujours confectionné et livré au poids.

Ferblanc, *s. m.* Plaque très-mince en fer ou en tôle, recouverte d'étain.

Ces plaques sont rectangulaires et livrées au commerce par feuilles de 0ᵐ 33 × 0ᵐ 25 et 0ᵐ 42 × 0ᵐ 33.

Ferblanterie, *s. f.* Dans une construction, tous les travaux où s'emploient le ferblanc, le zinc, le cuivre, le plomb.

Ferblantier, *s. m.* Patron ou ouvrier qui travaille ou qui entreprend les ouvrages et les fournitures relatives à la ferblanterie, la plomberie, la zinguerie, etc.

Ferme, *s. f.* Logement de toute une famille d'agriculteur, dont les bâtiments sont isolés de toute autre habitation.

— Charp. L'assemblage de plusieurs pièces de bois de longueur et de grosseur diverses, dont l'ensemble présente assez ordinairement la forme d'un triangle.

Cet assemblage appelé *ferme* est destiné à supporter une toiture en l'absence des murs en pignon.

— *Ferme d'arétier*. Celle qui est établie pour recevoir l'angle saillant d'une toiture.

— *Ferme sur blochet*. Celle qui est établie sur des pieds-droits en charpente, dans le but de donner de l'élévation à un comble.

Fermeture ou mieux **Devanture**, *s. f*. Ouvrage de menuiserie d'une certaine importance, formant revêtement à la partie inférieure d'une façade, sur la voie publique.

Ces ouvrages sont susceptibles d'une décoration plus ou moins compliquée, limitée toutefois dans le style général de l'édifice ou de la maison contre lequel ces revêtements sont appliqués avec une saillie tolérée selon le cas jusqu'à environ 0^m20 du nu du mur.

Le bois de chêne est généralement choisi et employé à la confection de ces ouvrages, auxquels un arrangement artistique mêle quelquefois de la sculpture, selon toutefois le degré de luxe que l'on veut déployer.

Les diverses parties composant une devanture portent toutes assemblages, et dans les conditions générales, se divisent de la manière suivante :

1° *Cadres ou bâtis* formant les caissons des volets et recevant la frise.

2° *Boiserie de soubassement* à un ou deux parements, à petits ou grands cadres, reposant sur le seuil et s'arrêtant au sommet de la cymaise.

A ce soubassement sont adaptées les plinthes et cymaises moulurées avec ou sans ressauts.

3° *Boiserie à glaces ou à vitres*, comprise entre les caissons ou pilastres en sens horizontal, de la cymase à l'entablement, en sens vertical.

4° *Entablement* composé quelquefois d'une architrave, mais toujours d'une frise et d'une corniche.

Un chapeau en boiserie lisse doit recouvrir cette corniche quand sa saillie est à découvert.

5° *Volets* à panneaux lisses, montés sur bâtis et à plusieurs brisures, sont retenus par des charnières, ou briquets qui permettent aux volets de se replier sur eux-mêmes et se loger dans les caissons correspondants, ménagés dans la largeur entière de la fermeture. Les volets fermés sont maintenus par des barres.

6° Enfin, de hautes et étroites portes à panneaux, sur bâtis moulurés à petits ou grands cadres, retenues aussi par de fortes charnières. Ces portes appelées *masques* servent en effet à dissimuler, à masquer, sous l'apparence de pilastres ou de panneaux saillants, les volets pliés en paquets et renfermés dans les caissons.

Chacune des parties qui viennent d'être résumées, est mesurée et comptée d'après la nature, la force du bois et le profil des moulures, conformément aux prescriptions détaillées dans le tarif de la Chambre syndicale.

Tous les ornements ou sculptures qui pourraient être rapportés ou travaillés sur une devanture, comme compléments de décoration, sont l'objet d'une estimation particulière, entièrement détachée de l'ouvrage effectué par le menuisier.

Les ferrures, quel que soit leur système, sont le résultat du travail exclusif du serrurier. Les scellements ou prises nécessaires à la pose et à la consolidation d'une fermeture, sont effectués par le maçon.

Dans certains cas, et pour clore des ouvertures à rez-de-chaussée auxquelles des motifs d'économie ou d'inutilité ne peuvent permettre des *devantures*, elles sont remplacées par de simples *fermetures* composées de un ou plusieurs vantaux montés sur cadres dormants, ayant panneaux à un ou deux parements à petits ou à grands cadres; enfin, de volets brisés ou mobiles. Le tout est placé intérieurement entre les pieds-droits des ouvertures à clore ou à fermer. Les volets sont maintenus fermés par des boulons à clavettes.

Chaque partie composant ces sortes de clôtures ou fermetures est également mesurée en raison de la nature, de la force du bois et du profil de la moulure, conformément aux indications et prescriptions du tarif de la Chambre syndicale.

Ferraille, *s. f.* Vieux morceaux de fer usés, rouillés, hors de service.

Ferrer, *v. a.* Poser, assujétir à des portes, croisées, volets et autres boiseries les ferrures qui s'y rattachent: serrures, fiches, espagnolettes, verroux, etc. , etc.

Ferreur, *s. m.* Ouvrier dont la spécialité est de poser et ajuster aux boiseries des ferrures de toutes sortes.

Selon le cas, cet ouvrier travaille à la pièce, ou à la journée.

La pose et l'ajustement des ferrures sont l'objet d'une grande aptitude et d'une grande précision, et cependant, malgré les soins apportés à cette exécution, il n'est pas rare de revenir à des retouches générales, bien longtemps même après l'occupation des appartements. L'effet du tassement des murs dans une construction neuve, apporte inévitablement un dérangement dans le jeu de toutes les ferrures.

Ferronnerie, *s. f.* Nom générique donné à tous les objets de la petite serrurerie du bâtiment. Ces objets sont confectionnés et livrés au commerce par des usines et des fabriques spéciales généralement étrangères à la localité. Ils sont d'un choix très-varié. Ils comprennent : les serrures, espagnolettes, crémones, gonds, fiches, charnières, targettes, etc. , etc. Les matières employées sont le fer, l'acier, le cuivre, le bronze, la fonte. le zinc, le cristal, l'ivoire, le buffle, le bois ; certains même de ces objets sont dorés ou argentés.

Tout est livré ou vendu à la pièce à prix débattu ou sur le pied de tarifs établis selon la forme, la nature et la matière dont ces objets sont composés.

Ferrure, *s. f.* Tout ce qui est du ressort de la ferronnerie.

Feston, *s. m.* Découpage dans le bois ou dans la pierre, faisant ornementation, sous des formes capricieuses et variées.

Les feuilles de cuivre ou de zinc festonnées sont travaillées au marteau ou frappées à l'estampe.

Feuillard (fer), *adj.* Fer en bandes étroites et minces employées à divers usages pour brides, liens, etc.

Feuille, *s. f.* Archit. Ornement de sculpture ou de peinture employé en décoration.

—Menuis. et Charp. Une feuille de sapin est la planche de 0,034 ou de 0,041 refendue. L'épaisseur de la feuille varie de 0,015 à 0,021.

Sa dénomination française est *Volige*.

-- Ferbl. La feuille de zinc livrée au commerce, présente uniformément les dimensions de 2^m00 de longueur sur 0,80 de largeur. Son poids varie en raison de son épaisseur ou de la force de la feuille. Voyez *Zinc*.

La feuille de ferblanc qui est en tôle ou en fer très-mince recouverte d'étain sur ses deux faces, présente, dans le commerce, des dimensions qui varient de $0,33 \times 0,25$ à $0,33 \times 0,42$.

— La feuille d'ardoise est une petite tablette très-mince découpée uniformément pour être employée dans la confection d'une toiture. Au commerce, les feuilles d'ardoise sont livrées au mille.

Feuillet, *s. m.* Ferbl. Petite plaque de zinc de forme rectangulaire ayant $0,25 \times 0,16$, placée dans un bris de toiture en ardoise pour le raccord avec les feuilles mêmes de l'ardoise dans le contour d'une lucarne.

Chaque feuillet est compté à la pièce.

— Pour le feuillet employé en dorure, voir *Dorure*.

Feuillure, *s. f.* Rainure creusée dans la pierre ou dans le bois pour recevoir un dormant, un battement de porte ou de croisée, ou encore, une incrustation légère.

Ficelle, *s. f.* Petite corde très-mince tordue en fil de chanvre.

Fiche, *s. f.* Serrur. Petite penture avec charnière servant à suspendre les portes, croisées, volets, et les rendre mobiles pour les ouvrir ou les fermer. Elles sont à *broches* ou à *boutons*, et se comptent à la pièce de fourniture et de pose.

—Outil de maçon en forme de truelle très-longue, dont le fer est édenté des deux côtés, servant à faire pénétrer le mortier le plâtre ou le ciment sous le joint d'une assise en pierre de taille.

— Dans les mensurations faites à la chaîne métrique, la fiche est une longue brochette en fer terminée par un anneau. Le porte-chaîne ou aide-arpenteur en reçoit dix, qu'il plante verticalement et successivement une à une dans la terre et à chaque longueur de chaîne Les fiches sont relevées par l'arpenteur à chaque tension de la chaîne.

Le nombre de fiches passées de la main du porte-chaîne dans celle de l'arpenteur, détermine la longueur métrique parcourue.

Ficher, *v. a.* Maçonn. Introduire, à l'aide de la fiche, du plâtre, du mortier, du ciment dans des joints de taille.

Figure, *s f.* Géom. Toute surface limitée par des lignes droites ou courbes.

Les figures formées par des lignes droites sont rectilignes ; celles formées par des lignes droites et courbes, sont curvilignes. Elles sont régulières, si les côtés sont égaux ; irrégulières, si les côtés sont inégaux.

La plus simple des surfaces rectilignes est le triangle.

— Archit. Reproduction par le croquis d'un profil de terrassement ou de maçonnerie ; reproduction par le trait des parties principales d'une construction.

Fil, *s. m* Défaut, veine qui, dans le marbre et la pierre, les coupent et les détériorent par l'action de l'air. Les nœuds dans le bois qui se rencontrent au même point, se nomment également *Fils*.

— Le tranchant d'une hache, d'une scie, d'un ciseau, etc., se nomme aussi 'e *fil de l'outil*.

Fil à plomb. Voyez *Aplomb*.

Filage, *s. m*. Peint. Tirer au pinceau et à la règle des filets de toutes nuances, selon le cas.

Les filages en peinture se comptent au mètre linéaire.

Filet, *s. m*. Moulure formée d'une petite bande unie appelée aussi *listel*.

— Peint. Traits de toutes nuances tirés à la règle et au pinceau.

Filières, *s. f. pl*. Les veines qui coupent en sens divers les bancs des carrières de pierres, par lesquelles ont lieu les infiltrations d'eaux.

Fissure, *s. f.* Synonyme de *Lézarde*.

— Fente produite dans le bois, dans la pierre, dans un enduit, dans un mur, dans un plafond en plâtre, etc.

Flache, *s. f.* L'endroit d'une pièce de bois où l'écorce paraît, et qui ne permet pas l'équarrissage à vive arête de cette pièce.

Dans les solives d'un plancher en charpente, la flache tolérée ne doit pas excéder les 2/5 de l'épaisseur, et le 1/3 de la hauteur de cette même solive.

Fléau, *s. m.* Forte tige de fer ou de bois derrière les portes cochères, se mouvant sur son milieu pour fermer ou ouvrir ces portes.

Avant les espagnolettes en fer, les croisées se fermaient au moyen de *fléaux* en bois.

Flèche, *s. f.* Archit. Pyramide aiguë établie sur un plan circulaire ou polygonale, en pierre ou en bois, plein ou à jour, surmontant un clocher, une tour, une tourelle.

Géom. Ligne droite qui relie perpendiculairement le centre de la corde avec l'arc qui passe au-dessus.

— Petite ligne droite terminée par un dard, dont la direction indique dans un plan le côté nord de ce plan.

Fleuron, *s. m.* Ornement d'architecture composé de fleurs, feuilles, rinceaux, etc.

Flipots, *s. m. plur.* Menuis. Pièces ou fourrures rapportées à un parquet.

Foisonnement, *s. m.* Augmentation du volume qui se produit dans les terres, entre le cube fait dans l'excavation et celui fait sur berge après extraction.

Le foisonnement varie en raison de la nature du terrain et à peu près dans les proportions suivantes :

NATURE DES TERRES.	FOISONNEMENT pour un mètre cube de déblais, sans compression, mesuré 5 jours après la fouille.
Gravier pur	1^m05
Terre végétale de diverses espèces (alluvions, sables)	de 1^m10 à 1^m20
Terre franche grasse	1^m20
Terre marneuse et argileuse, moyennement compacte	1^m50
Terre de même nature, très-compacte et très-dure.	1^m70
Terre crayeuse	1^m20
Tuf dur ou moyennement dur	1^m55
Roc à la mine, réduit en moëllons	1^m65
Gord pur, selon le degré de dureté.	de 1^m15 à 1^m50

Fond, *s. m.* Petit barrage en ferblanc ou en zinc, soudé dans le parcours intérieur d'un chéneau ou à ses extrémités. Il est compté à la pièce.

Fondation, *s. f.* Maçonnerie de forte épaisseur pour la partie enterrée d'une construction, sur laquelle cette construction repose.

Les murs d'un bâtiment qui servent de fondation ou de base aux élévations se divisent en deux catégories :

Les *Basses fondations* établies dans les fouilles creusées en contre-bas du sol même des caves, sont généralement en béton. Les libages en taille qui lient ou couronnent ces bétons sont cubés avec ces maçonneries, sans distinction.

Les *Hautes fondations* qui règnent au-dessus sont en grosses maçonneries et forment les compartiments des caves et des soussols.

Fonder, *v. a.* Creuser, jeter des fondations, prendre des dispositions matérielles pour établir de bonnes et solides *fondations*.

Fontaine, *s. f.* Source d'eau vive.

— Monument plus ou moins orné, plus ou moins important, établi à l'endroit de cette source, ou dans un lieu public ou d'agrément, duquel se répand une eau naturelle ou factice.

Fonte, *s. f.* Combinaison de fer et de carbone, accompagnée de silice et de matières contenues dans les minerais de fer, dont on l'extrait, ou dans les fondants employés au traitement de ces minerais.

Force, *s. f.* Cause générale de résistance qui agit entre deux corps.

Effort plus ou moins puissant employé par un homme, un cheval, un engin quelconque, pour donner de la mobilité à un corps.

Forage, *s. m.* Trou pratiqué dans l'épaisseur d'une tige de fer, dans le sens de sa longueur.

Forfait, *s. m.* Marché fait sur un seul prix, débattu et arrêté d'avance, pour l'ensemble ou une partie d'une construction projetée.

Forge, *s. f.* Foyer animé par ventilation, pour chauffer le fer et le rendre malléable.

Forjet et non **forget**, *s. m.* La partie basse et horizontale d'un revers de toiture qui fait saillie au-devant du mur sur lequel le forjet repose et que cette saillie doit abriter.

— Ce mot dérive de

Forjeter, *v. a.* Hors jeter, rejeter en avant.

Formeret, *s. m.* Sorte d'arc double ou parallèle à l'axe d'une voûte et appuyé contre le mur latéral et intérieur d'un édifice. Ne se rencontre guère que dans les églises.

— Les claveaux de ces arcs se mesurent comme ceux des arcs doubleaux.

Formette, *s. f.* Partie de maçonnerie faisant appui dans la largeur d'une fenêtre, et sur laquelle repose la coudière de cette fenêtre.

— L'embrasure même de cette fenêtre en ce qui concerne le sol, parquet ou carrelage.

— Menuis. Lambris recouvrant la maçonnerie d'embrasure d'une croisée, jusqu'à la coudière.

Fosse, *s. f.* Cavité souterraine creusée sous un bâtiment et servant de récipient à diverses immondices.

— *d'aisance*. Qui reçoit les matières claires et épaisses qui y parviennent par les descentes de latrines.

Ces sortes de fosses doivent être soigneusement cimentées, bétonnées et carrelées.

Des bourrelets en ciment doivent garnir tous les angles rentrants.

L'extraction des matières pour sa vidange s'effectue au mètre cube, par entreprise spéciale.

— *à fumier*. Servant à recueillir le fumier et le purin des écuries : ces sortes de fosses sont ordinairement établies dans les arrière-cours.

Fossé, *s. m.* Excavation régnant autour d'un château fortifié, pour en protéger l'approche et éclairer l'étage souterrain.

Fouille, *s. f.* Excavation faite dans le sol, sur l'emplacement d'une construction, pour y jeter la fondation des murs de cette construction.

Les fouilles sont cubées selon leurs dimensions réelles de longueur, largeur et profondeur.

Avant de commencer le travail de fouille, un repère doit être fixé d'une façon apparente et immobile pour servir de point fixe à toutes les mesures de profondeur qui sont prises ultérieurement. Ces mesures déterminent exactement les profondeurs ou hauteurs des terrassements, comme aussi celles de la maçonnerie des basses fondations.

Voyez *Repère*.

Fougère. Pris adjectivement, ce mot sert à désigner une sorte de parquet dont les lames longues et étroites sont assemblées diagonalement à rainures et languettes et présentent la disposition parfaite des feuilles de la plante qui porte ce nom.

— Maçonn. Pavé en briques ou plotets dont la disposition rappelle également cette forme.

Foulée, *s. f.* La surface horizontale d'une marche d'escalier sur laquelle on pose le pied.

La foulée se nomme aussi *Giron*.

Four, *s. m.* Ouvrage de maçonnerie formant un compartiment bas et voûté, sur plan circulaire ou elliptique, servant à faire cuire le pain, la pâtisserie. Une seule ouverture ou entrée est ménagée sur le devant du four, par laquelle on introduit les pâtes à cuire pour les retirer ensuite à l'état de pains ou de pâtisserie, prêts à être livrés à la consommation.

La mensuration de ces voûtes est faite en raison de leur curvité plus ou moins surbaissée.

Four-à-chaux, *s. m.* Ouvrage de maçonnerie ayant intérieurement un vide de forme ovoïde ou celle d'un tronc de cône renversé. La base inférieure a au moins 1 mètre de diamètre, et a quelquefois jusqu'à 3^m30 ; le diamètre de la base supérieure varie de 2 à 6 mètres, et la hauteur du four est de 3 à 10^m80.

La partie supérieure de ces fours contenant du calcaire, tandis que celle inférieure renferme de la chaux cuite, il en résulte que, dans l'étendue de la hauteur du four, on trouve tous les états intermédiaires entre la pierre calcaire et la chaux.

Le chargement de ces fours se fait par assises alternatives de pierre et de charbon, et par le haut, au fur et à mesure que la chaux est retirée par le bas.

Pour commencer le chargement, on dispose d'abord, dans le bas du four, une voûte en pierre calcaire que l'on repose sur des barres de fer formant une sorte de grille, et dans le foyer qui est réservé sous cette voûte, on fait un feu de bois qui allume une première couche de houille de 0^m05 à 0^m07 d'épaisseur, que l'on couvre d'une couche de calcaire de 0^m16 à 0^m22 d'épaisseur, sur laquelle on jette, à la pelle et de manière à remplir les interstices des pierres, une seconde couche de houille semblable à la première. On place alors une seconde couche de calcaire, et on continue ainsi de suite jusqu'à la partie supérieure du four, en ayant bien soin de ne placer de nouvelles couches qu'au fur et à mesure que le feu s'élève.

Lorsque la pierre du bas du four est cuite, on la fait couler avec un ringard, et on la retire en réglant la vitesse d'enlèvement sur le temps reconnu nécessaire pour la calcination de la pierre, temps qui est ordinairement de vingt-quatre à trent-six heures. A mesure que la masse s'affaisse, on a soin de placer de nouvelles couches de calcaire et de houille pour remplir le four que l'on vide à peu près par tiers de sa hauteur.

On aurait une cuisson longue et imparfaite, si l'on mettait au four de gros blocs de pierre. Pour faciliter la calcination et la rendre égale, on casse le calcaire en morceaux de 0^m05 à 0^m07 de côté.

La chaux vive, de quelque nature qu'elle soit, pour être cuite au degré convenable doit fuser promptement et complètement dans l'eau. Si elle est trop calcaire, elle reste quelquefois un jour ou deux dans l'eau sans avoir subi une extinction complète. Pour être de bonne qualité, les chaux ne doivent contenir aucune

matière étrangère, ni aucun biscuit ou durillon de quelque nature
que ce soit

Les bonnes chaux hydrauliques se reconnaissent facilement à
leur légèreté, à leur consistance crayeuse, et à l'effervescence
qu'elles font avec l'eau lorsquelles n'ont pas encore été éventées.
Quand, au contraire, elles sont lourdes, compactes, vitrifiées
légèrement sur les arêtes des morceaux et longtemps inactives
après l'immersion, c'est que le terme de la bonne cuisson a été
dépassé. Si elles fusent superficiellement en laissant un noyau,
c'est que la cuisson est incomplète.

La calcination à feu continu est la méthode à laquelle on donne
la préférence, parce que le four étant toujours en feu, on écono-
mise le combustible, que l'on consommerait à chaque fournée
pour élever la température de la masse d'un four à feu discontinu.
Cette méthode permet d'employer les combustibles sans flamme,
tels que le coke, la houille sèche et l'anthracite. Le calcaire, réduit
d'abord par le cassage en morceaux, se cuit au contact même du
combustible.

(*L'Art de construire* par J. CLAUDEL et L. LAROQUE, ingénieurs.)

Four-à-plâtre, *s. m*. Ces fours s'établissent aux abords des
carrières ; ils se composent ordinairement d'un mur de 4ᵐ50 environ de hauteur formant le derrière du four, et de deux autres murs
construits perpendiculairement au premier et destinés à supporter
un comble à deux pentes, dont les tuiles sont posées à claire-voie,
afin de laisser dégager librement la fumée et les vapeurs.

Sous cette espèce de hangar, dont le devant reste entièrement
ouvert, on établit, parallèlement aux murs latéraux, plusieurs
petites galeries voûtées de 0ᵐ63 environ de hauteur sur 0ᵐ50 de
largeur. Ces galeries qui servent de foyers, se font avec les plus
gros morceaux de pierre à plâtre, en ayant soin de laisser des
petits vides dans les voûtes pour faciliter le passage de la fumée.
Au fur et à mesure qu'on construit les voûtes, on les consolide
en remplissant les vides laissés entre les extrados voisins ; puis,
on stratifie la pierre à plâtre par couches sur toute l'étendue du
four, et on élève la charge jusqu'au sommet des murs du four, en
ayant soin de placer, autant que possible, les plus gros morceaux
qui sont les plus difficiles à cuire, vers le bas du four ; on termine
le chargement par une couche d'éclats provenant des résidus de
l'extraction.

On remplit alors les galeries de fagots, de bourrées ou de bois
fendu ; on y met le feu, que l'on active graduellement au commencement, puis on entretient une chaleur régulière jusqu'à la
fin de l'opération. La flamme, passant à travers les vides nombreux
qui existent entre les pierres, s'élève graduellement jusqu'au haut
de la charge et distribue également la chaleur dans toutes ses
parties. La cuisson terminée, on recouvre la masse d'une couche

de poussière de pierre à plâtre, afin d'en concentrer la chaleur.

La durée de la cuisson du plâtre varie de dix à quinze heures ; elle dépend de la quantité de pierre mise au four, du degré de dessication du bois et de l'état de l'atmosphère. L'habitude indique assez le point auquel il faut arrêter le feu, et ce moment est très-important à saisir, car la bonne qualité du plâtre dépend, en grande partie, de la cuisson à un degré précis, en deçà et au delà duquel on n'obtient qu'un plâtre très inférieur.

La houille peut aussi être employée à cuire le plâtre ; mais comme il importe que celui-ci conserve sa blancheur à l'emploi, on est obligé d'avoir recours à des fours particuliers où les combustibles brûlent dans un foyer séparé, dont la chaleur est réverbérée sur la pierre à plâtre ; ou au moins dont les gaz ne sortent, autant que possible, que brûlés pour traverser la pierre à plâtre.

Quand le plâtre est convenablement cuit, l'ouvrier qui l'emploie sent, en le maniant, qu'il est doux et qu'il s'attache aux doigts ; c'est à ces indices que l'on peut surtout reconnaître le bon plâtre.

Lorsque le plâtre n'est pas assez cuit, il est aride, n'absorbe l'eau qu'imparfaitement et ne forme pas un corps solide. Quand il est trop cuit, il refuse l'eau, parce qu'il est en partie vitrifié ; il est devenu maigre, graveleux ; il s'égrène au lieu de former un corps solide quand il est employé. Les enduits faits avec du bon plâtre sont d'un grain très-fin, présentent des surfaces glacées et agréables à l'œil.

Les plâtres de mauvaise qualité sont, en général, d'une couleur jaunâtre ; ils sont rudes au toucher comme la pierre calcaire pulvérisée ; ils sont longs à prendre ; ils donnent des enduits qui se gercent facilement.

Pour conserver le plâtre, il faut apporter les plus grandes précautions pour le préserver du contact de l'air, dont il absorberait peu à peu l'humidité. Une fois *éventé*, le plâtre devient hors de service.

(*L'Art de construire* par J. Claudel et L. Laroque, ingénieurs.)

Fourneau, *s. m.* Fumist. Petite construction en maçonnerie de briques et terre glaise, revêtue de fonte, de fer, de tôle, de cuivre, renfermant des cavités dans lesquelles sont placés d'une part le charbon ou la braise, d'autre part les aliments qui cuisent ou chauffent par l'action d'un foyer de chaleur.

Il y en a de plusieurs dimensions, selon le cas où l'importance de la destination projetée, portatif ou à demeure.

— *Fourneau de mine*. Cavité souterraine, creusée et remplie de poudre, destinée à faire sauter par explosion.

— Sont nommés *Hauts-fourneaux* ceux qui servent à la fonte des minerais de fer et métaux à haute température.

Fournier, *s. m.* Petit madrier supportant le plancher d'un échafaudage, fixé d'un côté dans le mur, de l'autre lié ou boulonné à une bigue.

Fournil, *s. m.* Lieu à proximité d'une cuisine d'habitation à la campagne, contenant le four et les accessoires à cuire le pain ou la pâtisserie.

Fourrure, *s. f.* Menuis. Liteau plus ou moins fort, garnissant le derrière d'une boiserie, d'un chambranle, d'une corniche, etc.

Elles se comptent au mètre linéaire.

Foyer, *s. m.* La partie d'une cheminée, d'un calorifère, d'un fourneau, d'une forge, où se tient le feu, où se produit la chaleur

— Dans une salle de spectacle, salon réservé au public pour s'y promener et causer dans les intermèdes. Du côté de la scène, salle dans laquelle se rassemblent les acteurs.

Foyère, *s. f.* Dalle en pierre polie ou en marbre, plus longue que large, placée au-devant d'un foyer de cheminée pour préserver le parquet du contact du feu.

La fourniture compte habituellement avec la cheminée ; la pose compte à la pièce.

Fraise, *s. f.* Outil de forme conique et renversée que l'on fait revenir à l'archet et dont la pointe sert à évaser l'entrée d'un trou percé dans du métal ou dans du bois, pour recevoir une vis ou un rivet.

Fraiser, *v. a.* Évaser un trou dans du métal ou dans du bois, à l'aide de la fraise.

Fresque, *s. f.* Peinture à la détrempe, c'est-à-dire à l'eau, passée sur un enduit de mortier fraîchement éparvéré.

Ces peintures se combinent à plusieurs teintes et forment décoration.

La surface est la même que celle de l'enduit sur lequel cette peinture est appliquée.

Frette, *s. f.* Cercle de fer qui couronne la tête d'un pilotis qu'on enfonce, pour éviter qu'il n'éclate ou se fende.

Frise, *s. f.* La partie d'un entablement comprise entre l'architrave et la corniche.

— Menuis. Plate-bande rainée, encadrant un parquet.

La partie haute d'une boiserie sous la corniche. Elle prend également le nom de *bandeau* et se mesure à la surface réelle de longueur et de largeur ou de hauteur.

— Serrur. Panneau long, rempli d'un ornement répété et continu, qui surmonte une balustrade, une barrière, une grille, **etc.**

Frontispice, *s. m.* Façade principale d'un édifice.

Fronton, *s. m.* Archit. Partie haute et décorative d'une façade ou d'un porche. Sa forme est ordinairement triangulaire. Il est quelquefois terminé par une ligne courbe formant un segment de cercle.

Les portes et les fenêtres d'une façade sont souvent surmontées de frontons.

— Les boiseries riches d'intérieurs sont également ornées de frontons, seulement dans ce dernier cas il est convenable que les pièces où l'on adopte le fronton comme décoration, soient de grande hauteur et largement spacieuses.

La mensuration d'un fronton en menuiserie, en plâtre, en ciment, en stuc, se décompose par tous ses détails. Chacun d'eux est mesuré selon ses formes géométriques dans ses parties ordinaires. Celles moulurées sont prises comme il est dit, soit à *corniche* soit à *moulure*.

Fruit, *s. m.* Diminution ou retraite que subit un mur en l'élevant.

Fruitier, *s. m.* Lieu propre à conserver les fruits.

Fumiste, *s. m.* Patron ou ouvrier qui exécute ou entreprend les ouvrages relatifs au chauffage ; dont les aptitudes sont spéciales pour prévenir les inconvénients produits par la fumée des cheminées. Il confectionne et pose les appareils du ressort de ses attributions.

Fumisterie, *s. f.* Ouvrages, appareils, qui rentrent dans les attributions du fumiste, qui en opère la confection et la pose à prix débattus.

Funéraire, *adj.* Tous les ouvrages et fournitures qui concernent les tombes, mausolées, caveaux, etc.

Fuseau, *s. m.* Bâton rond en bois de frêne, légèrement renflé à son milieu, formant un ratelier d'écurie conjointement avec ceux qui lui sont parallèles.

Fuser, *v. a.* Éteindre, couler de la chaux.

Fût, *s. m.* Archit. La partie d'une colonne ou d'un pilastre comprise entre la base et le chapiteau.

— Tonneau vide.

— Bois sur lequel on monte les outils de menuisier, rabot, varlope, etc.

Futée, *s. m.* Sorte de mastic composé de sciure de bois, de copeau et de colle forte, dont les menuisiers se servent pour boucher des fentes dans le bois.

G

Gabarit, *s. m*. Moule ou cintre mobile en charpente servant à ménager certains vides dans la maçonnerie, à construire et donner de la courbure à de petits berceaux de voûtes en briques ou en plotets, et à divers autres emplois analogues.

— Sorte de gros calibre servant à pousser de fortes moulures décoratives en ciment, en plâtre, en stuc.

Gâchage, *s. m*. Manipulation des ciments et chaux hydrauliques en poudre pour les convertir en pâte, en mortier par un dosage combiné d'eau et de sable.

— Dosage de plâtre au moment de son emploi.

Gâche, *s. f*. Serrur. Plaque de fer, placée en face d'une serrure et percée d'une ouverture carrée, dans laquelle entre le pêne de cette serrure pour tenir la porte fermée.

La gâche, faisant partie de la serrure, est comptée avec elle. Sa pose dans la maçonnerie ou dans la pierre de taille, se compte selon la nature et les scellements qui la fixent.

— Terme vulgaire de l'ouvrier qui cherche ou obtient du travail. Voyez *Tâcheron*.

Gâchée, *s. f*. Synonyme de *Augée*.

Gâcher, *v. a*. Délayer, détremper dans une auge, du plâtre avec de l'eau, selon des doses combinées, au moment où ce plâtre est employé. Il en est de même des ciments et des mortiers hydrauliques.

— Se dit d'un travail mal exécuté.

Gâcheur, *s. m*. Contre-maître charpentier.

Gâchoir, *s. m*. Palette en fer, coudée et emmanchée pour opérer dans l'auge, la manipulation des ciments ou de la chaux hydraulique en poudre. Les convertir en mortier par le mélange combiné d'eau et de sable.

Gaffe, *s. f*. Voyez *Bain*.

Gaîne, *s. f*. Tube de briques ou de poterie conduisant la chaleur et surtout la fumée, depuis un foyer jusqu'à l'extérieur, au-dessus du toit.

Une gaîne seule, en briques ou en tuyaux, est comptée au mètre linéaire. Les gaînes en briques, groupées en paquets, sont mesurées au mètre superficiel. Le développement extérieur du manteau est augmenté de toutes les divisions intérieures. Le tout est multiplié par la hauteur des gaines de l'étage.

Cette opération s'effectue, à chaque étage, depuis le premier plancher d'un bâtiment jusque sous le toit, là où commencent les souches en plotets, lesquelles sont mesurées séparément.

Galandage, *s. m.* Se dit des cloisons faites en briques ou en plotets posés de champ. Voyez *Cloison*.

Galère, *s. f.* Rabot rendu très-lourd par un bloc de pierre, emmanché d'un long bâton. Ce rabot est promené sur un sol de béton ou une mosaïque pour en rendre la surface lisse et polie.

— Sorte de herse servant à ratisser les allées d'un jardin.

Galerie, *s. f.* Grand couloir ou passage ouvert ou fermé, vitré ou non, à couvert ou à découvert, servant de promenoir extérieur ou de communication intérieure.

— Balcon en encorbellement à chaque étage d'une salle de spectacle.

— *Galerie souterraine*, passage voûté établi sous terre.

Galet, *s. m.* Petite roulette de bois ou de métal adaptée à la partie inférieure d'un portail d'une porte ou d'un châssis qui s'ouvre en glissant sur un rail en fer ou en bois.

Galetas, *s. m.* Le dernier étage d'une maison, sous le toit, éclairé par une petite ouverture ou une lucarne.

— Logement insuffisant et insalubre.

Gardes, *s. f. pl.* Traverses ou barricades légères et mobiles placées provisoirement sur la voie publique, pour éloigner les passants d'une maison en construction ou en réparation.

Garde-feu, *s. m.* Appui en maçonnerie, en charpente ou en menuiserie, établi devant un vide pour prévenir le danger. Il se nomme aussi *Garde-corps*.

Garde-manger, *s. m.* Voyez *Office*.

Garde-robe, *s. f.* Cabinet ou placard pour serrer les vêtements.

Gare, *s. f.* Bâtiment et dépendances d'une station de chemin de fer.

— Lieu retiré d'un fleuve ou d'une rivière dans lequel s'abritent les bateaux.

Gargouille, *s. f.* Archit. Rigole taillée dans la pierre, formant des sujets fantaisistes, placée à des hauteurs latérales d'un édifice de style ogival, pour rejeter au dehors les eaux pluviales s'écoulant des toitures.

— Sorte de rigole en fonte appelée aussi *Caniveau*. Voyez ce mot.

Garnir, *v. a.* Remplir de pierre, de mortier, de plâtre, de ciment.

Garnis, *s. m. pl.* Maçonn. Débris de pierres faisant remplissages dans le milieu de l'épaisseur d'un mur entre les parpaings des deux parements.

Garniture ou **Garnissage**. Mortier, plâtre ou ciment rapporté après coup, pour assujétir des boiseries, telles que : plinthes, cymaises, cadres, corniches, chambranles, etc., ou pour faire un revêtement quelconque de peu d'importance. Dans le premier cas, les garnissages sont mesurés au mètre linéaire ; dans le second, ils sont estimés selon leur importance.

Gauche, *adj.* Se dit de tout ce qui dévie de la ligne droite ou de l'équerre : un mur, une pierre, une pièce de bois sont gauches quand il y a défectuosité dans leur direction régulière ou dans leur équarrissage.

Geminé , ée, *adj.* Baie de fenêtre divisée en deux parties égales dans sa largeur par un petit pilier appelé *meneau*.

Génoise, *s. f.* Dans certaines habitations à la campagne, les façades sont quelquefois couronnées par un genre de corniche d'une construction économique et d'apparence assez rustique.

Ces corniches se composent de plusieurs rangs de tuiles superposés et successivement saillants. Chaque rang est quelquefois alterné de briques rouges formant une certaine décoration fantaisiste. Le tout, garni de mortier, est d'un aspect assez lourd.

Ce système de couronnement, peu employé à la ville, est l'objet d'une estimation particulière en raison de la composition et de la complication de ces corniches.

Géométral, le, *adj.* Se dit d'un plan sur lequel ne figurent que des traits représentant, dans ses rigoureuses proportions, la vue d'une façade, d'une coupe, d'un terrain, etc.

Géomètre, *s. m.* Celui qui possède les éléments et les connaissances spéciales de la géométrie, qui en fait l'application dans le métré des constructions, l'arpentage des terrains et le levé des plans.

Géométrie, *s. f.* Science qui a pour objet la mesure de l'étendue, celle des surfaces et de la capacité ou de la contenance des volumes ou des corps.

Géométrique, *adj.* Qui s'applique à la géométrie.

Géométriquement, *ad.* D'une manière géométrique.

Giron, *s. m.* Voyez *Foulée*.

Girouette, *s. f.* Petite plaque en métal surmontant un poinçon sur lequel elle est placée et maintenue mobile sur un pivot, qui la laisse tourner au gré du vent.

— Elle est quelquefois accompagnée d'une ornementation plus ou moins fantaisiste, mais toujours garnie d'une sorte de petite palette saillante découpée en banderole, qui donne prise au vent.

Elle est aussi surmontée de quatre tiges horizontales qui se croisent à angles droits, et dont les pointes sont dirigées vers les quatre points cardinaux N. S. E. O. Souvent ces lettres terminent les tiges.

Les girouettes, en raison de leur complication, sont livrées à prix débattus. Elles sont confectionnées en ferblanc ou en zinc.

Glacière, *s. f.* Caveau souterrain servant à l'approvisionnement et à la conservation des glaces pour la saison d'été.

Ces sortes de caveaux, pour atteindre le but désiré, doivent, non-seulement être en bonne maçonnerie hydraulique paramentée en ciment, mais encore être établis sur plan circulaire dans la forme d'un large puits évasé jusqu'à sa partie supérieure qui est voûtée.

Le fond ou radier doit présenter une surface légèrement concave et, dans son milieu, on peut établir un puits perdu pour absorber les eaux. Seulement, il est très-urgent de s'assurer que les plus fortes crues ne peuvent atteindre ce puits perdu.

L'enfouissement et la bonne confection d'une glacière ont pour but de la tenir rigoureusement à l'abri de tout contact avec l'air et l'humidité. A ce titre, on peut espérer un bon résultat.

Glacis, *s. m.* Constr. Pente douce établie sur un cordon, une corniche et toute chose analogue, pour donner de l'écoulement aux eaux.

— Surface d'un mur ou d'un terrain légèrement inclinée.

— A l'intérieur d'une gaine de cheminée, on nomme *glacis* une petite surface en briques ou en plotets, destinée à dévoyer le feu. Elle le rejette, soit en avant, soit en arrière pour en changer la direction.

Le glacis, comme la *couchée*, était autrefois compté pour 2ᵐ 20 de surface uniforme. Aujourd'hui, il se réduit à 1ᵐ 10. Le tarif de la Chambre syndicale le compte à sa surface réelle. Voyez *Couchée*.

— Peint. On nomme *glacis* une couche légère et transparente passée sur une peinture pour en relever l'éclat et la vigueur.

Glaise (Terre). *adj.* Terre *argileuse*, terre *onctueuse* que le contact de l'eau rend essentiellement ductile. Voyez *Argile*.

Globe, *s. m.* Voyez *Sphère*.

Gnomonique, *s. f.* Science qui enseigne le tracé des *cadrans solaires*.

Gond, *s. m.* Serrur. Goujon de forte dimension fixé à un mur ou à une pierre de taille par une patte ou fer plat à scellement, et en équerre. Le goujon est destiné à recevoir la partie en anneau ou en douille, fixée à la porte, que le gond doit tenir pendue en la rendant mobile pour fermer ou ouvrir.

La pose d'un gond est payée en raison de son scellement ; sa fourniture est à la pièce ou au poids.

Gonflement, *s. m.* Dilatation du bois, causée par le contact ou le voisinage de l'humidité.

Gord ou simplement **Gor**, *s. m.* Est ainsi désignée une certaine couche de terre compacte, peu profonde, susceptible de transition à l'état de pierre, qui acquiert avec le temps, une dureté progressive qui la transforme en une sorte de granit désagrégé.

Gorge, *s. f.* Charp. Forte et longue pièce de bois brute servant d'étaiement. Elle est placée presque verticalement sous un angle de maison ou d'une manière analogue, pour soutenir un poids quelconque. La gorge est également appelée *Étançon*.

Les gorges ou étançons qui ne sont autres que des étais de grandes dimensions, sont mesurés linéairement jusqu'à un équarrissage maximum de 25 × 25. Au-dessus, ils sont cubés.

— Comme moulures, les gorges sont des cavités demi-circulaires, taillées ou poussées sur des arêtes.

— Les gorges sont encore de fortes moulures concaves qui se retrouvent dans les ouvrages de menuiserie, de plâtre, de ciment, de stuc exécutés en décoration.

Dans l'un et l'autre cas, la gorge est considérée comme moulure et mesurée telle.

— Serrur. Partie du ressort d'une serrure qui répond aux barbes de pène.

Gothique, *adj.* Architecture du moyen-âge, dont les églises de cette époque nous ont laissé de bien beaux chefs-d'œuvre de perfection que l'art moderne tend à imiter.

Gouache, *s. f.* Sorte de peinture dont les couleurs employées sont détrempées avec de l'eau mêlée de gomme.

Ne s'emploie que pour les peintures de genre.

Goujat, *s. m.* Dénomination vulgaire donnée aux manœuvres maçons.

— Épithète dédaigneuse donnée à un mauvais ouvrier.

Gouje, *s. f.* Outil de formes diverses, servant à pousser des moulures à la main, à creuser des cannelures, des gorges dans le bois, dans la pierre et à festonner le ferblanc.

Gousset, *s. m.* Charp. Pièce de bois placée diagonalement dans une enrayure pour assembler des coyers avec les entraits, afin de se relier à une ferme.

Dans les croupes, il supporte la demi-ferme d'arêtier.

Sa mensuration a lieu par équarrissement moyen multiplié par sa longueur apparente, augmentée de 0^m 10 pour chaque tenon, ou de 0^m 25 pour chaque prise.

— Les *goussets* dits *de pannières*, sont de forts liteaux en bois, cloués dans les côtés latéraux d'une enchevêtrure de cheminée, et reçoivent les naissances de la petite voûte en briques qui est jetée dans le vide de l'enchevêtrure, laquelle se nomme *Pannière*.

Ces goussets se comptent au mètre linéaire.

Goutte-pendante. *s. f.* Cannelure pratiquée sous la partie saillante d'une corniche, d'un cordon, d'un bahut, etc. pour éloigner la chute de l'eau pluviale et éviter qu'elle coule le long d'un mur ou d'une façade.

— L'on pousse également des cannelures semblables sous des pièces de boiseries appelées *jet-d'eau*, placées au-devant et à l'extérieur d'une croisée, d'une porte à balcon et adhérente à sa traverse inférieure.

Gouttereaux, *s. m. pl.* Cordons en pierre de taille faisant saillie sur les faces latérales et extérieures d'une église. Ils sont posés horizontalement et immédiatement au-dessus du faîtage de la toiture des basses nefs.

Le profil de ces sortes de cordons porte par-dessous une goutte-pendante et par-dessus un glacis, l'un et l'autre très-accentués.

Ces cordons ont pour but de rejeter, sur la toiture qu'ils dominent, les eaux de pluie qui peuvent glisser dans la partie supérieure des façades de hautes nefs, en évitant à ces eaux toute infiltration dans la partie inférieure de ces mêmes façades.

Ces cordons se comptent au mètre linéaire, jusqu'à 0^m20 d'épaisseur et 0^m50 de largeur. Ils sont cubés, si l'épaisseur de la pierre dépasse 0^m 20.

Gouttière, *s. f.* Synonyme de chéneau.

— Maçonn. Tuiles dérangées ou brisées, causant, par ce fait, des infiltrations d'eau qui, traversant la toiture, tombent sur le plancher placé en dessous et y causent du dégât.

Gradin, *s. m.* Ligne horizontale rompue dans sa longueur par des ressauts successifs et superposés.

— Dans un amphythéâtre ou une salle de spectacle, rangs de banquettes parallèles qui rayonnent autour d'un centre commun, et qui s'élèvent à mesure que ces rangs s'en éloignent.

Gradine, *s. f.* Ciseau de sculpteur denté et fortement acéré.

Grain-d'orge, *s. m.* Sorte d'assemblage de boiserie ou de charpente.

— Maçonn. Sorte d'enduit jeté au balai, qui laisse à sa surface des petits grains saillants et serrés. Cet enduit se nomme *rustiquage*.

Gramme, *s. m.* Unité et base de mesure métrique pour régler la pesanteur.

C'est le poids d'un centimètre cube d'eau distillée à quatre degrés centigrades.

Grandiose, *adj.* Architecture offrant de majestueuses proportions.

Grange, *s. f.* Bâtiment destiné à contenir les récoltes, telles que blé, foin, chanvre etc.

Granit, *s. m.* Pierre grisâtre d'une grande dureté, formée de trois éléments cristallins, orthose, quartz et mica, réunis ordinairement en masses grossièrement graveleuses et agrégées avec plus ou moins de force. On en fait des pavés, des rigoles, des assises, etc.

Granitelle, *adj.* Marbre qui ressemble au granit.

Graniter, *v. a.* Imiter le granit par la peinture.

Graphique, *adj.* Démontrer ou décrire une opération au moyen de figures, croquis, dessins.

— Prendre des mesures avec le tracé figurant l'objet mesuré.

Graphomètre, *s. m.* Instrument de cuivre et de précision pour relever sur le terrain les angles et les hauteurs. Il est pourvu d'un demi-cercle divisé en cent quatre-vingts degrés avec boussole, alidades et pinnules. Il se fixe d'une manière mobile sur un trépied.

Gras, *s. m.* Se dit d'une pierre trop forte dans sa coupe ou d'un tenon trop épais pour la place que ces matériaux doivent occuper.

Gravier, *s. m.* Petite pierre siliceuse qui se produit dans le sable des rivières dont il est dégagé au moyen de crible, et qui s'emploie à la confection des bétons. Ainsi employé, le gravier ne doit pas dépasser le volume d'une grosse noix.

— Le gravier est également produit dans des terrains graveleux.

Gravois ou **Décombres**, *s. m. pl.* Menus débris de démolition.

Leur voiturage se compte, soit au mètre cube mesuré en tas, soit au tombereau, avec contrôle par cachets.

Grenier, *s. m.* Compartiment le plus élevé d'un bâtiment, immédiatement placé sous la toiture.

— Partie élevée d'un bâtiment où l'on serre les grains.

Grenouille, *s. f.* Portion de fer ou de cuivre recreusée pour recevoir un pivot.

Grès, *s. m.* Pierre de diverses nuances et très-dure, rétive au taillage et n'ayant pas de lit.

Elle est employée à l'affûtage des outils.

Grésage, *s. m.* Polir à l'outil et au grès un parement ou une arête de pierre.

Gréser, *v. a.* Faire le grésage d'une pierre finement et délicatement taillée.

Grève, *s. f.* Coalition d'ouvriers de la même corporation cessant et refusant le travail, à moins de conditions imposées aux patrons. (Conséquence de la loi du 25 mai 1864).

Griffe, *s. f.* Outil de maçon ayant la forme d'un brayon ; seulement la palette est remplacée par un trident de fer.

La griffe est employée au mélange du gravier et de la chaux vive pour la confection des bétons.

Grillage, *s. m.* Voyez *Treillis*.

Grille, *s. f.* Serrur. Voyez *Barrière*.

— Fumist. Barreaudage de fer ou de fonte placé sous le foyer d'une cheminée, d'un calorifère, d'un fourneau, etc. Il est ordinairement assez élevé pour permettre la circulation de l'air par-dessous le foyer.

— Appareil de fer, de fonte, de tôle, de cuivre formant lui-même tout le foyer d'une cheminée pour chauffer une chambre. Cet appareil est mobile ou fixé dans l'âtre de la cheminée de la chambre qu'il est destiné à chauffer.

Cet appareil se compte à prix débattu avec tous ses accessoires.

— La grille est également un petit barrage à jour, en fer, en fonte, en cuivre placée à l'orifice d'un conduit pour intercepter le passage à tout ce qui n'est pas liquide.

Griotte, *s. f.* Sorte de marbre tacheté de rouge et de blanc ou de brun.

Grisaille, *s. f.* Peinture grise d'un seul ton très-légèrement nuancé, imitant le bas-relief.

Grotte, *s. f.* Cavité plus ou moins profonde qui règne dans un roc ou dans la terre.

— Cavité factice imitant la nature au moyen d'un arrangement de tufs disposés en rocailles.

Grue, *s. f.* Engin mécanique. Levier d'une très-grande puissance, servant à soulever et à changer de place les plus lourds fardeaux.

Il en existe de formes et de forces diverses.

La grue se compose d'un arbre vertical en bois de fort équarrissage, reposant debout sur un pivot qui, lui-même, est établi sur une solide fondation.

L'arbre est terminé à sa partie supérieure par un arc-boutant de grande volée retenue par une jambe de force ayant son point d'appui à l'abre, corps principal de la grue.

A l'aide d'un treuil à manivelle et à engrenage, autour duquel s'enroule un cordage ou une chaîne de fer qui passe dans une poulie à l'extrémité de l'arc-boutant, l'on enlève la charge que le cordage ou la chaîne a cramponné.

La charge, arrivée à une hauteur donnée, est déposée sur un autre point, facilité par l'évolution sur un pivot, de tout l'engin à la fois.

Gueulard, *s. m*. Gaîne ou orifice en maçonnerie donnant entrée à un égout.

— Partie supérieure d'un haut-fourneau.

Guichet, *s. m*. Petite croisée en bois ou en fer, avec ou sans dormant, garni de une ou plusieurs vitres.

Le guichet glisse quelquefois entre deux coulisseaux ou rainures. Il est aussi formé d'un panneau plein sans vitres.

Sa valeur est ordinairement comptée à la pièce.

Guide, *s. f*. Voyez *Cordages*.

Guillaume, *s. m*. Outil de menuiserie servant, non-seulement à pousser les feuillures, mais à divers autres usages.

Guillochis, *s. m*. Ornement de style grec formé de traits rectilignes qui s'enlacent ou se croisent symétriquement.

Gymnase, *s. m*. Appareils de formes diverses pour les exercices de force et d'agilité.

— Le lieu même qui sert d'école à ces exercices.

Gypse, *s. m*. Veine de pierre transparente, calcaire, sulfureuse que l'on trouve dans le plâtre qui, étant pilée et employée avec certain mastic, imite parfaitement le marbre.

H

Habitation, *s. f*. Se dit de toute construction propre à être habitée, depuis la plus humble demeure jusqu'à la plus somptueuse.

Hache, *s. f*. Outil en fer acéré, large et tranchant ayant un manche, dont se servent les menuisiers et les charpentiers. Celle de grande dimension à l'usage de ces derniers, se nomme *Cognée*.

Hâcher, *v. a*. Const. Faire à la hachette de plâtrier des entailles à un plafond, à un mur, à une pièce de bois pour donner de l'adhérence à un enduit.

— *Hacher un plan*, y faire des hachures.

Hachette, *s. f*. Petite hache avec une tête carrée opposée au tranchant, spécialement employée par les plâtriers pour couper les lattes à plafonner avec le côté tranchant, et enfoncer avec le côté opposé le clou qui fixe la latte dans le dessous de la solive d'un plancher.

— Le maçon se sert également de ce qu'il appelle une hachette pour tailler le plotet au moment de son emploi. Cet outil diffère de forme de la hachette du plâtrier, en ce qu'elle est composée d'une sorte de marteau allongé en pioche très-courte, dont l'une de ses pointes est aiguë ou carrée, tandis que l'autre est tranchante par un petit taillant transversal. Un manche en bois, également très-court est ajusté au milieu de l'outil.

Hâchures, *s. f. pl*. Archit. Lignes serrées au crayon ou à l'encre tracées bien parallèlement et correctement sur les parties massives d'un plan ou d'une coupe.

Il est des dessins très-habilement et artistement exécutés, dont les ombres et les effets sont produits par des hâchures, au lieu d'être teintés au lavis.

Halle, *s. f*. Bâtiment ou emplacement couvert réservé aux approvisionnements et à la vente des denrées de toutes sortes.

Hangar. *s. m*. Construction légère ouverte sur un ou plusieurs de ses côtés, dont la toiture ou appentis repose sur des poteaux en charpente ou des piles en maçonnerie.

Les hangars sont des lieux de dépôts pour certains matériaux d'approvisionnement, ou certains agrès appartenant à un entrepreneur.

Happe, *s f*. Petit crampon en fer à scellement et à patte servant à maintenir une boiserie, un poteau, un aisselier, etc.

Comme fourniture, les happes sont livrées à la pièce et, comme pose, selon la valeur des scellements faits dans la pierre dure, tendre ou dans la maçonnerie.

Happer, *v. a*. Fixer un corps à un autre à l'aide d'une ou plusieurs happes.

Harpe, *s. f*. Pierre en attente laissée saillante dans un mur; laquelle doit plus tard se lier avec un autre mur contigu qui pourra être élevé. Voyez *Attente*.

Harpon, *s. m*. Pièce de fer reliant ensemble deux pièces de charpente ou deux blocs de taille.

Hauban, *s. m*. Voyez *Cordages*.

Hauteur, *s. f*. La mesure d'un corps quelconque ou d'une surface verticale qui est prise de bas en haut.

— Dimension linéaire qui suit une ligne verticale.

Hauteur-d'appui, *s. f*. Maçonn. Se dit d'un mur, dont la hauteur en élévation est suffisante pour s'y appuyer.

— Menuis. Lambris unis ou en assemblages qui recouvrent la partie inférieure d'une chambre à son pourtour. Cette boiserie est ordinairement terminée dans le haut par une cymaise moulurée avec plinthe à la base.

Sa mensuration a lieu par sa longueur développée, embrèvements compris, multipliée par sa hauteur augmentée de la largeur de la cymaise. Les longueurs circulaires sont doublées, quand elles sont le résultat de traits de scies; triplées, quand il y a débillardement. Voyez *Boiserie*.

Haussement, *s. m*. Synonyme d'*Exhaussement*.

Héberge, *s. f*. Le point jusque où un mur est censé être commun ou mitoyen, entre deux maisons contiguës d'inégales hauteurs.

Hectare, *s. m*. Mesure métrique servant de base à la superficie des terrains ou propriétés rurales. Sa contenance est de *dix mille mètres carrés* ou *cent ares*.

Hecto, *s. m*. Base de mesure métrique qui équivaut à cent.

> Hectogramme : *Poids*.
> Hectolitre : *Capacité*.
> Hectomètre : *Distance*.

Hélice, *s. f*. Ligne tracée en spirale autour d'un cylindre.

—Escalier à hélice dont les marches tournent autour d'un pilier cylindrique.

Hémicycle, *s. m*. Salle établie sur un plan demi-circulaire, dans laquelle se réunissent des auditeurs ou des spectateurs. Voyez *Amphithéâtre*.

Heptagone, *s. m*. Géom. Figure ou surface plane ayant sept côtés et sept angles égaux.

Hérisson, *s. m*. Maçonn. Quand des murs de clôture sont peu élevés et que l'on veut défendre l'escalade, les crêts de ces murs sont hérissés de tessons de bouteilles plantés droits dans le mortier frais.

Ce travail est compté linéairement avec ou sans fourniture de verre.

Herminette, *s. f*. Sorte de pioche dont le large tranchant est recourbé en dedans, à manche très-court, servant aux charpentiers pour affranchir les faces d'une pièce de bois.

Herse, *s. f*. Grille en fer et à bascule placée à l'entrée d'une ville, d'une fortification ou d'un château-fort, qui s'abat brusquement pour en intercepter l'entrée.

— Barrière ou clôture dont on environne une maison pour la fortifier.

Heure, *s. f.* La dixième partie de la journée de travail d'un ouvrier du bâtiment.

Heurtoir, *s. m.* Sorte de marteau appendu au panneau extérieur d'une porte d'allée, servant à frapper, à heurter du dehors. Sa forme est très-variée, comme la matière dont il est composé.

Il existe encore des heurtoirs en fer forgé d'un travail artistique très-remarquable. Ceux de notre époque, sont confectionnés en fonte, en cuivre, en bronze, en acier sous des formes plus ou moins bizarres et capricieuses.

Hexagone, *s. m.* Géom. Figure ou surface plane formée de six côtés et de six angles égaux.

Hiéroglyphe, *s. m.* Archit. Écriture ancienne gravée ou peinte représentant, dans un style égyptien, des figures aussi diverses que bizarres.

Hippodrome, *s. m.* Grande enceinte circulaire propre aux exercices et aux courses hippiques.

Honoraires, *s. m. pl.* Rétributions dues aux architectes, aux géomètres, à des experts dans le ressort de leurs attributions.

Ces rétributions sont réparties de la manière suivante :

Honoraires des Architectes.

1° Création et plans d'ensemble d'une construction projetée, devis estimatif dressé pour en estimer la dépense, plans de détails, direction et surveillance pour l'exécution, vérification, estimation et règlement des mémoires relatifs à cette même construction.

Pour la ville et la banlieue de Lyon, les honoraires sont calculés à raison de *cinq pour cent* sur le montant réglé des mémoires, ci (1). 5 %

2° Création et plans d'ensemble suivis d'un devis estimatif seulement, *deux pour cent* sur le montant de ce devis, ci. 2 %

S'il n'y a pas de devis, les plans seuls sont traités à prix débattus.

3° Les plans et dessins pour travaux artistiques en décoration, suivis ou non d'exécution, doivent être traités à prix débattus, en raison de leur importance, de leur nature et de leur complication.

4° Vérification d'un mémoire de travaux non dirigés, règlement de ce mémoire ; la rétribution varie en raison de la nature ou de l'importance du travail de *deux à cinq pour cent*, ci. 2 à 5 %

Dans le cas d'un travail fait par vacations, chaque vacation de trois heures consécutives, est fixée à *huit francs*.

Il ne saurait, toutefois, être compté plus de quatre vacations par jour.

---

(1) Arrêté du conseil des bâtiments civils du 12 pluviôse an viii, sanctionné par la jurisprudence.

Tout déplacement en dehors de la banlieue donne droit à une rétribution supplémentaire débattue et surtout au remboursement des frais de voyages.

Honoraires des Géomètres. (1)

La rétribution ne s'appliquant, en général, que pour le métrage des travaux et la rédaction en un mémoire à deux expéditions, est établie comme il suit :

1° Terrassement, maçonnerie, pierre de taille, charpente, plâtrerie, ciment, stuc, menuiserie ; le tout en construction neuve, le prix uniforme de *un pour cent*, ci . . . . 1 %

2° Les mêmes ouvrages, mais en restauration, donnent droit à un *supplément* pouvant varier, selon la nature et l'importance, de *dix* à *cinquante centimes pour cent*, ci . . 0 10 à 0 50 c. %

3° Peinture, dorure, vitrerie, plomberie, zinguerie, ferblanterie, serrurerie, ardoise, pour travaux neufs, *un franc vingt centimes pour cent*, ci . . . . 1 fr. 20 c. %

4° Les mêmes ouvrages en restauration, *un franc cinquante centimes pour cent*, ci . . . . 1 fr. 50 c. %

5° Pour tous travaux exécutés à façon, la rétribution est le double des prix ci-dessus et pour chaque catégorie. Chacun de ces prix s'applique au montant brut des mémoires établis et pour des travaux faits dans la ville et la banlieue de Lyon.

Ceux en dehors de ce rayon, peuvent donner droit à des suppléments débattus ; mais surtout au remboursement des frais de voyages et de nourriture.

L'expédition supplémentaire de tous mémoires établis en plus des deux qui sont dues est payée comme copie, à raison *trente centimes* la page de trente lignes au plus. Si la copie est faite sur timbre, elle est de cinquante centimes la page.

Chaque État de situation, dressé pendant l'exécution d'un travail selon que cet État est résumé ou détaillé, doit être payé séparément et à prix débattu.

Tout travail effectué par vacations, comme expertise, états de lieux, présence à la vérification d'un mémoire établi, métrage d'un travail peu important, etc., est payé *six francs* par chaque vacation de trois heures consécutives. Il ne peut, toutefois, être alloué plus de quatre vacations par jour. Indépendamment du prix de vacation, les frais de voyage, déplacement, nourriture, etc., s'il y en a, sont payés à part et en supplément.

Honoraires des Experts.

Vérification, appréciation et estimation des travaux formant l'objet d'une opération d'expertise, sont payés *deux pour cent* au minimum sur le montant réglé de ces travaux. Si ces travaux

---

(1) Circulaire du 14 mai 1870, fixant le Tarif de leurs honoraires.

nécessitent une mensuration nouvelle et complète, le mètre compté séparément, sera basé sur les prix ci-dessus.

Les opérations d'expertises faites par vacations sont payées *huit francs* par chaque vacation et pour chacun des experts pour trois heures consécutives de travail. Dans l'un ou l'autre cas, c'est-à-dire que l'opération d'expertise soit faite au tant pour cent ou par vacations, tous frais de voyages, déplacements, s'il y en a, sont l'objet de remboursements supplémentaires aux rétributions prescrites.

Hôpital, *s. m.* Maison de charité établie pour recevoir et traiter gratuitement les malades indigents.

Horizon, *s. m.* Ligne droite perdue dans l'espace, suivant indéfiniment le même niveau qui, placée à la hauteur du regard, semble réunir le ciel à la terre.

Toute ligne, toute direction, toute surface plane tirée ou mise à niveau, doit être rigoureusement parallèle à l'horizon. Cette parallèle et ce niveau s'obtiennent à l'aide d'instruments de précision confectionnés à cet effet.

La ligne perpendiculaire à la ligne d'horizon et qui forme inévitablement avec celle-ci un angle droit, est appelée *ligne verticale* ou *aplomb*.

Horizontal, le, *adj.* Ligne, surface, plan parallèle à l'horizon.

Horizontalement, *adv.* D'une manière horizontale.

Hors-œuvre, *adj.* Mesure prise ou indiquée extérieurement de dehors en dehors.

Hospice, *s. m.* Maison ou établissement de charité où sont reçus les vieillards des deux sexes, des enfants ou des personnes pauvres et infirmes.

Hôtel, *s. m.* Habitation somptueuse d'un personnage de distinction ou d'un riche particulier.

— Édifice destiné à un établissement public. Maison particulière où l'on reçoit les voyageurs.

— *Hôtel-de-Ville*, édifice ou maison où siège l'autorité municipale d'une ville ou d'une commune. En ce dernier cas, cette désignation prend le nom de *mairie*.

— *Hôtel-Dieu*, l'hôpital principal d'une ou de plusieurs villes.

Hourdage, *s. m.* Maçonnerie grossière de moëllons ou de briques, liés avec du mortier ou du plâtre.

Hourder, *v. a.* Faire de la maçonnerie grossière.

Huile, *s. f.* Substance onctueuse et grasse employée aux ouvrages de peinture, dans laquelle sont délayées des couleurs broyées pour être étendues sur le bois ou le fer.

L'huile cuite s'emploie sans mélange de couleurs, sur le bois naturel pour sa conservation.

Hydraulique, *adj*. Science des lois qui règlent le mouvement des corps liquides, qui enseigne à trouver, à conduire et à élever les eaux par l'usage des machines.

— *Mortier, béton hydraulique*, dont la propriété est de durcir dans l'eau.

— *Chaux hydraulique*. Celle qui est produite par la calcination ménagée d'un calcaire contenant une certaine quantité de silice très-divisée. C'est un silcate de chaux susceptible de former une pâte qui se durcit sous l'eau.

Travaux hydrauliques, constructions faites dans l'eau par l'emploi de la chaux hydraulique.

Maçonnerie hydraulique, celle faite avec l'emploi du mortier hydraulique, et exécutée dans les lieux humides ou susceptibles d'immersion.

Enduit hydraulique, celui fait également par l'emploi du mortier confectionné avec de la chaux hydraulique, dont la dureté et les effets sont presque équivalents à ceux du ciment, même préférables dans certains cas.

Il est de toute évidence que les ouvrages de maçonnerie ou d'enduits exécutés avec l'emploi de la chaux hydraulique, donnent lieu à une valeur particulière et supérieure à ceux faits à la chaux grasse. Donc, ces travaux nécessitent une plus-value d'ensemble ou de détail, dont les parties sont mesurées et comptées supplémentairement, selon les volumes ou les surfaces géométriques et réelles que ces parties peuvent présenter.

La valeur de ces divers travaux se trouve stipulée dans le tarif de la Chambre syndicale.

Hypoténuse, *s. f*. Le côté qui est opposé à l'angle droit dans un triangle rectangle.

Le carré construit sur l'hypoténuse d'un triangle rectangle est égal à la somme des carrés construits sur les deux autres côtés.

I

Imbrication, *s. f*. Maçonnerie décorative en parement extérieur, faite avec des briques ou des plotets nuancés, disposés et arrangés avec art et selon un dessin donné. Ce genre de travail qui demande du soin et de l'habileté, ne peut être, comme valeur, que l'objet d'une appréciation toute spéciale. Sa mensuration est également l'objet d'une application particulière que le géomètre doit rechercher le plus équitablement possible.

Imposte, *s. f.* Archit. Assise reposant sur le jambage ou le pied-droit d'une baie, sur laquelle est placé un coussinet ou le premier voussoir d'un arc.

— Menuis. Boiserie unie ou en assemblages, rectangulaire ou cintrée, pleine ou à jour, surmontant une baie intérieure, porte ou croisée.

Si l'imposte est rectangulaire, elle est mesurée selon sa surface sans déduction de vide, s'il en existe. Si la traverse haute de l'imposte est cintrée, la longueur est multipliée par sa plus grande hauteur ou flèche, laquelle est doublée pour indemnité de la courbe. Si cette flèche n'atteint pas 0ᵐ 25, elle est maintenue à cette hauteur et ajoutée à la hauteur déjà prise de l'imposte. Dans le cas où l'imposte serait triangulaire, la hauteur est prise au sommet du triangle. Tous accessoires de chantournements, consoles, couronnements, etc., sont détachés et comptés séparément, pour plus-value.

— Plâtr.-Cim.-St. Les impostes sont mesurées selon les surfaces géométriques et apparentes. Les faces courbes sont comptées une demi fois en plus, et les parties à moulures sont développées.

Toutes parties complémentaires de chantournements, consoles, modillons, etc., sont l'objet d'une valeur particulière.

Imprévu, *adj.* Se dit de tout travail non prévu dans un marché, dans une convention, dont la valeur est l'objet d'une estimation particulière et ultérieure.

Dans un devis estimatif, une somme à valoir est ordinairement ajoutée pour tous les ouvrages qui peuvent être faits en dehors de ceux indiqués dans la dépense générale. Mais cette somme n'est jamais admise d'une manière définitive, et donne lieu à des appréciations ultérieures.

Inclinaison, *s. f.* Géom. Ligne ou surface qui dévie du niveau, qui décrit un angle avec la ligne horizontale.

Incrustation, *s. f.* Entaille faite dans le marbre, la pierre, le bois, pour recevoir en ornement, d'autres parties de marbre, de pierre ou de bois nuancé, dont la couleur ou la forme se détache d'une manière très-apparente.

— L'incrustation est également un travail qui a pour objet de faire pénétrer un corps dans un autre, soit en le noyant complètement, soit en laissant en relief une partie du corps incrusté.

Indemnité, *s. f.* Dédommagement pécuniaire accordé dans l'exécution d'un travail, dont le déficit doit être justifié et admis.

Indépendant, ante, *adj.* Distribution d'un local qu permet de parvenir dans diverses chambres, sans passer les unes dans les autres. Cette propriété est celle qui doit être recherchée le plus possible, dans les dispositions d'un appartement quelqu'il soit.

Infiltration, *s. f.* Introduction secrète d'un liquide à travers les interstices plus ou moins perméables d'un corps solide.

Des infiltrations sont souvent produites par le voisinage d'un puits, d'une fosse d'aisance, d'une descente d'eau, d'un bassin, d'un conduit, etc., et qui nécessitent le plus souvent des ouvrages hydrauliques ou des applications de ciment, pour en arrêter les effets préjudiciables à divers titres.

Ingénieur, *s. m.* Celui dont les études scientifiques lui ont donné les connaissances toutes spéciales des lois de la force, de la puissance et de la pesanteur des matériaux, qui en exécute l'application dans les constructions civiles. L'ingénieur ne pratique que l'utile, en déterminant les proportions et les dimesions à donner à ces matériaux. Il reste dispensé de connaître et d'appliquer le côté artistique d'une construction, qu'il peut cependant traiter au besoin.

Inodore, *adj.* Appareils de divers systèmes dits *inodores*, adaptés aux siéges d'aisance, dans le but d'intercepter les émanations et les miasmes qui s'échappent des fosses en remontant par les tuyaux de descente.

Inscrire, *v. a.* Étant donné une pierre de taille quelconque, au moment de son emploi, en trouver les trois dimensions pour calculer son cube. L'opération consiste à construire à l'équerre, un prisme régulier dans lequel doit être *inscrit* le bloc à mesurer. Seulement il est rigoureusement nécessaire que les dimensions de ce bloc doivent former ce prisme ou ce parallélipipède avec les plus petits côtés possibles. De même que pour ceux comptés en superficie, les deux dimensions doivent être *inscrites* dans le plus petit parallélogramme rectangle possible.

Intersection, *s. f.* Point de rencontre ou de croisement de deux lignes droites.

La rencontre de deux surfaces planes détermine une ligne droite, qui est alors dite : *ligne d'intersection*.

Interstice, *s. f.* Intervalle plus ou moins prononcé qui règne entre deux corps adjacents.

Les corps solides eux-mêmes contiennent des *interstices* invisibles que l'on nomme *pores*, et qui laissent échapper de l'air, des suintements ou des fluides imperceptibles.

Interne, *adj.* ou *Intérieur*.

Intervalle, *s. m.* Petite distance, petit vide ou espace qui règne entre deux corps.

Intrados, *s. m.* Le dessous de la clé d'un arc, d'un cintre, ou d'une voûte.

Inventaire, *s. m.* Estimation générale des outillages, agrès, matériel et approvisionnements d'un entrepreneur, augmentée des soldes de tous les comptes débiteurs au jour de l'opération.

Cette estimation est comparée avec le total des soldes de tous les comptes créditeurs arrêtés à la même date.

Le premier cas représente son *actif*, le second son *passif*.

La différence, défalcation faite des non-valeurs, forme un chiffre appelé *Balance*, laquelle détermine le bénéfice ou le déficit résultant de l'inventaire.

Selon la loi, tout commerçant doit tenir parmi les livres de sa comptabilité un *Livre d'inventaire*, constatant annuellement sa position financière, lequel doit être signé et paraphé (1).

L'entrepreneur de bâtiment ne peut ni ne doit se soustraire à cette obligation rigoureuse et indispensable. N'est-il pas commerçant lui-même ?

Le livre d'inventaire doit contenir le résultat des opérations faites chaque année, qui démontre à l'entrepreneur les progrès fructueux que son activité et son intelligence ont pu lui produire.

Ionique, *s. m.* L'un des cinq ordres d'architecture, d'un style assyrien, qui se reconnaît par la forme du chapiteau, dont les moulures se terminent en deux volutes pareilles.

Irrégularité, *s. f.* Qui manque de symétrie, de proportions convenables, qui déroge aux règles de la bonne exécution.

— Mesures et indications inexactes que comporte un plan, un mémoire de travaux.

Isolément, *s. m.* Vide qui règne autour d'un corps quelconque.

— Distance entre deux constructions qui les sépare l'une de l'autre.

Ivoire, *s. m.* Substance osseuse, fine, blanche et dure, qui provient de ces énormes dents que l'on nomme *défenses*, et qui appartiennent presque exclusivement aux éléphants d'un certain âge. Cette matière est bien employée dans la ferronnerie de bâtiment pour objets de luxe, tels que boutons, poignées, pommes, etc.

---

(1) En cas de faillite, l'entrepreneur ou le commerçant qui ne peut présenter un livre d'inventaire régulièrement constitué et tenu, la loi peut le frapper de banqueroute frauduleuse, et les passer des articles 591, 70?.

J

Jacobine, *s. f.* Constr. Fenêtre carrée, ronde ou elliptique, placée dans un bris ou revers de toiture. Elle sert à éclairer soit le dernier étage ou mansarde d'une maison ou d'un édifice, soit les combles d'une construction quelconque. Quand elles sont placées dans un bris de mansarde, les jacobines sont confectionnées en pierre de taille, en charpente ou en zinc. Celles qui éclairent les combles sont généralement en zinc.

Quelle que soit la nature des matériaux qui composent une jacobine, elle est toujours comptée à la pièce de fourniture commune de pose.

Jalon, *s. m.* Bâton rond, droit et ferré d'un bout, pour être fiché en terre, tandis que l'autre bout ou tête, est garni d'un petit rectangle de papier blanc ou d'un petit drapeau. Les jalons servent dans les opérations d'arpentage, à projeter sur le terrain des lignes droites dans diverses directions.

Les jalons doivent toujours être plantés parfaitement d'aplomb et sur un même alignement.

Jalonner, *v. a.* Placer, aligner, planter des jalons.

Jalonneur, *s. m.* Aide arpenteur, chargé de placer les jalons dans les directions données.

Jalousie, *s. f.* Voyez *Abat-jour*.

Jambage, *s. m.* Maçonn. Pied-droit d'une baie. Support d'une tablette de cheminée.

Les jambages d'une baie sont montés soit en assises de pierre de taille ayant un même profil, soit par appareil de crosses et lancis, soit enfin en simple maçonnerie de gros moëllons taillés ou de plotets disposés en boutisses. Cette dernière construction est parfois économique sur l'emploi de la taille, sans en avoir la durée.

Quelquefois les jambages d'une baie se confectionnent en charpente, au moyen de forts plateaux accouplés et assemblés, posés debout.

Jambe de force. *s. f.* Charp. Pièce de bois placée debout ou obliquement, assemblée à ses deux extrémités pour soutenir une autre pièce de charpente. Le point d'appui d'une jambe de force porte quelquefois dans de la maçonnerie; en ce cas, son pied compte comme prise.

Sa mensuration a lieu par équarrissement moyen, multiplié par sa plus grande hauteur apparente, augmentée de ses tenons, comptés chacun pour 0ᵐ 10. Quand il y a prise, la pénétration réelle de cette prise est ajoutée à la longueur de la jambe de force.

Jambe étrière, *s. f.* Constr. Pied-droit en attente en tête d'un mur mitoyen. Ce pied-droit est destiné à recevoir la construction future et voisine, destinée à s'y appuyer. Ce pied-droit porte double couverte ou double coussinet, quelquefois double tableau.

Jambette, *s. f.* Charp. Petite jambe de force.

— Maçonn. Tuyau d'embranchement d'une descente de latrines à un siége d'aisance, destiné à recevoir le siphon d'un appareil inodore. Elle se nomme aussi *allonge* et se compte à la pièce de fourniture et de pose. Ce tuyau est généralement en poterie.

— Est également appelé *jambette* un petit tuyau en fonte, en zinc ou en plomb, faisant embranchement entre une descente d'eau et l'évier d'une cuisine, dont elle reçoit les eaux.

Jarret, *s. m.* Bosse, défectuosité qui règne dans une surface quelconque.

Jet-d'eau, *s. m.* Cannelure creusée sous une corniche, une couvertine, une pièce d'appui, etc., ayant pour but d'arrêter la goutte d'eau qui coule, en la forçant de tomber au-devant d'un mur, d'une façade. Il est plus ordinairement appelé *goutte-pendante*.

— Menuis. Traverse de bois placée extérieurement et à la base d'une porte ou d'une croisée, portant sous sa saillie une rainure ou cannelure pour éloigner les eaux qui peuvent couler sur cette porte ou cette croisée.

Ces traverses ou *Jets-d'eau* sont comptés au mètre linéaire ou à la pièce, selon le cas.

Jet-de-volée, *s. m.* Ferbl. Petit tuyau placé provisoirement à un chéneau, en l'absence de sa descente définitive.

Il est toujours l'objet d'une valeur estimative.

Jeu, *s. m.* Constr. Vide ménagé entre deux corps sujets à se heurter, ou pour éviter tout frottement entre ces deux corps.

— Menuis. On dit *donner du jeu* quand il s'agit de faire jouer facilement les battants d'une croisée ou le vantail d'une porte, faire le nécessaire pour ce résultat.

Ce travail est l'objet d'une valeur particulière chaque fois qu'il est exécuté.

Joindre, *v. a.* Approcher deux corps l'un près de l'autre, jusqu'à ce qu'ils se touchent.

Se dit en menuiserie et en charpente du resserrement de deux pièces de bois ou de panneaux, soit dans leur assemblage, soit dans leur embrèvement.

— Travail lui-même pour obtenir ce résultat.

Joint, *s. m.* Taill. de p. L'intervalle qui règne entre deux pierres taillées, ordinairement rempli de ciment, de plâtre ou de mortier. Chaque face d'une assise ou d'une pierre de taille quelconque, dressée en vue de se joindre, de s'appliquer à une autre.

— Menuis. ou Charp. La rencontre plus ou moins hermétique de deux ou plusieurs pièces de bois ou de boiserie.

Jointif, ve, *adj.* Charp.-Menuis. Dont le joint est régulier.

Jointoiement, *s. m.* Maçonn. Se dit des joints garnis ou à garnir, à dresser et à régler, dans un parement quelconque de maçonnerie. Les jointoiements s'exécutent sur parois de pierre de taille, de maçonnerie ordinaire, de briques, de plotets à plat ou de champ. Ils sont confectionnés à la truelle ou au fer avec ou sans la règle.

Selon les soins et le fini d'un jointoiement, il est compté en raison du travail fait, par les surfaces géométriques et réelles des parements jointoyés. Quand il s'agit de joints isolés ou faits sur des surfaces dont les joints sont écartés et irréguliers, ils sont développés au mètre linéaire.

— Les *jointoiements* en dallages sont mesurés linéairement.

Jointoyer, *v. a.* Garnir, faire, régler des joints.

Jouée, *s. f.* Voyez *Emparages*.

Jour, *s. m.* Constr. Ouverture quelconque établie en vue de donner de la clarté.

— Vide compris dans le limon d'un escalier.

— Intervalle vicieux qui se produit dans un assemblage de boiserie, par le retrait d'un bois vert, c'est-à-dire employé avant qu'il soit suffisamment sec.

Jour de souffrance. Se dit d'une ouverture pratiquée dans un mur mitoyen, tolérée ou autorisée par le propriétaire voisin. Cette ouverture doit toujours être barreaudée ou grillée et sa coudière doit être placée à 2 mètres au-dessus du sol de la pièce qu'elle éclaire.

Journal, *s. m.* Livre d'un entrepreneur, d'un chef ouvrier, dans lequel doit être inscrit quotidiennement l'entrée et la sortie des matériaux de son chantier, afin de constater à un moment donné, le mouvement et l'emploi de ces matériaux. Cette mesure est toute dans l'intérêt et pour l'ordre d'un entrepreneur.

Journalier, *s. m.* Ouvrier qui travaille à la journée.

Journée, *s. f.* Dix heures consécutives de travail, indépendantes de celles des repas.

Jumelles, *s. f. pl.* Deux pierres taillées conformes et placées de manière à former l'orifice d'une fosse ou d'un puits.

Se comptent à la pièce.

K

Kilo, *s. m.* Base de mesure métrique équivalant à mille.

Kilogramme : *Poids.*
Kilolitre : *Capacité.*
Kilomètre : *Distance.*

Kiosque, *s. m.* Petit pavillon de forme et de style orientaux ou de fantaisie, ouvert d'un ou de plusieurs côtés, établi dans un bosquet, dans un parc ou autres lieux analogues, pour servir de lieu de repos.

On donne également le nom de *kiosques* à ces pavillons vitrés que l'on rencontre sur les boulevards de Paris ou sur certaines places de Lyon. Ils sont destinés à la vente des journaux.

Ce mot est emprunté à la langue turque.

L

Lacet, *s. m.* Petite broche de fer avec laquelle les serruriers unissent les deux ailes d'une charnière.

Lait de chaux, *s. m.* Sorte de peinture grossière faite avec de la chaux éteinte, délayée dans l'eau. Rendue liquide, cette peinture est étendue par couche, pour reblanchir des murs, voûtes, cloisons, plafonds, etc.

Elle est mesurée au même titre que le badigeon.

Lambourdage, *s. m.* Assemblage de lambourdes destinées à recevoir un parquet ou le lattage d'un plafond en plâtre.

Dans le premier cas le lambourdage a pour surface celle du parquet ; dans le second cas le lambourdage est mesuré selon la surface géométrique qu'il présente. Si les lambourdes pénètrent dans un mur, la prise est comptée pour 0^m 15.

Lambourde, *s. f*. Menuis. Sorte de chevron placé horizontalement et parallèlement avec d'autres, pour recevoir un planchéiage ou un parquet. Les lambourdes sont alors distancées selon le besoin du planchéiage ou du parquet, qu'elles doivent recevoir. Si le parquet est à feuilles, c'est-à-dire par assemblage de panneaux rectangulaires, les lambourdes se croisent en formant des rectangles correspondants aux feuilles.

— Charp. Chevrons fixés parallèlement et placés par dessous un plancher ou dans un comble, pour recevoir le lattage d'un plafond en plâtre.

Lambourder, *v. a*. Faire un lambourdage, placer, ajuster des lambourdes.

Lambrequin, *s. m*. Ferbl. Bande de zinc festonnée, découpée, estampée, faisant décoration sur le bord d'une toiture, d'une marquise, d'une véranda, etc.

— Charp. Découpage festonné dans des planches blanchies et travaillées, placées en bordures au-devant d'un forjet, en tête d'un double rampant de pignon ou en crête sur un faîtage.

On emploie ce genre de décoration aux toitures de chalets, villas, habitations rustiques. On l'emploie aussi, mais rarement, dans les maisons à la ville, en remplacement des corniches.

Il est généralement compté au mètre linéaire, en raison de sa largeur et du travail résultant de son découpage. Les fleurons et pendentifs placés aux angles se comptent à la pièce.

Lambris, *s. m*. Revêtement de boiserie, avec ou sans assemblages, avec ou sans moulures, appliqué contre une paroi quelconque, muraille ou cloison. Le lambris n'a par conséquent qu'un seul parement.

Lame, *s. f*. Menuis. Pour parquets, planche étroite, plus ou moins longue, blanchie ou non, mais rainée dans une de ses épaisseurs et languetée dans l'autre. Les planches ainsi travaillées sont adaptées les unes contre les autres et forment une surface plane et horizontale fixée et clouée sur les lambourdes destinées à les recevoir.

Pour les portes, portails et volets, les lames sont travaillées de même, avec ou sans baguettes sur rives placées et adaptées verticalement, quelquefois disposées en fougère, entourées d'un cadre ou simplement fixées par un doublage en planches placées transversalement par derrière.

Pour persiennes, les lames sont des bandes de bois travaillées et superposées transversalement formant des panneaux à jour. Chaque lame est établie sur un plan incliné du dedans au dehors.

Lamelle ou **lamette**, *s. f*. Petite lame ou bande de métal ou de bois, employée à divers usages.

Lance, *s. f.* Pointe de fer ou de cuivre en forme de dard, terminant la tige de fer d'une barrière, d'une grille, etc.

Lanci, *s. m.* Assise en pierre de taille, dépendant d'un jambage ou d'un dosseret. Cette assise est taillée dans son épaisseur selon le profil du jambage ou du dosseret auquel elle est appareillée. La partie du lanci faisant queue se projette dans le mur, sur une longueur plus ou moins déterminée.

Sa mensuration a lieu soit au mètre linéaire, par sa longueur réelle, soit au mètre superficiel en multipliant cette longueur par sa largeur en gros de mur, augmentée de ses moulures, s'il en existe. Dans le cas où son épaisseur aurait plus de 0m 20, le lanci est cubé par son épaisseur ou sa hauteur réelle.

Si les lancis portent plusieurs têtes de jambages ou de dosserets, ils sont appelés lancis *doubles*, *triples* ou *quadruples*, selon le cas. Leur surface est toujours effectuée par le plus petit rectangle circonscrit.

Quant à la pose des lancis, elle est comptée avec la maçonnerie, à laquelle ils sont adhérents.

Les lancis servent généralement à lier ou à maintenir liés les crosses d'un même jambage ou d'un même dosseret avec lesquels ils sont appareillés.

Quelle que soit la hauteur d'un jambage ou d'un dosseret, un lanci doit en former la première assise, comme un autre lanci doit en former la dernière ; les intervalles sont remplis par d'autres lancis et des crosses, quelquefois deux lancis pour une seule crosse.

Lançonnier, *s. m.* Petit madrier très-court, placé transversalement à l'épaisseur d'un mur en pisé ou en mâchefer, à l'état de construction. Il supporte une sorte d'encaissement ou moule en charpente appelé *Banches*, entre lesquelles la terre est battue par couches successives.

Voyez *Pisé*.

Les trous ou vides qui se produisent dans le mur en retirant les *lançonniers*, sont bouchés ensuite après le temps suffisant pour laisser sécher le pisé dont ces trous permettent la circulation de l'air. Ils se nomment *trous de lançonniers*, et sont bouchés à la charge de l'entrepreneur sur le côté interne du mur, qu'il soit enduit ou non. Pour le côté externe, les trous subsistent quelquefois longtemps après la construction du mur ; s'ils sont bouchés, c'est alors aux frais du propriétaire pour lequel le mur a été construit.

Languette, *s. f.* Maçonn. Petite division en briques ou en plotets à l'intérieur d'un paquet de cheminée, pour distinguer les gaines. Autrefois, chaque languette était comptée pour une largeur uniforme de 0m 33, soit 1/3 de mètre. Le nouveau mode de métré détruisant cet usage, compte la languette pour sa largeur réelle, multipliée par la hauteur de la gaine qu'elle forme.

l. — Menuis. Petite saillie poussée à l'aide du bouvet dans l'épaisseur d'une planche, d'un panneau, d'une lame, d'un plateau et dans son sens longitudinal. Cette saillie est destinée à s'adapter hermétiquement en pénétrant dans la rainure correspondante de la pièce de bois adjacente, dans le but de faire corps avec elle.

Langueter, *v. a.* Pousser une languette avec l'outil en fer, affecté à cet usage, appelé *Bouvet*.

Lanternon, *s. m.* Archit. Petit dôme à jour surmontant la coupole d'un édifice.

Constr. Cage vitrée surmontant la toiture d'une galerie, d'un passage, d'un atelier, d'un escalier.

Selon le cas, il est synonyme de *ciel-vitré*. Voyez *Ciel-ouvert*.

Largeur, *s. f.* La deuxième dimension d'une surface verticale ou horizontale.

L'une des trois dimensions d'un corps solide ou d'un vide quelconque.

Larmier, *s. m.* Archit. Partie saillante d'une corniche, sous laquelle règne la goutte-pendante, dont le but est de forcer l'eau de pluie à tomber par gouttes, en avant de l'édifice.

Se dit d'une fenêtre de très-petites dimensions, haute et étroite.

— *de cave*, voyez *Abat-jour*.

Laye, *s. f.* Marteau bretté dont les extrémités applaties dans le sens parallèle au manche, forment des tranchants qui sont découpés en *dents*. Cette disposition facilite beaucoup le dressage des parements de la pierre. Pour la pierre tendre, le marteau n'est ordinairement bretté que d'un côté ; l'autre tranchant reste uni.

Cet outil sert à dresser les parements des pierres.

Le *Rustique* est une sorte de marteau bretté, ayant la même forme, seulement les dents de la tranche sont plus espacées.

Layer, *v. a.* Tailler le parement d'une pierre de taille avec la laye, qui rend ce parement rayé en petits sillons, et lui donne toutefois une apparence assez agréable.

Lès, *s. m.* La portion plus ou moins longue prise dans un rouleau de papier peint. Il est affranchi sur un de ses bords et coupé de hauteur en cherchant le raccord du dessin au moment de son collage sur les parois d'une chambre.

Lessivage, *s. m.* Peint. Nettoiement des vieilles peintures en employant des acides.

Latéral. le, *adj.* Côté ou face d'un corps quelconque en retour de sa face principale.

— Paroi d'un compartiment faisant retour à une autre paroi transversale.

— Compartiment adjacent à un compartiment principal et qui est placé dans la même direction.

— Les basses nefs d'une église sont dites *nefs latérales* ou *bas côtés*.

Latrines, *s. f. pl.* Lieu, cabinet particulier pour satisfaire certains besoins.

Latrinale (Rue), *s. f.* Dans certaines localités, il existe encore de petites ruelles étroites entre deux rangées de murs mitoyens, dans lesquelles s'écoulent les immondices de toutes sortes, produites par les maisons qui l'avoisinent.

Lattage, *s. m.* L'ensemble des lattes clouées parallèlement à intervalle d'environ 0m015, sur lesquelles on étend des couches d'enduit en plâtre, tels que pour les plafonds et pour certains pans de bois et pièces de charpente.

Latte, *s. f.* Liteau de chêne ou de sapin, long et méplat, de 0m 03 environ de largeur, servant à la confection des lattages.

Les lattes au commerce sont livrées par paquets de cent lattes. Les paquets varient de longueur depuis 1 jusqu'à 4 mètres.

Latter, *v. a.* Poser, clouer des lattes. Faire un lattage.

Lattis, *s. m.* Charp. Surface formée par des feuilles de sapin placées ou clouées à joint brut ou à joint vif, c'est-à-dire que ces feuilles ont été dressées ou non dans leur épaisseur.

Les surfaces de lattis forment recouvrement sur les solives d'un plancher, sur les cerces d'un cintre ou sur les chevrons d'une toiture.

Les lattis de planchers, appelés aussi *poutages*, sont mesurés par la surface géométrique qu'ils forment, en y comprenant les liteaux cloués sur les joints des feuilles ou planches pour faire disparaître les intervalles.

Les lattis de cintres pour recevoir des voûtes en maçonnerie sont mesurés comme les voûtes elles-mêmes, en y comprenant la valeur des cerces qui les forment.

Les lattis de toitures sont également mesurés selon les formes géométriques qu'ils présentent en y comprenant la valeur des chevrons sur lesquels ils sont cloués et fixés.

Lavabo, *s. m.* Cabinet de propreté dans un appartement.

— Le meuble lui-même et ses accessoires pour se laver.

Lavage, *s. m.* Peint. Nettoiement à la potasse ou à la poudre de marbre mélangée d'eau, de vieux vernis et de vieilles peintures, pour leur rendre le mieux possible le brillant et la nuance primitive altérés par le temps.

Ce travail est exécuté selon les surfaces géométriques des parties lavées ou quelquefois en régie, selon le temps et les matières employées.

Laver, *v. a.* Nettoyer.

— Se dit également en dessin pour effectuer un

Lavis, *s. m.* L'art de passer des teintes sur un plan, un dessin, à l'aide d'un pinceau léger en poils de blaireau très-effilés.

Le lavis sert à rendre, par l'encre de Chine ou par les couleurs délayées à l'eau et à divers degrés de teintes, les formes, nuances, contours, effets, ombres, etc., d'une construction projetée ou exécutée, vue sur chacune de ses faces.

Voyez *Aquarelle*.

La grande affaire du lavis est d'éviter les taches qui détruisent l'effet d'un dessin. Il faut donc à l'artiste beaucoup d'habileté, car le pinceau qui touche à une teinte déjà sèche fait immédiatement une marbrure.

Lavoir, *s. m.* Lieu public pour laver le linge. Cabinet d'un appartement attenant à la cuisine, pour laver la vaisselle, dont la désignation commune est *Souillarde*.

Lettre, *s. f.* Caractère de l'alphabet pour inscriptions ; elles sont de formes et de compositions diverses. La lettre est confectionnée en peinture simple ou ornée, en métal, en bois, en pâte, etc. Elle est toujours comptée à la pièce en raison de ses dimensions, de son ornementation et de sa composition.

Levage, *s. m.* Terme et manœuvre consacrés à la mise en place d'une ou de plusieurs pièces de charpente.

Lève ou **levure**, *s. f.* La tranche d'une pièce de bois ou d'un bloc de pierre que l'on détache du corps principal pour en rendre le volume régulier et d'équerre.

— Charp. Synonyme de *Redos*, de *Dosse*.

Lève-cul, *s. m.* Se dit d'une partie de toiture qui, pour terminer un revers, se redresse à sa base contre un mur voisin.

Levier, *s. m.* Engin, instrument dont la force factice a pour but de servir au soulèvement et au déplacement des fardeaux de toutes natures. Quelle que soit sa forme, quel que soit son volume, quelle que soit même sa simplicité ou sa complication, le levier se compose de trois parties bien distinctes : le *point d'appui*, la *puissance* et la *résistance*. C'est à Archimède, célèbre géomètre et mécanicien de l'antiquité, que l'on doit l'invention du levier. « *Que l'on me donne un point d'appui*, aurait-il dit, *et je soulèverai le monde.* »

La grue, l'échelle d'engin, le cabestan, la moufle, le cric, etc., sont autant de leviers en usage dans la construction. Le plus simple, le plus modeste, le plus primitif de tous les leviers est bien sans contredit le presson de fer ou la barre de bois.

Lézarde, *s. f.* Fissure, crevasse qui se produit dans un mur, dans une cloison, dans un plafond en plâtre et qui nécessite une prompte réparation. Elle est toujours l'effet du tassement ou de la vétusté; quelquefois le résultat d'une mauvaise confection.

Lézardé, ée, *part. passé*. Mur, cloison ou plafond dans lequel se sont produits une ou plusieurs lézardes.

Liaison, *s. f.* Pierre de taille brute d'une longueur non déterminée, placée isolément ou par rang, selon le cas ou la nécessité, dans un mur, lors de sa construction et pour sa consolidation.

Les liaisons, quoique taillées grossièrement, doivent néanmoins être équarries à la pointe et comporter l'épaisseur du mur dans lequel elles sont placées.

Les liaisons sont généralement en pierre de Couzon et sont mesurées au mètre linéaire.

Elles s'emploient aussi comme *décharges* et sont placées au-dessus des baies de portes ou de croisées pour protéger les couvertes de ces mêmes baies.

Les liaisons livrées en pierre de Saint-Cyr, qui sont quelquefois employées au même usage, sont mesurées au mètre superficiel, c'est-à-dire par le gros de mur dans lequel elles sont placées. Au-dessus de 0m 20 d'épaisseur, elles peuvent être cubées par l'épaisseur réelle.

Le mot *liaison* s'emploie également en construction, et par application générale, pour indiquer les dispositions prises ou à prendre ayant pour but d'obtenir, comme ensemble ou comme détail, une bonne et parfaite solidité.

Libage ou **allège**, *s. m.* Gros bloc de taille, ordinairement en Saint-Cyr, grossièrement équarri, destiné à araser des maçonneries de béton en basse fondation, ou placé dans les murs en haute fondation. La largeur d'un libage doit toujours correspondre avec l'épaisseur du mur dans lequel il est placé.

Sa mensuration a lieu au mètre superficiel, jusqu'à 0m 20 d'épaisseur. Au-dessus de cette épaisseur, les libages sont cubés.

A l'établissement des murs en élévation, il est encore employé des allèges qui reçoivent les piliers et les angles. Celles-là sont le plus souvent en pierre de Villebois, taillées moins grossièrement ayant les joints vifs et les parements à l'équerre, à moins de dispositions contraires.

Ces tailles sont toujours mesurées au cube de leur volume par le plus petit parallélipipède circonscrit, quand toutefois leur épaisseur dépasse 0m 20.

Lien, *s. m.* Charp. Petite pièce de bois inclinée, ayant tenons à ses deux extrémités et portant assemblages dans deux autres pièces de charpente, dont l'une est verticale et l'autre horizontale.

Sa mensuration a lieu par équarrissement moyen multiplié par sa longueur apparente, augmentée de 0ᵐ 10 pour chaque tenon ; si le lien a une prise dans le mur, cette prise est comptée pour 0ᵐ 25.

Lierne, *s. f.* Charp.-Menuis. Faible solive recevant un plancher de soupente dans ses côtés latéraux. Elle se compte au mètre linéaire, sa longueur apparente augmentée de 0ᵐ015 pour prise et de 0ᵐ 08 pour tenon.

Lieux, *s. m. pl.* S'emploie pour désigner le point, l'endroit à visiter, à inspecter. Endroit de réunion pour une opération d'expertise ou de vérification.

— Cabinet privé dans un local quelconque, pour satisfaire les besoins naturels.

Ligne *s. f.* Géom. Étendue de longueur, sans largeur ni épaisseur.

— *Droite*, qui est sans déviation, par conséquent le plus court chemin d'un point à un autre.

— *Courbe*, celle qui est tracée avec un ou plusieurs centres.

— *Brisée*, celle qui se subdivise par petites portions droites ayant chacune des directions différentes, sans toutefois se détacher.

— *Circulaire*, celle qui tourne autour d'un même centre.

Limaille, *s. f.* Parcelles métalliques enlevées à la lime sur divers objets en fer, en fonte, en cuivre, en plomb.

Mélangée avec du plâtre, la limaille de fer constitue un ciment très-énergique, employé comme scellement.

Lime, *s. f.* Outil de fer ou d'acier, plus ou moins long et étroit, d'une forme plate, ronde ou triangulaire, dont la surface est couverte d'entailles qui se croisent. Cet outil, emmanché d'une poignée en bois, sert à enlever la superficie du fer ou du bois, à les dégrossir, les polir et même à les couper.

Limer, *v. a.* Se servir de la lime, façonner à la lime.

Limon, *s. m.* Bordure en pierre ou en bois, dans laquelle pénètre la tête des marches d'un escalier du côté opposé aux parois de la cage. Les limons en pierre ou en bois suivent le mouvement rampant des marches.

Les parties rondes se nomment *quartiers tournants*.

Les *faux limons* sont opposés aux limons. Ils s'appliquent contre les parois de la cage, et reçoivent en prise l'autre tête des marches.

La pose des limons en pierre est comptée au mètre linéaire.

La fourniture se compte au mètre linéaire ou au mètre cube, selon le volume que forme le limon.

Les limons en bois sont confondus avec le prix de la marche, toute fourniture et pose comprises.

Limon, *s. m.* Dépôt terreux que forment les eaux.

Linçoir, *s. m.* Charp. Forte solive déversée, c'est-à-dire qu'une de ses faces latérales est refendue sur plan incliné. L'épaisseur de la pièce est par conséquent plus forte dessous que dessus.

Le linçoir fait partie des solives d'un plancher; il est placé à l'adossement des murs dans lesquels on veut éviter la pénétration des autres solives, ou soulager des ouvertures au-dessus desquelles doit passer le plancher. Le linçoir présente donc à cet effet son déversement à l'assemblage des tenons de solives de ce même plancher.

La mensuration du linçoir a lieu par équarrissement, c'est-à-dire sa plus forte épaisseur prise dessous multipliée par sa hauteur, le produit, multiplié par sa longueur apparente, augmentée de 0^m 25 pour chaque prise dans la maçonnerie, est de 0^m 10 pour chaque tenon dans une autre pièce de bois.

Linéaire, *adj.* Tout ce qui constitue les mesures prises en longueur seulement.

— *Dessin linéaire*, qui n'est composé que de lignes ou de traits.

Linteau, *s. m.* Archit. Tout ce qui fait couronnement droit ou carré à une ouverture.

Menuis. Revêtement ou lambris sous la couverte d'une ouverture (porte ou croisée). Cette boiserie est lisse ou en assemblages.

Elle est mesurée par sa longueur apparente augmentée de 0^m 06 pour les deux portées, multipliée par sa largeur réelle.

Lisse, *adj.* Se dit de toute boiserie avec ou sans assemblage, dépourvue de toutes moulures, dont la surface est unie.

Lisse, *s. f.* Pièce de bois faisant appui à une balustrade.

Listel, *s. m.* Archit. Petite moulure étroite, unie et carrée qui règne horizontalement, toujours placée sous une autre moulure plus large et plus forte.

Lit, *s. m.* Position naturelle de la pierre de taille. La surface ou parement qui lui sert de pose à l'emploi est le même que celui de son extraction en carrière.

Il est de bonne construction de toujours poser une pierre de taille sur son *lit de carrière*.

— Maçonn. Couche plus ou moins épaisse de mortier, de ciment, de béton, destinée à recevoir une assise, un dallage, etc.

Liteau, *s. m.* Latte longue et étroite en bois brut ou travaillé, employée à divers usages.

Liteler, *v. a.* Poser, ajuster, clouer des liteaux.

Litre, *s. m.* Unité et base de mesure métrique pour les contenances et les capacités. Son volume est égal à celui d'un vase ayant la forme d'un parallélipipède régulier, ayant dix centimètres dans toutes ses faces intérieures.

Livret, *s. m.* Petit livre émanant de la mairie et dont un ouvrier doit toujours être porteur. Il est signé du maire de la commune où est né l'ouvrier. Il contient le signalement, l'âge, la profession et autres particularités relatives à la sécurité de cet ouvrier dans les voyages qu'il entreprend pour travailler. Le livret remplace pour lui le passeport. Il est visé par les maires de toutes les communes où il passe et où il travaille. Il doit l'exhiber à toutes réquisitions.

Ce livret doit encore recevoir la signature et la déclaration de tous patrons chez lesquels l'ouvrier travaille. (Loi du 12 avril 1803, 14 mai 1851, 22 juin 1854, décret du 30 avril 1855).

— Pour les ouvrages de dorure, c'est un petit cahier carré, contenant vingt-cinq feuilles d'or très-légères, ayant $0^m 08 \times 0^m 08$, qui servent à la dorure des ouvrages de peinture et de décoration. Voyez *Dorure.*

Local, *s. m.* Tout ce qui constitue ou peut constituer un logement quelconque.

Location, *s. f.* Tout ce qui est remis ou concédé au moyen d'un bail ou d'un traité pour un usage limité et sur un prix déjà fixé ou débattu.

Loge, *s. f.* Petit compartiment réservé dans une salle de spectacle pour assister commodément à une représentation.

— Petit local au rez-de-chaussée d'une maison, d'un hôtel, d'un édifice, réservé au concierge préposé au service de la maison, de l'hôtel, de l'édifice.

— Cellule de l'Ecole des Beaux-Arts à Paris, dans laquelle passe un certain laps de temps et sans communication extérieure l'élève qui veut concourir au grand prix dit de Rome. Ce concours est livré en architecture, en peinture, en sculpture, en musique.

— On donne aussi le nom de *Loges* à de certains grands bâtiments sans ouvertures extérieures que celle de l'entrée, réservés aux réunions maçonniques.

Ces bâtiments prennent également le nom de *Temple.*

Logement, *s. m.* Voyez *Appartement.*

Longitudinal, le, *adj.* Tout ce qui est pris dans le sens de la longueur.

Longitudinalement, *adv.* D'une manière longitudinale.

Long-pan, *s. m.* Se dit du plus long côté d'un comble.

Longrine, *s. f.* Pièce de charpente placée latéralement sous un plancher ou, plus ordinairement, sous le tablier d'un pont pour recevoir les solives ou madriers.

Sa mensuration a lieu par équarrissement moyen, multiplié par sa longueur réelle.

Longueur, *s. f.* La première mesure géométrique, synonyme de linéaire.

— La plus grande dimension d'une surface plane, horizontale ou verticale.

Loquet, *s. m.* Broche en fer ou en bois, servant à fermer une porte ou une croisée. Le loquet est mu par le moyen d'un bouton et passe dans une patte. La tête repose sur une sorte de crochet fixé au montant de la porte. Ce crochet est appelé *mantonnet*. Le loquet et son mantonnet se comptent à la pièce.

Loqueteau, *s. m.* Serrur. Sorte de serrure dont le pène taillé en sifflet, se ferme seul et ne peut s'ouvrir que d'un côté, sauf pour les becs de canes qui ont deux poignées.

— Sorte de loquet adapté verticalement à l'un des vantaux d'une porte double, pour tenir ce vantail fermé.

Losange, *s. m.* Géom. Parallélogramme dont les quatre côtés sont égaux, et les angles opposés égaux sans être d'équerre. La surface s'obtient en multipliant l'un de ses côtés par la perpendiculaire qui réunit les deux côtés parallèles dont l'un a servi de base.

Louve, *s. f.* Maçonn. Gros anneau en fer auquel est adhérente une patte allongée et terminée en queue d'aronde. Cette patte pénètre dans une enclave préparée à cet effet dans un bloc de taille à enlever. Cette enclave est appelée *trou de louve*, dans laquelle la patte est retenue par des coins en fer ou en bois. Dans l'anneau de la louve est passé une S en fer qui s'accroche aussi à la double poulie d'un engin mécanique dont l'effort enlève le bloc de taille et facilite sa mise en place. Ce système est très-ingénieux ; il a aussi pour but d'éviter au bloc d'être enveloppé de cordages pouvant écorner ses moulures et ses arêtes. Il est généralement et préférablement employé pour l'ascension des blocs en pierre tendre, des provenances de Tournus, Lucenay ou des pierres blanches du midi.

Lôzes ou **lûzes**, *s. f. pl.* Nom que les carriers donnent à des dalles brutes plus ou moins épaisses, provenant des levures de pierre et que l'on affranchit sur les quatre côtés. Elles s'emploient pour servir de couverture à des canaux, quelquefois de couvertines à des murs.

Dans les localités d'exploitation de carrière de pierre, elles servent de clôture aux propriétés ou de toiture aux maisons. Elles remplacent ainsi, les murs, les haies et les tuiles.

Lucarne, *s. f.* Croisée sortant verticalement au-dessus d'un revers de toiture et servant à éclairer une chambre dans un comble. Cette croisée est formée d'un cadre en charpente à feuillure pour recevoir le châssis. Les à-côtés sont formés de deux surfaces triangulaires en briques, en plotets ou en bois que l'on nomme *Emparages* ou *Jouées*. Le tout est couvert d'une toiture dont la pente est opposée à celle du revers dans lequel la lucarne est établie. Cette toiture est recouverte soit en tuiles, soit en zinc, soit en ardoises, selon le cas.

Le châssis en menuiserie de la lucarne est mesuré comme croisée, au mètre superficiel ; son cadre est mesuré au mètre linéaire comme les aisseliers ; ses à-côtés ou emparages sont mesurés triangulairement, et enfin, la couverture en charpente, en tuiles, en zinc ou en ardoises, est mesurée séparément, selon la surface géométrique que cette toiture présente. Il est néanmoins fait déduction, dans un revers de toit auquel la lucarne appartient, du vide réel qu'elle forme, au-dessus toutefois de 1ᵐ 50 de surface.

Lunette, *s. f.* Constr. Portion de voûte triangulaire faisant partie d'une voûte et jetée au-dessus d'une ouverture pour la dégager.

— La lunette est aussi l'une des quatre sections d'une voûte d'arêtes.

— Maçonn. La lunette est mesurée en multipliant son grand développement par sa demi-longueur horizontale, en déduisant toutefois de la voûte à laquelle elle appartient, le vide triangulaire qu'elle forme.

— Charp. La surface est prise de même, mais sans déduction, les lunettes en charpente faisant presque toujours doublage par-dessus le cintre de la voûte.

— Comme berceaux de voûtes d'arêtes, de cloître ou d'église, en charpente comme en maçonnerie, chaque lunette est mesurée comme il vient d'être dit, multipliant son plus grand développement par sa demi-longueur horizontale.

Lycée, *s. m.* Bâtiment seul ou groupé en plusieurs corps, destiné à l'éducation des jeunes gens. Ils y sont admis internes ou externes. Voyez *Collége*.

M

Mâchefer, *s. m.* Débris de houille calcinée, provenant des forges, qui, après avoir été concassés, mélangés et broyés avec de la chaux dans des proportions combinées, s'emploient à la confection des maçonneries dites *Pisé*.

Ces maçonneries offrent une consistance et une durée supérieures à celles faites en terre battue. La confection en est opérée de la même manière et la mensuration s'effectue également dans les mêmes conditions. Voir les indications données à *Pisé*.

Le mâchefer est quelquefois employé à la construction de voûtes, en ce cas il est mesuré comme il est expliqué à *Voûte*.

Dans le cas où le mâchefer est étendu par couche formant aire ou dallage, la mensuration a lieu par les surfaces géométriques recouvertes et dans les conditions indiquées à *Béton*.

Machine, *s. f.* Mécanisme, engin, instrument, appareil, qui a pour but d'augmenter ou de régler les forces mouvantes ou de donner une puissance quelconque à une force factice.

Maçon, *s. m.* Patron ou ouvrier dont la spécialité est l'exécution des ouvrages de maçonnerie.

Maçonner, *v. a.* Construire un mur, une voûte.
La main-d'œuvre toute pratique de ce travail.
Les règles à suivre pour sa bonne confection.

Maçonnerie, *s. f.* La partie du gros œuvre d'une construction, comprenant les murs, les voûtes, la pose des tailles.

La maçonnerie comprend en outre les travaux accessoires tels que toiture, carrelage, dallage, enduits, maçonnerie légère de plotets, conduits, descentes, prises, scellements, en un mot, tous les menus ouvrages qui en sont la conséquence naturelle et le complément direct.

Maçonnerie (Franc-), *s. f.* Association d'une immense étendue de personnes engagées par serment à garder un silence inviolable sur ce qui caractérise leur ordre.

Ses membres, appelés *franc-maçons*, se qualifient de *frères*. Le but avoué de la franc-maçonnerie est l'exercice de la bienfaisance établie sur une grande échelle; l'étude de la morale universelle, des sciences et des arts, et la pratique de toutes les vertus.

L'origine de la *franc-maçonnerie* est restée un peu obscure. Le fondateur serait, selon l'histoire, Hiram, l'architecte du temple de Salomon. Selon d'autres versions, cette société serait issue des confréries ou corporations de maçons qui se formèrent au moyen-âge.

L'ordre maçonnique se divise en plusieurs *rites* particuliers, dont les principaux sont :

Le *rite ancien* ou *écossais*, le *rite moderne* ou *français*, le *rite égyptien* ou *rite de Misraïm*.

Le *rite français* ou *moderne* est celui qui est pratiqué de préférence par les loges de France.

Les *francs-maçons* forment, dans chaque nation, un certain nombre de loges, qui obéissent toutes à une loge centrale à la tête de laquelle se trouve un *conseil suprême*.

En France, ce conseil s'intitule *Grand-Orient* et son président reçoit le titre de *Grand-Maître*.

Chaque loge a un président qualifié de *vénérable*, et se réunit dans un lieu spécial, décoré d'ornements symboliques, qu'on appelle *temple*.

La loge est accessible à toutes les conditions sociales. Pour en faire partie, il faut passer par certaines épreuves nommées *voyages*. Le candidat jure ensuite de garder inviolablement les secrets qui lui seront confiés ; après quoi il est admis à la *lumière*, c'est-à-dire au premier grade maçonnique. Les trois premiers grades seulement sont accessibles aux initiés ; ce sont l'*apprenti*, le *compagnon* et le *maître*, qui constituent ce qu'on appelle la *maçonnerie bleue* ou *symbolique*.

Les *francs-maçons* se reconnaissent entre eux, au milieu des *profanes*, à l'aide de signes et d'attouchements qui varient pour chaque grade et auxquels se joignent certains termes consacrés.

Madrier, *s. m*. Charp. Pièce de bois lisse et méplate, faisant fonction de solive ou de tras.

Magasin, *s. m*. Local au rez-de-chaussée d'une maison d'habitation à la ville, pour être loué à un établissement ou à un commerce quelconque, qui est remis à bail pour un prix et un temps préalablement déterminé.

L'usage établi entre preneur et bailleur d'un magasin en location est, que ce local est livrable sans agencements, sauf ceux du ressort locatif.

Ceux à l'usage du commerce et de l'industrie du preneur sont entièrement à sa charge.

Tout agencement adhérent aux murs du local loué devient, à la sortie du preneur, la propriété du bailleur, sauf conditions préalables.

Maille, *s. f*. Intervalle lozangé ou rectangulaire, formé par des lattes croisées ou par des nœuds de fil de fer travaillés en treillis.

Maillet, *s. m*. Sorte de marteau à deux têtes, en bois de frêne ou de buis, avec manche, dont se servent les menuisiers, les tailleurs de pierre, les sculpteurs, mais avec forme et volume distincts.

Main-courante ou **barre d'appui**, — Menuis. Barre ronde ou profilée, à gorges, en bois de noyer, quelquefois polie et cirée, servant d'appui à une balustrade en bois ou en fer.

La main-courante est quelquefois isolée, soutenue seulement par des supports en fer scellés au mur.

Elle se mesure généralement au mètre linéaire, par sa longueur développant toutes les courbes.

Les mains-courantes sont également confectionnées en fer rond ou méplat, isolées ou attenantes aux balustrades.

Main-d'œuvre, *s. f.* Le travail manuel lui-même; la façon d'un ouvrage, pour son exécution et sa mise en œuvre. Les frais d'exécution sans le concours des fournitures.

Maison, *s. f.* Construction achevée, habitée ou pouvant l'être, composée de un ou de plusieurs étages et dépendances, de un ou plusieurs appartements par étage.

— *de rapport*, celle qui est livrée à location.

— *de plaisance* ou *de campagne*, celle qui est construite pour l'agrément personnel de son propriétaire.

Maître-maçon, *s. m.* Industriel placé à la tête d'un ou de plusieurs travaux de maçonnerie, qui entreprend et exécute ces travaux, soit en fournissant tous les matériaux, soit à forfait, soit à la régie. Ce dernier cas est rare.

Voyez *Entrepreneur*.

Mal-façon, *s. f.* Mauvaise exécution; travail fait sans art, sans principe, sans habileté. Résultat défectueux et nuisible susceptible de réfection ou de dépréciation.

Manchon, *s. m.* Tuyau de poterie ou de tôle, recevant l'emboîtage d'un ou de deux autres tuyaux. Il est aussi employé à servir de communication entre la cuvette d'un siège et le siphon de l'appareil inodore. En ce cas il a pour but d'élever le siège.

Dans l'un ou l'autre cas, il est compté à la pièce de fourniture comme de pose.

— *Ferbl.* Petit appareil de zinc ou de ferblanc, soudé dans l'assemblage d'un chéneau, pour permettre la dilatation du métal.

Manége, *s. m.* Engin mécanique servant, dans une construction, à monter les matériaux d'étage en étage. Il se compose d'un treuil placé verticalement dans l'un des compartiments du rez-de-chaussée, le mieux à portée du service. Un cheval attelé à une barre fait tourner ce treuil auquel s'enroule un cordage.

Ce cordage, après avoir passé par deux poulies, l'une à niveau du treuil, l'autre au sommet de la construction, redescend accrocher un bayart chargé de matériaux.

Le treuil, mis en mouvement par le cheval qui marche autour d'un cercle, opère l'ascension du fardeau.

Mangeoire, *s. f.* Auge en charpente, en fonte, en pierre, en marbre, selon le degré de luxe que l'on veut donner ou montrer, qui est placé sous le ratelier d'une écurie.

La mangeoire en charpente est formée de trois plateaux faisant encaissement, dont le dessus est ouvert.

Sa mensuration est effectuée par la largeur développée des trois plateaux, s'ils sont de même épaisseur, multipliée par la longueur de la mangeoire. Les racineaux et les blochets qui la supportent sont comptés séparément.

Les mangeoires autres que celles en charpente sont comptées à prix débattu, selon le cas de leur nature, de leur forme ou de leur volume.

Manivelle, *s. f.* Manche de bois ou de fer, courbé en équerre, dont l'une de ses branches se fixe par son extrémité sur l'axe d'une machine, d'un treuil, d'une roue, tandis que l'autre extrémité forme branche emmanchée ou non, par laquelle on fait tourner à force de bras la machine, le treuil ou la roue. Les manivelles jouent un grand rôle dans le mouvement de rotation imprimé aux machines, par la disposition qui leur est donnée pour permettre ce mouvement.

Manœuvre, *s. m.* Ouvrier dont l'âge et la force sont employées, selon le cas, à aider le travail du maçon.

Jeune, il est employé à la manipulation des mortiers, des bétons, des pisés. Il transporte à dos les mortiers et autres menus matériaux, soit à l'oiseau, soit au benaut, soit à la balle. Plus fort, il aide au transport des fardeaux d'un certain poids, au bardage et à l'approche des blocs de taille. Il aide enfin le maçon dans son travail et commence déjà à se servir de la truelle et du marteau. Il arrive ainsi, l'intelligence aidant, à devenir maçon à son tour.

Manœuvre, *s. f.* Se dit du mouvement des machines qui exige de l'ensemble.

Mansarde, *s. f.* L'étage supérieur d'une maison, d'un édifice établi au-dessus de la corniche principale ; son nom dérive de celui qui en fut l'inventeur, François Mansard, architecte français, mort en 1666.

Manteau, *s. m.* Se dit de l'enveloppe en briques ou en plotets, des gaînes groupées d'un même paquet de cheminées.

Mantonnet, *s. m.* Serrur. Petite pièce de fer avec ou sans cran, destinée à arrêter un loquet, un pêne de serrure, etc.

Marbre, *s. m.* Pierre calcaire d'un grain très-fin, susceptible de recevoir un poli lustré. Il est employé à la confection des tombes, pierres tumulaires, dallages, bassins, vasques, mangeoires et tous objets de luxe.

Il est généralement encore employé à la confection des cheminées d'appartements. Ses qualités et ses formes varient en raison du luxe que le consommateur veut déployer. Les ouvrages de sculptures peuvent être exécutés avec les complications les plus infinies.

Sa nature et ses couleurs sont d'une très-grande variété.

Sauf le marbre en dallage, qui est l'objet d'une valeur au mètre superficiel, le reste est compté à prix débattu en raison de la nature, de la qualité, de la forme et de la décoration dont le marbre est l'objet.

Marbrer, *v. a.* Imiter le marbre avec la peinture, rendre à l'aide de couleurs variées et artistement appliquées, les effets que produisent les différentes qualités de marbre.

Cette peinture est généralement comptée au mètre superficiel et mesurée comme toutes les autres peintures.

Marbrerie, *s. f.* Travail ou commerce des ouvrages dont le marbre fait la base. Atelier dans lequel il est travaillé.

Marbrier, *s. m.* Patron ou ouvrier dont la spécialité est l'exécution, la confection, la fourniture et la pose des ouvrages de marbrerie.

Le marbrier est inévitablement sculpteur, les ouvrages exécutés sur le marbre étant presque toujours sculptés.

Marbrière, *s. f.* Carrière produisant le marbre.

Marchandage, *s. m.* Travail de façon, transmis à conditions débattues à un ou plusieurs ouvriers réunis chargés de l'exécuter, sans autres frais que ceux de la main-d'œuvre.

Marchander, *v. a.* Convenir des conditions et des prix d'un marchandage.

Marchandeur, *s. m.* Ouvrier travaillant à façon sur des prix et des conditions débattus avec un patron.

Marchandise, *s. f.* Tous matériaux et fournitures nécessaires aux ouvrages de la construction.

Marche, *s. f.* Petite plate-forme en pierre ou en bois dépendant d'un escalier. Ces plate-formes sont superposées dans une direction inclinée, appelée *rampe*. L'ensemble des marches formant une rampe réunit un palier à un autre. Voyez *Escalier*.

Les marches sont placées sur un plan constamment horizontal. Le dessus de la marche, appelé *giron* ou *foulée*, présente une surface plane sur laquelle on pose le pied.

Les marches sont dites *droites* ou *dansantes*.

Celles droites forment des rectangles terminés à angles droits. Celles dansantes présentent en plan un parallélogramme irrégulier dont les côtés latéraux tendent à un point quelconque, régularisant la partie tournante d'une rampe d'escalier.

Les marches en pierre de taille doivent avoir dans le mur une pénétration réglementaire de $0^m 15$ qu'on nomme *prise de marche*.

Leur mensuration a lieu, de fourniture comme de pose, selon la surface rectangulaire de la marche, contenue toutefois dans le plus petit parallélogramme circonscrit, y comprenant, bien entendu, la partie en prise.

Les marches en bois se comptent à la pièce; celle de départ, généralement massive, est comptée double. La contre-marche d'arrivée attenante au palier, est comptée pour marche entière, sans nuire au métré du palier lui-même.

Marché, *s. m.* Traité fait verbalement ou sur conditions écrites d'un travail ou de travaux à exécuter, selon des prix préalablement débattus.

Marché clés en main, se dit de l'entreprise d'une construction entière par laquelle l'entrepreneur est chargé, moyennant un prix débattu ou à débattre, de livrer cette construction complètement achevée, prête à être habitée à la remise des clés.

Marché, *s. m.* Lieu de vente des denrées quotidiennes.

Marche-pied, *s. m.* Sorte d'échelle à marches plates, dont le sommet est formé d'une marche plus large qui repose sur deux pieds mobiles en forme de chevalet.

Le marche-pied est employé pour exécuter les menus ouvrages d'intérieur. Il est portatif et se compose d'un nombre plus ou moins grand de marches, selon les hauteurs que l'on veut atteindre.

Margelle, *s. f.* Bordure en pierre, souvent d'un seul bloc, couronnant le mur circulaire d'un puits. Ce bloc est toujours d'une certaine épaisseur et percée à jour d'une ouverture circulaire dont le diamètre est moindre que celui du puits.

Marne, *s. f.* Substance essentiellement composée d'argile et de calcaire qui se présente sous des formes très-variées. Les principales sont : la *marne terreuse*, la *marne pierreuse* et la *marne à foulon*.

La *marne terreuse*, qui est la marne proprement dite, est composée d'un mélange de terres variant à l'infini, soit comme proportion, soit comme couleur.

Elle absorbe très-facilement l'humidité ; elle est d'une texture lâche et d'une faible dureté.

Elle se durcit au feu comme l'argile. Comme l'argile, elle fait pâte avec l'eau.

Marqueter, *v. a.* Faire de la marqueterie.

Marqueterie, *s. f.* Ouvrage de bois de diverses couleurs, appliqué par feuilles minces sur de la menuiserie, de manière à former des compartiments.

— Incrustation de bois précieux dans un assemblage de panneaux séparés par des filets en plomb, en cuivre, en ivoire.

— Bois coloriés ou naturels.

Marquise, *s. f.* Sorte d'avant-toit abritant l'extérieur d'une porte d'entrée. La marquise est confectionnée soit en bois, soit en fer, garnie de vitres ou recouverte d'une toile rayée.

— Le zinc orné et festonné s'emploie également pour marquise.

Marteau, *s. m.* Outil à tête de fer et manche en bois, de forme et de volume très-variés, servant à travailler le fer, la pierre, le bois.

Marteau de porte d'allée. Voyez *Heurtoir.*

Mascaron, *s. m*. Tête grotesque ou fantaisiste placée en ornementation, dans un panneau, à une fontaine ou autres lieux analogues.

Masque, *s. m*. Archit. Tête sculptée ou peinte pour décoration.

— Menuis. Boiserie d'assemblage à panneaux suspendue par des charnières sur le caisson d'une fermeture pour fermer ce caisson et masquer les volets qui y sont repliés et logés. Voyez *Fermeture*.

Masse, *s. f*. Lourd marteau en fer, à long manche, dont se servent les terrassiers pour enfoncer des coins ou pour perforer le roc en frappant sur le pistolet ou sur un coin.

Massette, *s. f*. Petite masse en fer carrée ayant un manche très-court, servant aux tailleurs de pierre, maçons, sculpteurs pour travailler avec l'aide de la broche ou du ciseau.

Massif, *s. m*. Const. Amas compact de terre, de béton, de maçonnerie établi dans un but de résistance quelconque, ou destiné à être enlevé ou extrait.

— Maçonn. Petit mur faisant contrefort ou appui apparent ou caché, comme celui servant à fortifier une souche de cheminée bâtie en briques ou plotets.

On donne également le nom de massif à de la maçonnerie légère en briques ou plotets, destinée à recevoir le placage ou le revêtement d'une cheminée en marbre.

Mastic, *s. m*. Pâte ductile faite avec du blanc d'Espagne desséchée et réduite en poudre mélangée d'une quantité suffisante d'huile de lin. Ce mastic est employé à boucher les fentes de boiseries avant de peindre, à garnir le pourtour des vitres dans leurs feuillures après les avoir arrêtées et fixées avec des pointes.

Masticage, *s. m*. Application de mastic.

Mastiquer, *v. a*. Étendre le mastic. l'employer soit à boucher des fentes de boiseries, soit à consolider des vitres.

Mâsure, *s. f*. Vieille maison tombant de vétusté.

Mate (peinture), *s. f*. Celle qui n'est ni brillante, ni lustrée, mais qui demande un soin d'exécution tout particulier, n'est employée que comme peinture de luxe à un comme à plusieurs tons.

Elle est mesurée comme toutes les peintures, mais avec des valeurs distinctives pour chaque ton.

Matériaux, *s. m. pl*. Toutes matières solides nécessaires à la construction : pierre, bois, fer, fonte, terre cuite, etc., présentées sous des formes et des volumes divers, deviennent des *matériaux*. Tous les éléments, autres que les outils, engins, machines qui entrent dans la construction, sont des matériaux.

Matériel, *s. m.* Se prend pour *agrès* et désigne, d'une manière génerale, le gros outillage d'un entrepreneur, tel que : voitures, tombereaux, chariots, chevaux, cordages, engins, mécaniques de toutes sortes et de toutes formes : échelles, plateaux, chevalets, etc. En un mot, tout objet nécessaire à l'exécution des travaux de gros œuvre.

— Ce mot s'applique également aux objets de nécessité pour la confection ou l'exécution de travaux de second ordre, dont l'ensemble, pour chaque nature de travail, constitue encore un *matériel*.

Mauresque, *adj.* Style particulier de l'architecture orientale.

Mausolée, *s. m.* Tombeau orné, décoré d'architecture, de sculpture avec épitaphe, élevé en l'honneur d'un grand personnage. Le nom dérive de Mausole, roi de Carie.

L'importance du mausolée prend quelquefois le caractère d'un édifice.

Mécanique, *s. f.* Levier d'une très-grande puissance pour l'ascension des fardeaux et matériaux les plus lourds. Voyez *Chèvre*.

Mélange, *s. m.* Réunion de deux ou plusieurs corps ou liquides confondus ensemble pour en produire un autre. Le sable, mélangé avec la chaux, produit le mortier ; la chaux, mélangée avec le gravier, produit le béton, etc.

— Peint. Union de plusieurs couleurs pour former des teintes variées.

Membron, *s. m.* Charp. Grosse et forte moulure, généralement formée d'un boudin avec ou sans gorges, avec ou sans assemblages, placée sur l'arête saillante d'un faîtage ou d'un arêtier de toiture.

Le membron est presque toujours revêtu d'une enveloppe de ferblanc ou de zinc que vient y rapporter le ferblantier.

Le membron lui-même est compté au mètre linéaire en raison de son profil, et l'enveloppe de métal est compté au mètre superficiel, la longueur multipliée par le développement réel.

Membrure, *s. f.* Pièce de bois de forte épaisseur encadrant un panneau.

Mémoire, *s. m.* État détaillé de travaux exécutés ou de fournitures faites.

Il doit comporter, d'une manière très-exacte, les quantités. mesures ou poids des ouvrages ou des fournitures dont il est l'objet. La rédaction doit en être simple, claire et précise. Cette rédaction doit éviter les explications confuses ou erronées.

Il doit y être observé un ordre régulier de classification, et surtout, l'application rigoureuse des clauses conventionnelles d'un traité préalable quand ce traité existe.

Le but d'un mémoire est de convertir la valeur estimative ou convenue d'avance, des travaux, ouvrages ou fournitures exécutés en un seul chiffre déterminant la somme due.

Cette somme n'est, définitivement fixée, qu'après contrôle et règlement résultant d'une opération ultérieure faite par l'architecte, directeur de ces mêmes travaux, ouvrages ou fournitures.

Un mémoire est généralement le travail émanant du géomètre qui a fait la reconnaissance et la mensuration de ces travaux, ouvrages ou fournitures. Le montant brut du mémoire sert de base à ses honoraires. Voyez : *Honoraires*.

Meneau, *s. m.* Archit. Petit pilier en pierre ou en bois placé au milieu de la largeur d'une baie de fenêtre et la divisant en deux parties. Il est avec ou sans tableau.

La mensuration, comme fourniture en pierre de taille d'un meneau, a lieu par le cubage de ses dimensions les plus fortes. Jusqu'à 0^m 20 d'épaisseur, son cube est doublé ou compté linéairement. La pose est à la pièce.

Mensuration, *s. f.* Opération qui consiste à mesurer sur place des travaux de construction.

— L'ensemble même de ces mesures.

Menuiserie, *s. f.* Art industriel qui consiste à travailler le bois employé aux ouvrages d'agencements.

Comme la charpente, la menuiserie a une grande part dans la construction. Elle comprend la confection des boiseries d'intérieur : lambris, vitrages, portes, croisées, volets, persiennes, aisseliers, parquets, planchéiages, plinthes, cymaises, moulures de toutes sortes, etc.

La menuiserie est l'ensemble même de tous ces ouvrages.

Certains ouvrages d'ameublement, tels que : bancs, armoires, tables, etc. sont également du ressort de la menuiserie.

Menuisier, *s. m.* Patron ou ouvrier dont la spécialité est la confection ou l'entreprise des ouvrages de menuiserie.

Méplat, te, *adj.* Se dit d'une pièce de bois équarrie ou refendue, dont la largeur est bien plus forte que l'épaisseur.

— Barre de fer très-mince relativement à sa largeur.

Mesquin, ne, *adj.* Terme appliqué à une architecture ayant de maigres et insuffisantes proportions.

Dont le caractère manque de largeur, d'ampleur, de noblesse.

Mesure, *s. f.* Dimension prise ou donnée de toute espèce d'ouvrage en construction, susceptible d'être mesuré ou de recevoir une proportion donnée.

— Comparaison des proportions d'un plan avec celles de l'exécution.

Mesurer, *v. a*. Prendre, relever des mesures.
— Faire un métré.

Métal, *s. m*. (au *pl*. Métaux). Corps solide minéral, pondérable ; se distingue par sa pesanteur, son opacité, sa ténacité et sa ductilité. La chaleur le dissout et le fond.

L'or, l'argent, le mercure, le fer, le cuivre, le plomb, l'étain, le zinc sont des métaux. Sauf les trois premiers, les autres sont indispensables à la construction.

Métallique, *adj*. Qui appartient, qui a rapport au métal.

Métallurgie, *s. f*. Art qui a pour objet l'extraction des minerais du sein de la terre, d'en retirer les métaux qu'elle renferme et d'obtenir ces derniers à l'état de pureté.

Métoche, *s. f*. Archit. Intervalle compris entre deux denticules.

Métope, *s. f*. Archit. Intervalle compris entre les triglyphes de l'ordre dorique.

Mètre, *s. m*. Unité et base fondamentale des poids et mesures pour toute la France.

— D'après les opérations scientifiques et les calculs faits par Méchain et Delambre en 1793, par suite d'un décret de la Convention nationale, ces deux savants arrêtèrent que la dimension du mètre était la dix-millionième partie du quart du méridien terrestre.

Cette mesure ou ses subdivisions décimales devinrent la base de toutes les autres mesures d'étendue, de surface, de poids, de capacité, de volume et même du système monétaire.

Métré ou mieux **métrage**, *s. m*. Art de mesurer les diverses natures de travaux ou d'ouvrages relatifs à la construction.
— Le résultat obtenu est un *métré*.

Métrer, *v. a*. Action de mesurer.

Métreur, *s. m*. Voyez *Géomètre*.

Métrique, *adj*. Qui a rapport au mètre ou au métré.
— Système, mesure métrique.

Milligramme, *s. m*. Subdivision du gramme égale à sa millième partie.

Millimètre, *s. m*. Subdivision du mètre égale à sa millième partie.

Million, *s. m*. Se dit des débris, résidus de la pierre de taille provenant des carrières d'extraction.

Minaret, *s. m*. Architecture musulmane qui désigne une haute tour mince et élancée sur plan rond ou polygonal qui s'élève à côté du dôme d'une mosquée. Le sommet se termine par une petite coupole qui repose sur un piédouche. Chaque étage de la tour d'un minaret est garni de balcons ou de galeries faisant saillie en encorbellement.

Ils sont construits en pierre de taille, mais généralement en briques revêtues en stuc de couleurs très-variées. Leur décoration est riche, élégante et originale.

C'est du haut des balcons ou galeries des minarets que le *muezzin* fait entendre, cinq fois par jour, l'*Ezam*, c'est-à-dire l'appel à la prière.

Mine, *s. f*. Lieu où sont déposés, dans le sein de la terre, les minéraux, les métaux et certaines pierres précieuses.

— La mine est employée pour l'extraction de vieilles fondations qui résistent au coin de fer et à la masse, pour dégager le passage de fondations nouvelles.

Elle s'emploie également dans les exploitations en carrières pour détacher les blocs que le marteau et le coin ne peuvent rompre ou briser.

— *Trou de mine*, perforation profonde faite au pistolet enfoncé dans le roc ou dans un massif de béton très-dur. Ce trou est chargée de poudre, dont l'explosion permet la rupture du roc ou du béton.

Miner, *v. a*. Préparation ayant pour but de faire jouer la mine. Pratiquer une mine. Perforation faite dans ce but.

Minerai, *s. m*. Substance terreuse qui renferme un métal. — Le métal lui-même, tel qu'on le retire de la mine.

Mineur, *s. m*. Patron ou ouvrier dont la spécialité est d'exécuter ou d'entreprendre des travaux d'extraction par l'emploi de la mine.

Ces travaux sont généralement du ressort du terrassier.

Miniature, *s. f*. Peinture artistique faite à l'aquarelle exécutée, sur de très-petites proportions, avec délicatesse et netteté.

— Miniature, s'emploie au figuré, pour exprimer l'effet produit d'une petite maison d'agrément, d'un petit appartement, d'une petite salle publique dont l'art, le goût, la disposition, la décoration ont un charme qui plaît, qui séduit, malgré leurs petites proportions.

Minium, *s. m*. Peint. Oxyde rouge de plomb. Il s'obtient par la calcination du plomb dans un four. Il se présente sous la forme d'une poudre d'un rouge vif, inodore et insoluble dans l'eau. Mélangé avec de l'huile, il s'emploie par couches à la peinture des métaux, pour les préserver de l'oxydation.

Minute, *s. f.* Soixantième partie de l'heure.

— Copie exacte faite en double d'un mémoire, d'un devis, d'un état quelconque du bâtiment.

Mire, *s. f.* Instrument formé d'une tige en bois, pouvant s'allonger par une coulisse, terminée par une plaque de métal peinte en rouge et en blanc pour mesurer les nivellements à l'aide du niveau. Sur la tige, sont marquées les mesures métriques dans toute sa hauteur.

La tige à coulisse s'élève ou s'abaisse à la demande du niveau, de manière à faire correspondre ce niveau avec le centre de la plaque. La hauteur qui existe alors entre le pied de la mire et le centre de cette plaque, détermine la mesure cherchée, de laquelle il faut toutefois ajouter ou retrancher la hauteur du point pris pour *Repère*.

Mise en œuvre, *s. f.* Se dit de l'action par laquelle on commence, on exécute un travail.

Mitoyen, enne, *adj.* Tout mur qui sépare deux immeubles contigus, dont la valeur est acquise par moitié entre les deux propriétaires, et pour les parties de ce mur utile à leurs immeubles respectifs, est dit *mitoyen*.

Un puits est mitoyen quand il est commun à deux propriétés et qu'il est à l'usage de l'un comme de l'autre.

Les frais d'entretien d'un mur ou d'un puits mitoyen sont faits par moitié entre les propriétaires intéressés, de ce mur ou de ce puits.

Aucune pénétration dans un mur mitoyen ne peut excéder 0ᵐ 25.

Tout propriétaire peut faire exhausser un mur mitoyen en payant la dépense de l'exhaussement et les réparations d'entretien au-dessus de la hauteur de la clôture commune. Il doit aussi une indemnité pour la surcharge, égale au sixième de la valeur de l'exhaussement. Enfin, si le mur mitoyen n'est pas en état de supporter l'exhaussement, celui qui veut exhausser, est obligé de faire à ses frais, soit la restauration, soit la reconstruction entière ou partielle de ce mur. Le voisin qui n'a pas contribué à l'exhaussement, peut en acquérir la mitoyenneté en payant, à titre de remboursement, la moitié de la dépense qu'il a coûté.

L'acquisition de la mitoyenneté d'un mur, entraîne naturellement celle du terrain sur lequel ce mur est établi, si toutefois cette portion de terrain n'est déjà mitoyenne.

Mitoyenneté, *s. f.* État d'un mur, d'un puits appartenant à deux propriétés voisines et contiguës.

La mitoyenneté est un droit dont nul ne peut se soustraire, soit pour obtenir l'appui, soit pour obtenir le remboursement.

— Les règlements de mitoyenneté doivent toujours être l'objet d'une opération d'experts dont le rapport, accompagné de plans, devient un titre légal pour chacune des deux propriétés.

— La hauteur de clôture des murs mitoyens est de 3^m 25, compris chaperon, dans les villes de 50,000 âmes et au-dessus. De 2^m 60 dans toutes les autres villes.

Mitre, *s. f.* Sorte de tuyau en tôle ou en poterie, affectant la forme d'une coiffure d'évêque, pour être placé au sommet d'une gaîne de cheminée au-dessus du toit. Son but est de préserver cette gaîne des effets de la fumée.

Se compte à la pièce, de fourniture comme de pose.

Mixte, *adj.* Se dit du mélange à de certaines doses, soit de ciment avec du mortier, soit du mortier avec du plâtre, selon l'usage projeté. Il est ainsi employé à la confection des maçonneries, des enduits, ou encore, en garnitures diverses.

Ce mélange est connu sous la dénomination ancienne et vulgaire de *mortier bâtard*.

Mixtiligne, *adj.* Géom. Figure plane dont les côtés sont formés par des lignes droites et par des lignes courbes tout à la fois.

Mixtion, *s. f.* Sorte d'enduit gras, léger et mordant dont se servent les doreurs pour donner de l'adhérence à l'or appliqué par feuilles minces et légères.

Les couches de mixtion sont comprises dans le prix de la dorure.

Modèle, *s. m.* Bas-relief exécuté en cire, en terre, en plâtre pour servir d'échantillon ou pour permettre l'exécution d'un ornement ciselé ou sculpté.

— Représentation sur une petite échelle d'un objet quelconque, partie ou d'ensemble, pour servir à la reproduction de ce même objet sur une échelle grandeur d'exécution.

Les modèles de coupe de pierre sont généralement faits en bois ou en plâtre. Ils servent au taillage des blocs dont tous les joints sont le résultat de lignes méthodiquement tracées.

Modeler, *v. a.* Faire un ou plusieurs modèles.

— Etude et exécution de bas-reliefs en terre ou en cire.

Modeleur, *s. m.* Artiste chargé de modeler un bas-relief sur un dessin donné.

Moderne, *adj.* Qui appartient à l'architecture récente, qui n'est point placé sous la rigueur des proportions de l'architecture antique.

Modillon, *s. m.* Petite console décorative en pierre, en bois, en plâtre, en ciment, en stuc placée sous le larmier d'une corniche ou d'un couronnement pour former ornementation.

Pris séparément avec ses sculptures, s'il en existe, le modillon est compté à la pièce, quelle que soit sa forme ou la nature de sa composition.

Moëllon, *s. m*. Petit bloc de pierre sans forme régulière, tel qu'il provient de son extraction en carrière, livré au commerce selon les prescriptions données au mot *chirat*.

Il est employé à la confection des grosses maçonneries : murs, massifs, voûtes, etc. Au moment de son emploi, il est taillé et équarri grossièrement au marteau, en ce qui concerne surtout son parement vu.

Les moëllons pour voûtes sont choisis parmi ceux larges et plats dont la forme et le parement, taillés en claveaux, sont préférables à cette nature de maçonnerie.

Chaque lit de moëllons doit reposer sur une couche préalable de mortier servant à les lier les uns aux autres, et chaque rang doit présenter des hauteurs et des niveaux réguliers.

Les moëllons se divisent en plusieurs catégories qui sont :

1° Les *moëllons bruts*, tels qu'ils sont extraits de la carrière et livrés au commerce. Ils sont le résultat des éclats de pierre de taille ou de blocs défectueux.

2° Les *moëllons ébousinés*, ceux légèrement taillés sur les lits et joints au moment de leur emploi.

3° Les *moëllons smillés*, ceux taillés assez proprement sur parement, lits et joints qui, employés, présentent une surface régulière et rejointoyée.

4° Les *moëllons piqués*, ceux taillés comme les précédents, mais avec plus de soin, ont les arêtes vives et bien dressées, quelquefois même ciselées.

5° Les *moëllons appareillés*, ceux taillés d'une manière parfaite et régulière, parementés comme de la pierre de taille. Voyez *Carreaudage*.

Moins-value, *s. f.* Ce mot est naturellement l'opposé de *plus-value* ; il sert à désigner certaine dépréciation dans la valeur d'un objet ou d'un travail quelconque.

Il est employé aussi comme défalcation ou réduction sur une estimation ou un résultat trop élevé.

Moise, *s. f.* Charp. Deux pièces de bois méplates, assemblées et accouplées l'une à l'autre au moyen de boulons, pour servir à maintenir une charpente.

La mensuration des moises a lieu par équarrissement moyen pour chacune d'elles, multiplié par la longueur apparente, augmentée de 0^{m}25 pour chaque prise, et de 0^{m}10 pour chaque tenon dans une autre pièce de charpente.

Moiser, *v. a.* Fixer, consolider, maintenir avec des moises.

Monolythe, *s. m.* Œuvre travaillée et formée d'un seul bloc de pierre, ayant de très-grandes proportions ; tels sont les obélisques égyptiens.

Monotone, *adj.* Se dit d'une architecture, d'une décoration sans variété, sans expression, sans caractère, présentant une régularité uniforme et désagréable à la vue.

Monotonie, *s. f.* Égalité ennuyeuse dans les lignes comme dans les contours.

Montant, *s. m.* Pierre de taille, pièce de bois ou de fer placée debout, verticalement.

— Mesure linéaire prise de bas en haut.

— Le total d'un mémoire, d'une facture, d'un devis.

Montée, *s. f.* Suite de marches superposées formant une ou plusieurs rampes d'escalier.

— Pente plus ou moins sensible réunissant deux parties distantes placées à des hauteurs différentes. Voyez *Rampe*.

Monter, *v. a.* Ascension de matériaux.

— Assembler des ouvrages de charpente, de serrurerie, de menuiserie déjà préparés. Les mettre en place.

Monument, *s. m.* Construction élevée en l'honneur et en mémoire d'un personnage illustre ou d'un événement important, comme un arc de triomphe, un mausolée, une pyramide, une colonne, etc.

— Tout édifice élevé à un usage public, comme une église, un temple, un hôtel, un palais, etc.

Morène, *s. f.* Application de mortier, de plâtre, de ciment, ayant très-peu de hauteur, remplissant les fonctions du *solin*. Jusqu'à 0^{m}25 de hauteur, les morènes se comptent linéairement ; au-dessus, elles deviennent des enduits au mètre superficiel.

Mortaise, *s. f.* Entaille, cavité pratiquée dans une pièce de charpente, de menuiserie ou de serrurerie, pour y introduire le tenon de l'autre pièce destinée à faire assemblage.

Mortier, *s. m.* Pâte résultant du mélange et de la manipulation de la chaux éteinte avec du sable et de l'eau. Cette pâte est employée à la confection des maçonneries ou des enduits. Dans ce dernier cas, le mortier est jeté et étendu à la truelle, par couches successives.

Le mortier est *hydraulique* quand la chaux hydraulique est seule employée à sa confection.

Il est *mixte* ou *bâtard* quand, dans son mélange, il entre mi-partie plâtre ou ciment.

— Vase en pierre ou en marbre, dans lequel certains produits de droguerie sont réduits en poudre.

Mosaïque, *s. f.* Ouvrage de marqueterie, exécuté avec une certaine sujétion, par la réunion de petits fragments de pierre ou de marbre, de forme régulièrement cubique et de couleurs variées.

Ces fragments sont disposés avec art, selon les indications d'un dessin plus ou moins compliqué.

La mosaïque s'emploie comme dallage, pour salle de bains, salle à manger, vestibule, réfectoire, chœur d'église, etc.

Le travail de la mosaïque est une œuvre de patience qui s'exécute de la manière suivante :

Le sol est d'abord préparé d'une façon très-régulière. Un béton est étendu sur lequel on applique une couche de mastic plus ou moins épaisse pour servir de fond. Sur ce fond l'artiste trace les contours des figures qu'il veut représenter ; puis, prenant les petits cubes un à un, il les implante dans le mastic à l'aide du marteau. Enfin, lorsque l'ensemble a assez de consistance, il complète l'incrustation générale par le mouvement de va et vient d'un rouleau de pierre appelé *Galère*. Le travail est ensuite terminé par un polissage sur toute la surface.

Les mosaïques sont l'objet de prix débattus ou mesurés au mètre superficiel réel.

Mosaïste, *s. m.* Patron ou ouvrier dont la spécialité est la confection ou l'entreprise de ces sortes d'ouvrages.

Mosquée, *s. f.* Archit. Monument de style musulman dédié au culte de Mahomet.

Mouchette, *s. f.* Taill. de p. La partie saillante d'une moulure ou d'un joint oblique dans une pierre de taille.

Mouchoir, *s. m.* Menuis. Réunion de quelques lames d'un parquet présentant une petite surface rectangulaire ou trapèzoïde de ce même parquet, au moment de sa confection et de sa pose. Ces lames sont assemblées par leurs rainures et languettes, dans le but de les appareiller d'une façon régulière pour leur mise en place.

Moufle, *s. f.* Assemblage de plusieurs poulies dans lesquelles s'enroule une seule corde. La combinaison de ces poulies multiplie la force mouvante et donne à cette force une très-grande puissance, sans qu'il soit besoin pour l'obtenir d'une dépense trop grande d'effort ou de puissance.

Les moufles, s'emploient par paires, et servent à l'ascension des fardeaux très-lourds, dans des lieux restreints qui ne permettent pas le placement d'une mécanique ou d'un cabestan.

Moulage, *s. m.* Reproduction d'un corps au moyen d'un

Moule, *s. m.* Modèle en creux servant à reproduire en relief un ornement quelconque. Cette reproduction est obtenue par le coulage dans le moule, et à l'état liquide, du plâtre, du ciment, du carton-pierre. Revenu à l'état solide, ces matières, dégagées du moule, donnent le résultat cherché.

Cette opération est également effectuée à l'égard des reproductions métalliques. Le plomb, le cuivre, le bronze, sont de même coulés dans des moules préparés, après être rendus liquides par la fusion.

Mouler, *v. a.* Jeter dans un moule une matière délayée à froid ou rendue liquide par ébullition.

Mouleur, *s. m.* Ouvrier dont la spécialité est de reproduire à l'aide de moules, des ouvrages de sculpture et d'ornement.

Moulure, *s. f.* Nom générique donné à tout ornement d'architecture présentant des lignes droites et parallèles, en sens horizontal, vertical ou oblique, mais dont le profil est rectiligne ou curviligne, souvent l'un et l'autre réunis, avec des parties rentrantes et saillantes, droites ou courbes.

Les moulures sont reproduites sous des formes extrêmement variées, depuis le listel ou filet, qui est la plus petite des moulures, jusqu'au membron de charpente, qui est la plus forte.

L'assemblage de plusieurs moulures déterminent des parties d'ornementation, dont le nom varie en raison du profil, depuis le simple cordon jusqu'à la corniche la plus compliquée.

Les moulures taillées dans la pierre donnent naturellement au bloc auquel les moulures sont adhérentes, une valeur supérieure à celle du bloc lisse et cubique. La mensuration en est faite néanmoins par levolume de la pierre, comme il est dit au mot *Pierre.*

Les *moulures en charpente*, quel que soit le profil, sont toujours mesurées dans les conditions de la menuiserie, sauf la valeur qui en déroge.

Les *moulures en menuiserie* se subdivisent de la manière suivante, pour ce qui est de leur mensuration :

Celles poussées sur rives de poteaux, d'aisseliers, de dormants, de boiseries lisses, etc., sont détachées et mesurées au mètre linéaire jusqu'à 0^m 02 de profil, et au mètre superficiel au-dessus de ce profil.

Les longueurs courbes sont augmentées une fois et demie en plus de leur développement réel.

Les moulures élégies sur plate-bandes sont également comptées au mètre linéaire ou superficiel, selon leur profil.

Toutes moulures rapportées ou isolées sont également mesurées séparément au mètre linéaire jusqu'à 0^m 05 de profil et au mètre superficiel au-dessus de ce profil.

Les longueurs doivent parcourir les dimensions les plus fortes, multipliées par la largeur simple des profils, en ce qui concerne les chambranles, les pilastres et autres moulures analogues.

Les corniches, cordons, couronnements et autres moulures composées, placées horizontalement ou obliquement, sont mesurées par leurs longueurs les plus fortes, augmentées de ressauts, retours, saillies, multipliées par le carré de la saillie ajoutée à l'épaisseur ou la hauteur du profil.

Les longueurs courbes en plan et en élévation sont comptées trois fois leur dimension réelle.

Dans toutes moulures, les coupes d'onglets en plus de *une* par mètre courant, sont comptées en plus-value et à la pièce, selon leur importance. Voir le tarif de la Chambre syndicale.

Les *moulures en plâtre, ciment* ou *stuc* sont constamment mesurées au mètre superficiel.

Toutes les longueurs sont prises au milieu des profils, augmentées de 0^m 33 pour chaque retour d'onglet et de 0^m 15 pour chaque amortissement à la rencontre d'un plan droit ou oblique.

Les longueurs courbes en plan ou en élévation sur un seul centre sont augmentées de la moitié de leur développement réel. Celles à plusieurs centres sont doublées.

Les longueurs courbes, en plan comme en élévation, sont triplées.

Toutes largeurs de moulures sont prises par le développement du profil, selon le calibre qui les a poussées.

Les champs unis entre deux corps de moulures faisant partie du calibre qui les a poussées, ne peuvent se développer avec ces moulures qu'autant qu'ils sont en saillie sur le nu de l'enduit du mur. Dans ces conditions, ils sont mesurés avec les moulures, quand ils n'excèdent pas 0^m 15 de largeur. Au-delà de cette largeur, ils sont considérés comme bandeaux et mesurés tels.

Les moulures poussées avec bandeaux et faisant saillie sont détachées et développées par le profil.

Les moulures excédant une saillie minimum de 0^m 30 nécessitent un massif ou corps d'intérieur en cailloutage. Ce massif est cubé séparément en laissant 0^m 04 sur chacune des dimensions de son équarrissement. La moulure poussée par-dessus ce massif est comptée au développement du profil.

Voyez *Corniche*.

Mouton, *s. m.* Gros pilon de fonte ou de fer dépendant d'une sonnette ou engin mécanique pour enfoncer les pieux d'un pilotage.

Au moyen de cordages multiples, tenus par des hommes, le mouton est élevé à environ 1^m 20 de hauteur, en glissant le long de deux forts poteaux de charpente appelés *jumelles*, d'environ 8 mètres de hauteur. Au sommet de ces jumelles est adaptée une forte poulie en fer autour de laquelle passe le cordage principal qui enlève le mouton par l'effort réuni des hommes qui attirent leur corde respective dont l'extrémité est fixée au cordage susdit. Chacune de ces cordes, que tient et tire un homme, se nomme *tiraude*.

Le mouvement d'ensemble qui s'opère alors enlève, disons-nous, le mouton, qui retombe de tout son poids sur la tête du pieu qu'il enfonce plus ou moins profondément, selon l'état et la nature du sol dans lequel pénètre la pièce.

La manœuvre du mouton est opérée par séries de 20 à 30 coups continus que l'on appelle *volée*. Cette manœuvre est rendue régulière par la voix des hommes, quelquefois, par un certain chant monotone et cadencé, qui accompagne et règle chaque coup et qui finit à chaque volée.

Le repos qui a lieu après chaque battage est égal à la **durée** même de la volée, c'est-à-dire 3 ou 4 minutes.

Il est ordinairement employé 18 à 20 hommes aux *tiraudes*, pour les moutons de 300 kilogrammes.

Mur, *s. m.* Maçonnerie de moëllons bruts ou taillés, liée de mortier, ayant une certaine longueur, une certaine hauteur et une épaisseur, combinée selon le cas ou la nécessité.

Les murs forment le périmètre, comme les divisions intérieures et principales d'une construction. Ils reçoivent des ouvertures de toutes formes et de toutes dimensions. Ils servent d'appui **aux** planchers, aux cheminées, aux escaliers de chaque étage. Ils supportent la toiture du même bâtiment par les extrémités supérieures qui se terminent en pignon, c'est-à-dire par des formes triangulaires ou trapèzoïdes, selon les pentes de la toiture.

Depuis sa partie enterrée dans le sol, qui forme sa fondation, jusqu'à son sommet en élévation, l'épaisseur d'un mur subit des réductions graduées en raison même de son élévation et de la charge qu'il est destiné à soutenir. Ces réductions se nomment *Recoupes.*

Un mur est dit de *façade* quand il est placé soit sur la voie publique, soit sur une cour. Il est alors percé d'ouvertures et, selon le cas, recouvert d'ornements et de décorations.

Il est dit de *refend* quand il divise ou forme un **compartiment** intérieur.

Il est dit *mitoyen* quand il sépare deux immeubles.

Il est dit de *clôture* quand il parcourt le périmètre d'une propriété ou d'une enceinte quelconque pour la renfermer, ou qu'il sépare les cours de deux maisons adjacentes.

Il est de *soutènement* quand par ses dispositions et ses proportions il est construit en vue de maîtriser des poussées de terres.

Il est d'*appui* quand sa hauteur du sol permet de s'y appuyer facilement.

Il est dit en *pierres sèches* quand il est bâti avec moëllons, sans le secours du mortier.

Enfin, il est dit *pisé* ou *mâchefer* quand sa composition est de la terre battue ou de la scorie mêlée de chaux.

La mensuration des murs en pierres brutes est effectuée par les dimensions géométriques que ces murs présentent. La surface obtenue est multipliée par l'épaisseur réelle du mur pour en former le cube.

Les épaisseurs sont prises au nu des moëllons, déduction faite des enduits comptés séparément.

Tous les vides sont déduits par le dans-œuvre des ouvertures, à l'exception toutefois de ceux ne produisant pas une surface maximum de 0^m 50. Chaque surface de vide doit être cubée par la même épaisseur du mur dans lequel ce vide est placé.

Toute pierre de taille engagée dans les maçonneries en moëllons reste confondue dans le mur auquel cette pierre appartient.

Les saillies aux épaisseurs de murs sont mesurées selon leur surface épannelée, multipliée par la plus grande saillie. Le cube obtenu est ajouté à celui du mur.

Toutes maçonneries de briques ou de plotets enclavées dans celles en pierre ou en pisé, sont déduites et comptées séparément par la valeur particulière à ces maçonneries.

Sont considérés et comptés pour 0^m 50 d'épaisseur tous les murs au-dessous de cette épaisseur jusqu'à 0^m 40 ; ceux dont l'épaisseur est moindre de 0^m 40 sont mesurés au superficiel et non cubé.

Les murs en maçonnerie de pierres brutes, établis sur plan circulaire, ont droit à une plus-value proportionnée au rayon qui détermine la courbe et applicable aux surfaces vues et curvilignes de ces murs.

Les murs complètement en pierre de taille sont mesurés d'après le volume des blocs qui les composent. Ce volume est par conséquent le même que celui de la pierre de taille, d'après les résultats du fournisseur.

Muraille, *s. f.* Synonyme de *Mur*.

Murer, *v. a.* Boucher, condamner par la construction d'un mur, une baie, une ouverture, un vide quelconque.

Cette maçonnerie est mesurée dans les mêmes conditions d'un mur.

Myriamètre, *s. m.* Mesure métrique appliquée à la distance, à l'étendue, comprenant 10,000 mètres, ou dix kilomètres.

N

Naissance, *s. f.* Archit. C'est la partie d'une colonne ou d'un pilastre, qui surmonte immédiatement la base. C'est aussi l'angle inférieur qui commence un fronton.

— Constr. Les premiers claveaux en pierre brute ou en pierre de taille, qui commencent la courbure d'une voûte, d'un arc.

— La ligne de jonction entre le commencement d'une voûte e le haut du mur qui lui fait pied-droit et sur lequel cette voûte prend son point d'appui.

— Maçonn. On nomme *naissances* les évidements ménagés dans le parement intérieur d'un mur latéral de cave, dans lesquels s'engagent les premiers moëllons en claveaux d'une voûte.

Quand ces évidements sont taillés ou creusés dans de vieux murs destinés à recevoir une voûte neuve, ils sont comptés séparément et au mètre linéaire.

— Taill. de p. Le premier claveau qui commence la courbure d'un arc. Se nomme aussi *Retombée*.

— Ferbl. Une *naissance* est un tronçon de tuyau de descente, en zinc ou en ferblanc, adhérent au chéneau, pour être emboîté dans la descente elle-même.

Ce tronçon ou naissance est compté à la pièce, selon qu'il est droit, à coude rond ou carré.

Nef, *s. f.* La partie centrale d'une église qui s'étend depuis le portail d'entrée jusqu'au chœur ou transept. Elle est toujours bordée de colonnes ou de piliers surmontés d'arcs en ogive ou en plein cintre. selon le style de l'église.

Les *nefs latérales* ou *bas-côtés* règnent parallèlement à la nef principale, mais avec moins de hauteur.

— Dans certains édifices et certaines constructions, il existe également des nefs qui rappellent, par leur disposition, celles des églises.

Nervure, *s. f.* Portion d'arc en pierre, bois ou plâtre portant moulures saillantes en-dessous des arêtes d'une voûte de cloître ou d'église.

Les premiers claveaux des nervures reposent généralement sur des blocs taillés; quelquefois sculptés et placés à la naissance de ces arcs. Ces blocs se nomment *Cul-de-lampe*. Voyez ce mot.

Les nervures en pierre de taille se comptent le plus souvent au mètre linéaire, en suivant la courbe supérieure des claveaux qui les composent, et cela, quand ces claveaux n'ont pas un équarrissage maximum de 50 $\times$ 20 ; au-dessus de ces dimensions, on en fait le cubage par chaque claveau, conformément aux prescriptions données à *Claveau*. Voyez ce mot.

La pose des claveaux formant les nervures, se compte également selon le mètre linéaire ou le mètre cube de la fourniture elle-même.

Les *nervures en bois* et en faisceaux de moulures se comptent au mètre linéaire développé, en appliquant un prix relevant les déchets de bois, la sujétion de main-d'œuvre, le levage et la mise en place des nervures.

Les mêmes *nervures en plâtre* se mesurent au mètre superficiel. La longueur selon la courbure de la nervure multipliée par la

.argeur développée du profil. Le prix du mètre doit être appliqué en raison des courbes et des complications du travail.

— Les clés, au sommet des nervures, portent généralement les embranchements ou naissances des nervures qu'elles reçoivent. Elles sont toujours comptées à la pièce, selon leur complication, leur nature et leur sujétion de travail ou de mise en place.

— Toute sculpture ou décoration quelconque dans les nervures doit être l'objet d'un prix spécial, débattu ou estimatif.

Niche, *s. f.* Archit. Enfoncement circulaire construit ou pratiqué dans un mur et terminé dans le haut par le quart d'une calotte sphérique.

Elle sert à recevoir une fontaine, une statue, un buste.

Elle est quelquefois construite en briques, et comptée à prix débattu.

— Maçonn. Forte entaille ou enclave creusée dans la pierre, pour donner du jeu à certains gonds de portail, ou à dégager une entrée de serrure.

Se compte à la pièce.

Nimbe, *s. m*. Archit. Cercle lumineux que les peintres et les sculpteurs mettent, dans les sujets religieux, autour de la tête des saints.

Niveau, *s. m*. Ligne droite parallèle à l'horizon.

A l'effet de reconnaître ou d'appliquer le niveau, il existe une série d'instruments de précision usités pour cette opération. Celui le plus ordinairement employé pour tirer les nivellements dans les travaux de construction, est le niveau à *eau*. Il est composé d'un tube en métal, terminé, à ses extrémités, par deux bouteilles en verre blanc qui se relèvent d'équerre. Le milieu de ce tube repose, d'une manière mobile, sur un trépied au moyen d'une douille et d'une genouillère. Après avoir introduit de l'eau claire dans ce tube, de manière à la faire apparaître dans les deux bouteilles en verre, l'opération consiste à suivre de l'œil et à projeter au loin la ligne droite déterminée par l'affleurement de l'eau dans les deux bouteilles. Cette opération demande une grande habitude pour obtenir un résultat parfait et précis.

Pour des opérations analogues ayant moins de portée et aussi pour effectuer la pose des pierres de taille, les maçons se servent d'un niveau dit: *niveau de poseur*, composé de trois règles assemblées en triangle ayant un angle droit qui forme le sommet du niveau. A cet angle, est fixé un fil à plomb qui, pour obtenir la verticale, doit correspondre avec un cran taillé dans le milieu de la règle opposée à l'équerre et réunissant les deux autres branches de l'instrument, lequel est alors placé droit, reposant sur les extrémités des branches de l'équerre.

Il est une autre méthode également employée pour poser la pierre et pour reconnaître des niveaux, c'est de placer simplement une équerre à deux branches en couchant l'une d'elles sur l'objet à niveler, et à l'extrémité de l'autre branche qui est élevée, suspendre un fil à plomb, lequel doit suivre exactement le côté vertical de l'équerre.

Niveler, *v. a.* Mesurer, reconnaître, rechercher le niveau. — Rendre de niveau.

Nivelettes, *s. f. pl.* Trois petits jalons au moins, parfaitement égaux et pouvant se tenir debout, servant à opérer le nivellement de certaines pierres de taille, telles que : bordures, rigoles, caniveaux, couvertines, calades, etc. Ces trois nivelettes sont placées à distances à peu près égales sur la ligne droite que l'on veut suivre, et leur alignement détermine l'opération cherchée.

Nivellement, *s. m.* Opération qui a pour but de reconnaître ou d'établir un niveau. Cette opération consiste aussi à fixer un point à l'aide du niveau, pour servir de base à des mesures actuelles ou futures, lequel point se nomme *Repère*.

Nœud, *s. m.* Rognon très-dur qui se rencontre dans le marbre, dans la pierre, mais surtout dans le bois ; sa présence est un défaut qui, dans le bois de charpente, est souvent préjudiciable à la force de ces bois.

—Enlacement d'un cordage ou de plusieurs cordes pour les réunir.

—Ferbl. Renflement que forme la soudure à la jonction de deux tuyaux en plomb ou en cuivre, dans le but de les réunir et maintenir l'un à l'autre.

Noix, *s. f.* Menuis. Sorte de rainure large dont le fond est arrondi en demi-cercle et dans laquelle entre une languette de même profil. Les battants opposés d'une croisée ou d'une porte s'assemblent par ce genre de rainure.

Notes, *s. f. pl.* Relevé successif et détaillé des menus ouvrages complémentaires à un métré fait ou à faire.

Noter, *v. a.* Prendre, relever des notes, évidemment.

Noue, *s. f.* Constr. Angle rentrant formé par la rencontre de deux revers de toiture.

— Charp. Pièce de bois déterminant la ligne de jonction de ces deux revers et recevant les chevrons en empanons.

La noue forme une jonction contraire à l'arêtier ; celle-là est rentrante, celle-ci est saillante.

La noue se cube par équarrissement moyen, multiplié par sa longueur réelle.

— Ferbl. Revêtement de ferblanc, de zinc ou de cuivre, sur la noue, entre les deux lignes de tuiles biaises qui lui servent de bordures. Ce revêtement se nomme *Cornière*.

La mensuration a lieu au mètre superficiel, selon ses dimensions de longueur et de largeur réelles.

Noulet, *s. m*. Charp. Enfoncement formé par la rencontre de deux combles de pavillons ou d'escaliers.

— Petit chevron faisant noue à la rencontre d'une couverture de lucarne avec celle du comble.

Noyau, *s. m*. Poteau au centre d'un escalier circulaire recevant la tête des marches tournantes.

Noyer, *s. m*. Arbre dont la beauté du bois est employé dans les ouvrages de menuiserie d'un certain luxe.

Noyer, *v. a*. Incruster profondément, jusqu'à le faire disparaître, un corps dans un autre. Ce travail nécessite toujours un garnissage ou un revêtement en plâtre, en mortier ou en ciment.

— Noyer du plâtre, du ciment, de la chaux, c'est y jeter une quantité d'eau, hors de toutes proportions, capable d'en détruire les effets et rendre ces matériaux impropres à l'emploi.

Nuance, *s. f*. Peint. Augmentation ou diminution insensible et progressive d'une même couleur.

— On désigne également cette différence par le mot *Ton*.

Nu-de-mur, *s. m*. Surface ou parement d'un mur qui sert de fond ou de champ à toutes les saillies.

C'est au nu d'un mur de façade que doit être établi l'alignement sur la voie publique.

O

Obélisque, *s. m*. Monument à quatre faces et d'un seul bloc de pierre, diminuant d'épaisseur de la base au sommet et se terminant en pyramide. Le tout reposant sur un socle.

Ces sortes de monuments sont d'origine égyptienne.

Oblique, *adj*. Tout ce qui dévie de la perpendiculaire.

Obliquement, *adv*. D'une manière oblique.

Obliquité, *s. f*. Inclinaison d'une ligne, d'une surface, par rapport à une autre ligne ou surface.

Oblong, ue, *adj*. Plus long que large.

Observatoire, *s. m*. Construction plus ou moins monumentale, réservée aux observations astronomiques. Naturellement cette construction doit contenir toutes les dispositions, accessoires et instruments, nécessaires à l'étude et à l'application de cette science.

Obtus, *adj*. Se dit d'un angle ouvert, plus grand que l'angle droit.

Ocre, *s. f.* Minerai de fer, terreux et alumineux, que l'on emploie pour les badigeons.

— Il y en a de rouge et de jaune.

Octaèdre, *s. m.* Géom. Corps solide à huit faces.

Octogone, *s. m.* Géom. Surface plane, à huit côtés et huit angles.

Odécagone, *s. m.* Géom. Surface plane, à onze côtés et onze angles.

Odomètre, *s. m.* Instrument servant à mesurer le chemin parcouru.

Œil-de-bœuf, *s. m.* Ouverture circulaire ou elliptique pratiquée dans un mur ou dans une cloison.

— Ferbl. Encadrement circulaire ou elliptique, en zinc, avec ou sans moulures, placé dans une toiture ou dans un bris pour éclairer un comble.

Il se compte à la pièce.

Œuvre, *s. f.* Travail fait, qui subsiste après son exécution.

— *Dans-œuvre*. Dimensions prises ou prescrites intérieurement, du dedans au dedans.

— *Hors-œuvre*. Dimensions prises ou prescrites extérieurement, du dehors au dehors.

— *Mise en œuvre*. Travail qui prélude au commencement d'une exécution, soit pour une construction partielle, soit pour une construction entière.

Matériaux de natures diverses, préparés pour le moment de leur emploi.

— *Pied-d'œuvre*. Enceinte même d'une construction en cours d'exécution, dont le périmètre rayonne dans une distance ayant un maximum de 30 mètres. Voyez *Bardage*.

— *Sous-œuvre*. Travail de précaution, de sujétion, quelquefois soumis à certains dangers, pour restaurer ou reprendre par la base une partie entière ou partielle d'une construction quelconque.

Office, *s. f.* Compartiment dépendant d'une cuisine ou d'une salle à manger, servant à déposer et contenir les provisions de bouche. Ce compartiment doit être très-aéré.

L'office sert également à contenir tous les ustensiles de table : vaisselle, verroteries, cristaux, porcelaine, enfin tout le service de la salle à manger.

Ce compartiment doit être carrelé et garni dans tout son pourtour de tablettes et étagères, ainsi que de tiroirs fermant à clé, pour serrer l'argenterie.

Ogival, le, *adj*. Dans le style de l'ogive, architecture du XIIIe siècle.

Ogive, *s. f*. Archit. Arc composé de deux lignes courbes à centres respectifs et opposés, se rencontrant dans les parties hautes.

Le tracé des voûtes en ogive est le même que pour les arcs du même style.

Oiseau, *s. m*. Sorte de hotte formée de deux palettes en bois, larges et demi-circulaires, s'ouvrant en équerre, et terminées par deux poignées.

L'oiseau porté à dos sert au transport du mortier dans le chantier même, pour servir au travail des ouvriers maçons, dispersés dans une construction.

L'oiseau est le premier outil dont se sert le maçon à ses débuts dans le métier.

Les premiers pas du jeune manœuvre chancellent quelquefois sous ce fardeau nouveau pour lui. Plus tard, ces pas le conduisent au maniement du marteau et de la truelle, et plus tard encore, il devient patron à son tour, susceptible même des entreprises les plus importantes, dont l'exemple n'est pas rare à Lyon. De là à la fortune il y a encore un pas, et c'est le dernier qu'il fait dans sa carrière manuelle et industrielle.

Ce dernier pas, hélas! n'est pas toujours facile à franchir!

Olive, *s. f*. Archit. Petit grain oblong, taillé dans une astragale ou une baguette. Les olives ainsi sculptées ou rapportées sont comme enfilées en chapelet, se reliant les unes aux autres.

— Petite poignée de cuivre, d'ivoire, de bronze, de fer, de cristal, affectant la forme d'un œuf, avec ou sans ciselures, adaptée soit à une serrure, soit à un bec de cane.

Ombre, *s. f*. Toute saillie d'un corps opposée à celle qui reçoit la lumière, donne ou projette une ombre.

Dans un plan ou un dessin, les ombres sont marquées par des teintes brunes plus ou moins foncées, par des traits plus ou moins accentués que dans le reste du dessin ou du plan. L'ombre donne du relief et tend à produire les effets d'exécution.

Ombrer, *v. a*. Peindre ou dessiner des effets d'ombre.

Onglet, *s. m*. Assemblage de boiserie ou de charpente faisant équerre et taillé à 45 degrés.

Dans les assemblages de corps de moulures, en menuiserie, le nombre des onglets qui peut exister en plus de *un* par mètre linéaire, est compté séparément à la pièce, conformément aux prescriptions du tarif de la Chambre syndicale.

Voyez *Coupe*.

Dans les ouvrages de décoration en plâtre, ciment et stuc, tous les corps de moulures ayant des retours d'onglet, sont comptés chacun pour 0^m 33 ajoutés à la longueur de ces moulures, laquelle longueur doit être prise dans le milieu du profil.

Or, *s. m.* Métal précieux, lourd, très-ductile, que l'on réduit par le battage en feuilles minces, extrêmement légères et vola- tiles.

On l'emploie en décorations de luxe.

Voyez *Dorure*.

Oratoire, *s. m.* Petite chapelle privée, dépendante d'un château, d'un couvent.

Ordonnance, *s. f.* Prescription émanant de la municipalité, de la police de la grande et de la petite voirie.

Ordre, *s. m.* Archit. Régularité suivie dans un édifice ; sou- mettre les proportions données et réglementaires, selon les ordres *dorique, ionique, corinthien.*

Le *toscan* et le *composite* ne sont que des ordres secondaires, dont les proportions sont tirées de l'ionique et du corinthien.

— Certaine régularité à suivre dans un mémoire, dans un devis de travaux.

Oreille, *s. f.* Face de côté d'une volute ionienne.

Oreille de chat, *s. f.* Ferbl. Petite capote en zinc, ouverte d'un côté, pour abriter une petite baie circulaire dans une toiture en ardoises, qui éclaire un comble.

Oreillon, *s. m.* Petite pyramide qui se dresse sur l'angle d'un clocher, à la naissance de la flèche.

Orient, *s. m.* Le côté de l'horizon d'où apparaît le soleil à son lever.

Avoir de l'orient, se dit de l'intelligence d'un ouvrier sur le chantier, dans la mise en œuvre et l'exécution de son travail.

Orientation, *s. f.* Reconnaître ou rechercher les moyens de s'

Orienter, *v. a.* Se baser, pour reconnaître l'orientation, sur le côté d'où apparaît le soleil au moment de son lever.

En faisant face à ce côté de l'horizon qui se nomme *est*, l'on a le *nord* à sa gauche, le *sud* à sa droite, et enfin l'*ouest* derrière soi. Ces quatre côtés se nomment les *quatre points cardinaux.*

— Sur un plan, le nord est toujours désigné par le dard d'une flèche indicatrice.

La boussole est l'instrument nécessaire pour s'orienter.

Orifice, *s. m.* Se dit de l'entrée d'une fosse, d'un puits, d'une galerie souterraine, d'un four, etc.

Ornement, *s. m.* Toute décoration exécutée en sculpture, peinture, dorure ; sur pierre, sur marbre, sur bois, estampée ou ciselée dans les métaux.

— Matière ornée, rapportée ou adhérente. Le tout disposé avec goût, avec art et dans le but de donner un embellissement plus ou moins important ou complet.

— Les ornements sont généralement l'objet d'un prix débattu.

Orner, *v. a.* Exécuter, placer et disposer des ornements, selon les prescriptions données par le bon goût et surtout, selon des préceptes artistiques.

Oubliettes, *s. f. pl.* Cachot souterrain et secret, sans autre ouverture que celle ménagée à la partie supérieure par une trappe à bascule. Les oubliettes existaient au moyen-âge dans les châteaux-forts ; leur but était d'y précipiter et laisser mourir secrètement des victimes qui étaient condamnées, le plus souvent, sans jugement.

Ourlet, *s. m.* Evasement à l'extrémité d'un tuyau dans lequel vient s'emboîter un autre tuyau.

Outils, *s. m. pl.* Instruments mécaniques et autres pris dans leur ensemble pour tout ce qui sert à l'exécution des travaux du bâtiment.

Ouverture, *s. f.* Voyez *Baie*.

Ouvrage, *s. m.* Tout travail quelconque relatif à la construction.

Ouvrage à la *tâche*, à *façon* ou au *marchandage* ; se dit d'un travail exécuté au prix de la main-d'œuvre seulement par un ou plusieurs ouvriers sous-traitants.

Ouvré, e, *adj.* Se dit du travail opéré sur les métaux.

Ouvrier, *s. m.* Celui qui exerce et exécute de ses mains un travail quelconque en construction, qui travaille sous les ordres d'un patron au moyen d'une rétribution journalière ou à des prix de main-d'œuvre débattus.

Les ouvriers jugés les plus intelligents par leurs patrons et suffisamment aptes à pouvoir en diriger d'autres, deviennent chefs de chantiers ou d'ateliers. La rétribution est supérieure. Ils ont le soin de tout diriger pour suppléer au patron lui-même. Ils prennent, dans chaque corporation, une dénomination particulière, qui varie de la manière suivante :

Piqueur, pour les maçons et les terrassiers.

Appareilleur, pour les tailleurs de pierre.

Gâcheur, pour les charpentiers.

Contre-maître, pour les serruriers, les menuisiers, les plâtriers, peintres, zingueurs, etc.

Ovale, *s. f.* Courbe renfermant une surface oblongue imitant l'ellipse.

La plus simple courbe ovale est formée de quatre arcs de cercle dont les opposés sont égaux, qui doivent se raccorder d'une façon régulière, sans jarreter.

La moitié de cette courbe, prise dans son grand axe, donne celle dite : *anse de panier*, quand elle n'est point elliptique.

Pour rendre l'anse de panier encore plus surbaissée, la courbe qui la forme peut être tracée par cinq, sept, neuf et même onze rayons.

Les centres opposés de ces mêmes rayons déterminent une ovale plus ou moins allongée.

Ove, *s. f*. Archit. Ornement décorant un quart de rond, dont la forme affecte celle d'un œuf.

Ovoïde, *adj*. Dont la forme est celle de l'œuf. Se dit d'une coupe d'un profil présentant un contour qui rappelle celle de l'œuf.

Oxydation, *s. f.* Conversion des métaux ou autres substances en oxydes par la combinaison avec une certaine portion d'oxygène.

— État de ce qui est oxydé.

Oxygone, *adj*. Géom. Figure dont tous les angles sont aigus.

P

Paie, *s. f*. Solde faite aux ouvriers d'un même patron.

Paiement, *s. m*. Acquittement d'une facture, d'un mémoire, d'un compte, justifiés après vérification ; versement d'une somme due en suite d'une promesse ou d'un engagement quelconque.

Paille, *s. f*. Défaut qui se trouve dans le fer et qui le rend cassant par l'effet d'une petite lamelle qui se rencontre dans l'intérieur, qui s'en détache et qui, par ce fait, en altère la solidité.

Palais, *s. m*. Archit. Édifice monumental destiné à l'habitation somptueuse d'un haut et puissant personnage et de toute sa maison.

— Un palais est également affecté à des attributions toutes spéciales : aux arts, au commerce, à l'industrie, à la magistrature. etc.

Palan, *s. m*. Assemblage de poulies, de moufles et de cordages pour enlever des fardeaux ou pour exécuter des manœuvres.

Pale, *s. f*. Petite trappe d'une écluse, d'un moulin, d'un canal, etc.

— Planche terminée en pointe formant encaissement pour permettre l'exécution d'ouvrages dans l'eau.

Palée, *s. f.* Rang de pieux enfoncés dans un sol mouvant pour le raffermir et servir de base à une construction.

Palier, *s. m.* Petite plate-forme en pierre de taille dépendant d'un escalier. Cette plate-forme est dite *palier d'arrivée*, quand elle est à niveau du sol d'un étage. Elle est dite *palier de repos*, quand elle est placée à mi-hauteur d'étage.

Dans l'un ou l'autre cas, elle est mesurée sa plus grande longueur multipliée par sa plus grande largeur, en maintenant toutefois ces deux dimensions dans le plus petit paraléllogramme rectangle possible.

La surface trouvée est la même pour la pose que pour la fourniture.

Les paliers sont quelquefois formés par un plancher quand l'escalier lui-même est en bois. En ce cas, le plancher est mesuré comme tel, et la bordure qui fait marche d'arrivée est comptée comme simple marche avec celles de la rampe qui y conduit.

Un palier n'excédant pas deux foulées, peut compter pour deux marches.

Palissade, *s.f.* Barrière de bois pour clôture, composée de pieux ou de planches fichés en terre ou maintenus par de forts poteaux reliés avec des entretoises ou traverses sur lesquelles les pieux ou planches sont cloués.

Palmette, *s. f.* Partie d'un ornement ayant la forme d'une feuille de palmier ou de chèvrefeuille.

Palplanche, *s. f.* Charp. Pièce de bois placée horizontalement et garnissant le devant d'un pilotis.

Pan, *s. m.* Face ou parement d'un mur, d'une cloison, d'un ouvrage de menuiserie.

— Le côté d'une figure géométrique formée de lignes droites.

— Chaque face d'une construction légère ayant au moins trois côtés, tels qu'un pavillon, un clocher, une tourelle présentant des surfaces planes.

Pan-coupé, *s. m.* Face d'un mur, d'une cloison, d'une boiserie qu'interrompt et remplace l'angle que formeraient deux murs, deux cloisons, deux boiseries qui seraient prolongés. Le *pan-coupé* relie donc cette interruption dans une proportion quelconque ; le plus souvent dans une inclinaison à quarante-cinq degrés.

— La partie triangulaire d'une toiture comprise entre deux arêtiers qui, se reliant à leur sommet, sépareraient deux longs pans en retour l'un à l'autre.

Pan de bois, *s. m.* Charpente légère en assemblages pour recevoir une ou plusieurs cloisons en briques ou plotets.

Panne, *s. f.* Charp. Pièce de bois brute ou équarrie placée horizontalement sous une toiture dans le but de recevoir les chevrons.

Les pannes portent ordinairement sur les pignons de maçonnerie ou reposent sur les arbalétriers des fermes.

Elles servent à soulager la portée d'un revers de toit et sont retenues elles-mêmes par des *chantignoles.* Voyez ce mot.

La mensuration d'une panne a lieu par équarrissement moyen multiplié par sa longueur apparente, augmentée de sa pénétration réelle dans le mur.

Les *pannes de bris* sont celles qui sont placées horizontalement à la brisure d'un revers de toiture avec le bris de cette même toiture dont la pente devient rapide. Elle est aussi appelée *sablière de bris.*

Elle est mesurée comme les pannes ordinaires.

Panneau, *s. m.* Toute figure rectangulaire ou triangulaire légèrement saillante ou refouillée qui est encadrée d'un champ mouluré ou non, est appelée *panneau.*

Cette figure se présente souvent dans un parement de pierre de taille ou de menuiserie. Dans ce dernier cas, les panneaux sont assemblés et embrevés dans les bâtis d'encadrement moulurés ou non.

Dans la mensuration des boiseries en assemblages et à panneaux, il est dû *deux panneaux* par mètre superficiel.

Chaque panneau supplémentaire est compté en plus-value et à l'estimation.

Sont également des *panneaux* les surfaces de peinture, tenture et tapisserie encadrées de bandeaux ou champs, dont la largeur est proportionnée aux dimensions données aux panneaux.

— Plat.-Cim.-Stuc. Les panneaux sont également des surfaces rectangulaires ou triangulaires avec moulures pour les encadrer. Les arêtes des panneaux et la moulure elle-même, poussées au même calibre, sont mesurées comme moulures. Les longueurs sont toujours augmentées de 0^m 33 pour chaque retour d'angle ou d'onglet. La longueur générale est multipliée par le développement de la moulure du champ et de l'arête du panneau. Ce développement doit comprendre tout le profil poussé par le calibre lui-même.

— On donne également le nom de *panneau* à un assemblage de liteaux formés par le charpentier, reproduisant le tracé d'une épure dans ses mesures d'exécution.

— Le panneau est encore une plaque de métal, de bois ou de carton reproduisant un profil pour tailler la pierre.

Panneton, *s. m.* Serrur. Patte de fer forgée à une clé de serrure, souvent découpée avec précision pour faire jouer les rouages intérieurs de la serrure dans laquelle la clé est introduite par le panneton, lequel panneton est opposé à l'anneau de la clé faisant poignée. La partie droite qui réunit le panneton à l'anneau, se nomme *tige.*

Pannière, *s. f.* Petite voûte en plotets ou briques doublées, établie dans le vide d'une enchevêtrure de cheminée. Les naissances de cette voûte reposent sur de forts liteaux en bois, appelés *goussets*, que les charpentiers clouent sur les flancs des chevêtres. Les *goussets* se mesurent au mètre linéaire.

La pannière, ainsi construite, a pour but d'isoler le plancher dans lequel elle est établie de toutes communications avec le foyer de la cheminée que reçoit la pannière.

Les pannières, à moins de dimensions particulières, se comptent à la pièce jusqu'à une superficie d'environ 1^m 50.

Les cintres en charpente, qui servent à les construire, se comptent également à la pièce.

Panse, *s. f.* La partie renflée d'un balustre.

Pantographe, *s. m.* Instrument servant à copier mécaniquement les dessins.

Pantomètre, *s. m.* Instrument servant à relever les angles, les longueurs, les hauteurs, les distances.

Parabole, *s. f.* Géom. Ligne courbe qui résulte de la section d'un cône coupé par un plan parallèle à un de ses côtés.

— Fumist. Petite cloison mobile en fonte dans un fourneau de cuisine, placée entre le foyer et le four. Etant susceptible de rupture par l'action du feu, elle peut être facilement changée sans démonter le fourneau.

Parallèle, *s. f.* Géom. Deux lignes droites ou deux surfaces planes qui, suivant la même direction, seraient poussées à l'infini, ne pourraient jamais se rencontrer.

Parallèlement, *adv.* D'une manière parallèle.

Parallélipipède, *s. m.* Géom. Corps solide, formé de six rectangles, dont les opposés sont égaux et parallèles deux à deux.

Parallélogramme, *s. m.* Géom. Surface plane dont les côtés opposés sont égaux et parallèles deux à deux.

Il est rectangle quand les angles sont droits.

Parapet, *s. m.* Appui en pierre ou en maçonnerie, longeant les côtés d'un pont, d'un quai, d'une terrasse ou d'un vide quelconque.

Paratonnerre, *s. m.* Appareil destiné à protéger un édifice, ou une simple maison d'habitation, des effets de la foudre.

Cet appareil, inventé par Franklin, est composé d'une aiguille d'acier aimantée surmontant la partie la plus élevée de l'édifice ou de la maison à protéger. Cette aiguille est continuée par une tige de fer qui descend jusque dans le sol.

L'aiguille d'acier a la propriété de soutirer l'électricité et de l'envoyer se perdre par le courant de la tige de fer jusqu'à son extrémité inférieure dans la terre humide ou dans un puits d'eau pour en détruire les effets.

Parc, *s. m.* Étendue de terrain dont le pourtour ou périmètre est formé d'une clôture, servant à renfermer les animaux domestiques en état de pâturage.

— Enceinte close de murs, dépendant d'une riche habitation à la campagne, et disposée avec tous les agréments désirables, souvent sans aucun rapport.

Parclose, *s. f.* Menuis. Traverse lisse ou moulurée, rapportée sans assemblages sur un élégissement, pour simuler un panneau ou un caisson, dans le parement vu, d'un ouvrage de menuiserie.

Les parcloses sont comptées à la pièce ou linéairement.

Parement, *s. m.* Constr. Toute face apparente d'un mur, d'une pierre de taille, d'une boiserie, d'une cloison, etc.

Le *parement vu* d'une pierre de taille est celui dont le taillage est mieux soigné, par la raison qu'il est apparent, selon l'expression même de sa désignation.

Ses autres faces taillées, quoique cachées, sont également des parements.

— Une boiserie est dite à *double parement* quand elle est travaillée sur ses deux faces, avec ou sans moulures.

Parementer, *v. a.* Faire un parement, le façonner, le travailler soigneusement.

Pargue, *s. f.* Charp. et Menuis. Larges traverses clouées derrière les vantaux d'une porte ou d'un portail en planches non assemblées, c'est-à-dire à joints plats. Les pargues servent à lier et maintenir ces planches dans le sens vertical.

Les pargues se mesurent séparément au mètre superficiel réel.

S'il y a des chanfreins sur les arêtes, ils sont mesurés au mètre linéaire. Si ces chanfreins ont des arrêts, ils se comptent à la pièce.

Parloir, *s. m.* La pièce attenante à l'entrée d'un monastère, d'un collége, pour recevoir les visiteurs.

Paroi, *s. f.* Chaque face d'un mur, d'une cloison, d'une chambre.

— Le parement intérieur d'un puits, d'une fosse, d'un égoût, etc.

Parpaing, *s. m.* Pierre employée à la construction d'un mur, placée transversalement dans son épaisseur et dont les têtes représentent et forment les deux parements de ce mur.

Parquet, *s. m.* Menuis. Assemblage à compartiments faits de bois minces d'une ou de plusieurs natures et dont la surface plane et horizontale forme le sol d'une chambre, d'une salle, etc.

Cet assemblage est toujours à rainures et languettes, prises dans l'épaisseur du bois.

Les parquets se comptent généralement avec les lambourdes sur lesquelles ils reposent et sont cloués.

Ils se mesurent au mètre superficiel, selon les formes géométriques qu'ils présentent. Les formettes de croisées et les embrasures de portes sont ajoutées comme surface à celle de la pièce. Il en est retranché tous les vides, sauf les foyères de cheminées. Cette réserve est faite pour compenser la frise qui fait encadrement à la foyère.

On distingue diverses sortes de parquets : ceux à *fougères* formés de lames étroites disposées en zig-zag, qui rappellent la feuille de la plante qui porte ce nom.

Ceux à *bâtons rompus*, dont les lames sont assemblées parallèlement, mais en chavauchant les joints de têtes.

Ceux en *feuilles*, formées de tablettes et compartiments réunis, d'une forme rectangulaire et souvent variée par diverses natures de bois.

— Sorte de boiserie en assemblages et sans moulures, destinée à recevoir et à encadrer une glace.

Parqueter, *v. a.* Poser un parquet, soit à fougères, à bâtons rompus ou en feuilles.

Parqueteur, *s. m.* Ouvrier dont la spécialité est de poser les parquets.

Le métré du parqueteur, c'est-à-dire de la pose d'un parquet, est le même que celui fait pour la fourniture de ce même parquet, seulement il est fait la déduction de la foyère de cheminée, qui ne se retranche pas à la fourniture.

Parvis, *s. m.* Archit. Esplanade peu élevée au-devant de l'entrée d'une église, principalement d'une métropole.

Pas-de-vis, *s. m.* Serrur. Tour complet que fait le cylindre d'une vis.

Pas-perdus (Salle des). Grand vestibule d'un édifice quelconque, mais principalement d'un Palais de Justice, servant de promenoir.

Passage, *s. m.* Communication large entre la chaussée et l'intérieur d'une maison, d'un hôtel.

Patin, *s. m.* Charp. Plateau brut sur lequel repose un étai. Il est synonyme de *semelle* et se mesure comme elle.

— Maçonn. Deux petits dés taillés en forme de semelles, placés par devant le trou d'un siége d'aisance, dit à la turque, et sur lesquels reposent les pieds, dans la position que l'on sait.

Ils se comptent à la pièce, sauf qu'ils soient adhérents au sol en taille du cabinet.

Patron, *s. m.* Chef ouvrier, chef d'une entreprise, d'un chantier, d'un bureau, d'un cabinet d'architecte.

Dans certaines corporations du bâtiment, notamment les charpentiers, les ouvriers donnent à leur patron le nom peu gracieux de *singe*.

Paumelle, *s. f.* Synonyme de *Penture*.

Pavage, *s. m.* L'ensemble des pavés formant le sol d'une chaussée, d'une cour, d'un passage, d'une écurie ou de tout autre lieu analogue.

Pavé, *s. m.* Gros caillou choisi pour la confection d'un pavage Sa nature est essentiellement siliceuse.

Le pavé est dit *roulé* quand il est employé dans son état naturel.

Il est dit *tété* quand sa tête a été préalablement abattue avant son emploi.

Il est dit *épiné* quand, avant son emploi, il est non-seulement tété, mais encore grossièrement équarri. En ce cas, il est taillé sur cinq faces.

Il est *cubique* ou d'*échantillon* quand il est taillé dans le grès et qu'il présente six faces à peu près égales.

Quelle que soit leur confection, les pavages se mesurent au mètre superficiel réel.

Paver, *v. a.* Confectionner, faire un pavage.

Paveur, *s. m.* Patron ou ouvrier dont la spécialité est la confection, l'entreprise ou la fourniture des pavages.

Pavillon, *s. m.* Petite construction de formes diverses, isolée ou adossée à un avant-corps de maison ou d'un édifice.

— Toiture particulière surmontant un avant-corps ou un comble.

— Petite et légère construction affectant des formes capricieuses, souvent terminées par une toiture demi-sphérique ou par une flèche circulaire ou à pans. Dans ce dernier cas, *pavillon* est synonyme de *Kiosque*.

— On donne le nom de pavillon aux lambrequins en bois ou en métal placés dans le haut d'une jalousie, derrière lesquels les lames sont cachées quand elles sont relevées.

Pédomètre, *s. m.* Voyez *Odomètre*.

Peintre, *s. m.* Patron ou ouvrier dont la spécialité est l'entreprise et l'exécution des ouvrages de peinture, vernis, badigeon, collage de papiers peints, etc.

L'entrepreneur de peintures, à Lyon, se charge également de la vitrerie et de la plâtrerie d'une construction, dont ces travaux sont aussi la spécialité. Voyez *Plâtrier*.

Les peintures décoratives et artistiques ne s'exécutent que

par des ouvriers peintres d'un ordre supérieur, qui sont eux-mêmes des artistes.

Ces sortes de peintures étant du ressort de la décoration, sont généralement l'objet d'un prix spécial et débattu.

Peinture, *s. f.* Spécialité du bâtiment qui a pour objet le revêtissement en peinture, vernis et autres applications analogues, sur bois et sur fer.

Elle comprend aussi les décorations artistiques de toutes natures, les fresques, les enseignes, la dorure et les ornementations intérieures. Il en est de même de toute peinture à la détrempe et à la colle.

Tout ce qui est peint ou verni sur boiserie se mesure géométriquement au mètre superficiel réel ; tous les vides sont déduits.

Pour la déduction des vitres ou glaces, chaque dimension de hauteur et de largeur de la vitre ou de la glace est diminuée de 0^m 06 pour sujétion et valeur de l'épaisseur du bois dans lequel la vitre est enchâssée.

Toutefois, quand la surface de la vitre n'atteint pas au moins 0^m 10 de surface, il n'est rien déduit.

La peinture d'un barreaudage ordinaire, dont les barreaux sont espacés de 0^m 10 à 0^m 12, se compte d'une seule face ; la hauteur des barreaux multipliée par la largeur qu'ils présentent dans leur ensemble.

Les balustrades à fuseaux droits sont aussi mesurées d'une seule face. Celles à complications de remplissages ou d'ornements sont mesurées des deux côtés.

Les treillis en fil de fer maillés jusqu'à 0^m 03 de vide, sont mesurés sur les deux faces.

Les peintures de carrelages ou de parquets sont mesurées à leur surface réelle.

Dans la mensuration des peintures ou vernis appliqués sur parties moulurées, il sera fait le développement rigoureux de toutes les parties atteintes par le pinceau.

Voir le mot *Zinc* pour un procédé de peinture adhérente à ce métal.

— *Peintures et ciments brûlés*. Ce travail, qui est préparatoire, est toujours l'objet d'une valeur supplémentaire à celle de la peinture ultérieurement étendue.

Comme l'indique sa désignation, le brûlage des peintures a pour but de détruire, à l'aide de la lampe à esprit, les vieilles peintures que l'on se propose de remplacer par des couches nouvelles. A cet effet, le brûlage est opéré à vif avec râclage, pour mettre le bois complètement à nu.

Les peintures appliquées sur ciment doivent toujours être précédées d'une préparation chimique qui consiste à passer une couche d'acide sulfurique qui permet l'adhérence des peintures projetées sans en altérer les teintes ou les tons.

Dans l'un et l'autre cas, ce travail est compté au mètre superficiel des parties brûlées ou couvertes d'acide.

Pelle, *s. f.* Outil de terrassier et de maçon, composé d'une palette de fer très-mince, légèrement recreusée, avec long manche en bois, servant à relever, à retrousser la terre, le mortier, le sable, etc.

La pelle du terrassier est arrondie sur le devant; celle du maçon est carrée.

— *Jet de pelle*. Terme du terrassier pour indiquer la portée à donner pour envoyer à 1ᵐ 60 environ, de bas en haut, une *pelletée* de terre.

Pelleteur, *s. m.* Ouvrier terrassier enlevant à la pelle les fouilles faites par le piocheur.

Pendentif, *s. m.* Archit. La portion d'une décoration ou d'un ornement faisant saillie dans un sens vertical en contre-bas d'une autre décoration ou ornement, auquel le pendentif appartient.

Il est ordinairement placé dans les angles saillants, rentrants ou en retour d'équerre; quelquefois sous la clé d'une voûte ou d'un arc.

Pène, *s. m.* Serrur. Patte de fer allongée en forme de verrou, dépendant d'une serrure, que le mouvement de la clé fait, à l'aide de son panneton, sortir ou entrer dans la serrure, selon que l'on veut fermer ou ouvrir. Le pène sorti, pénètre dans une petite ouverture correspondante que l'on nomme *gâche*.

Pénétration, *s. f.* Introduction d'un corps dans un autre.

Pentadécagone, *s. m.* Géom. Figure ayant quinze côtés et quinze angles.

Pentaèdre, *s. m.* Corps solide ayant cinq faces.

Pentagone, *s. m.* Géom. Surface ayant cinq côtés et cinq angles.

Pente, *s. f.* Inclinaison plus ou moins sensible d'une rigole, d'un canal, d'un égout, à l'effet d'obtenir l'écoulement des eaux.

On donne également, et pour le même but, de la *pente* aux trottoirs, à un dallage, à une surface quelconque exposée à recevoir les eaux pluviales ou autres.

— L'inclinaison plus ou moins accentuée d'un revers de toiture, prise du faîtage au forjet.

Penture, *s. f.* Serrur. Bande de fer terminée par un œil ou un anneau, dans lequel pénètre le gond; laquelle bande est fixée au vantail d'une porte, à l'aide de vis ou de clous.

Elle se compte à la pièce, avec ses vis, comprenant fourniture et pose.

Percée, *s. f.* Maçonn. Ouverture quelconque, existante ou pratiquée dans un mur, dans une voûte, dans une cloison ; effectuée souvent en sous-œuvre et après coup.

Percement, *s. m.* État d'une ouverture faite ou à faire après coup.

Péristyle, *s. m.* Archit. Galerie extérieure ou intérieure d'un édifice, ornée ou garnie de colonnes.

Perles, *s. f. pl.* Archit. Petits globes ronds ou ovoïdes, réunis en chapelets, sculptés ou rapportés en décoration, dans un corps de moulures.

Périmètre, *s. m.* Géom. Les lignes droites ou courbes entourant une surface quelconque.

— Les limites d'une propriété ou d'une enceinte prennent également le nom de *périmètre*.

Perpendiculaire, *s. f.* Géom. Ligne droite abaissée sur une autre et qui forme avec celle-ci un ou deux angles droits. Si la perpendiculaire croise cette ligne, elle doit former quatre angles droits dont le sommet est précisément le point d'intersection des deux lignes.

Perpendiculairement, *adv.* D'une manière perpendiculaire.

Perron, *s. m.* Archit. Escalier extérieur et découvert au-devant d'une façade, desservant la chaussée avec le sol intérieur d'une construction au-devant de laquelle le perron est placé.

Les marches et palier d'un perron en pierre se mesurent comme pour les escaliers ordinaires, soit de fourniture, soit de pose.

Persienne, *s. f.* Menuis. Volet à jour dont les panneaux sont remplacés par des lames transversales superposées et légèrement inclinées du dedans au dehors.

La mensuration des persiennes s'effectue, comme pour les volets, au mètre superficiel.

Si la partie basse d'une paire de persiennes est à panneaux pleins, cette partie est détachée et comptée comme boiserie d'assemblages, jusqu'au milieu de la traverse qui sépare cette partie pleine de celle à jour.

Si la partie supérieure est cintrée, sa hauteur est prise au plus fort, augmentée de la flèche de l'arc.

Dans le cas où cette flèche n'atteindrait pas 0^m 25 de hauteur, cette mesure doit être néanmoins maintenue.

Si l'arc est formé d'une courbe elliptique, la flèche au lieu d'être simplement doublée, doit être comptée une fois et demie de plus, ajoutée à la hauteur principale de la persienne.

En ce qui concerne la peinture des persiennes, la hauteur doit être augmentée d'un tiers, pour le développement des lames transversales. Cette hauteur est multipliée par le développement des faces peintes.

— Serrur. Dans certains cas, les persiennes sont confectionnées en fer et sont alors le travail exclusif du serrurier. La forme reste la même, mais la nature présente des garanties plus sérieuses pour la sécurité.

Comme la plupart des ouvrages de serrurerie, les persiennes en fer sont livrées et mises en place en raison de leur poids.

Les peintures qui doivent immédiatement les recouvrir sont mesurées comme il est dit plus haut.

Perspective, *s. f.* Effet d'optique qui diminue les objets et les nuances dans la proportion de leur éloignement.

— L'art de reproduire ces effets par le dessin ou par la peinture.

Pertuis, *s. m.* Trou, ouverture par laquelle se perd l'eau d'un bassin, d'une fontaine, d'un réservoir, etc.

Phare, *s. m.* Grosse tour très-élevée sur une côte marine, près d'un port de mer ou d'un écueil dangereux.

Au sommet de cette tour, on entretient des feux pendant la nuit, dont la clarté projetée au loin, sert à guider les navires en pleine mer sur le point d'aborder.

Physique, *s. f.* Science des choses naturelles et de la propriété des corps.

Pic, *s. m.* Instrument de fer un peu courbé et pointu vers le bout, servant à ouvrir la terre dans les endroits pierreux ; arracher, casser des parties de roc ou de vieux béton, démolir de vieux murs, etc.

Picarde, *adj.* Nom donné à une sorte de serrure de sûreté, dont la clé est forée, faisant jouer des rouages à l'intérieur de la serrure.

Elles portent le nom de la province où elles sont généralement fabriquées.

Pièce, *s. f.* Chambre d'un appartement.

— L'on dit aussi *Pièce de bois*, *Pièce d'appui*, *Pièce d'eau*, etc.

— Parcelle de pierre, de métal ou de bois pour être rapportée et ajustée à une partie principale de nature semblable.

Pied, *s. m.* Ancienne subdivision de la toise, ancienne unité et base de mesure linéaire.

— Base d'un corps droit ou incliné.

Pied-de-chèvre, *s. m.* Charp. et Menuis. Sorte de console en bois ayant à peu près la forme d'une patte de chèvre.

Se compte à la pièce.

Pied-droit, *s. m.* Correspond à *jambage* de toute espèce de baie.

Les pieds-droits en taille faisant double tableau sont comptés doubles , si l'épaisseur de ces pieds-droits a un maximum de 0ᵐ 20.

Piédestal, *s. m.* Archit. Socle élevé de forme rectangulaire ou à pans servant de support à un objet quelconque : vase, colonne, pilastre, statue, etc.

Il varie de décoration et de style.

Il se confectionne en marbre, en pierre, en bois, même en simple maçonnerie avec des applications décoratives de plâtre, ciment ou stuc.

Piédouche, *s. m.* Archit. Piédestal de très-petite dimension.

Pied-d'œuvre, *s. m.* Le chantier même d'une construction.

— L'enceinte dans laquelle sont concentrés tous les matériaux nécessaires et relatifs à son exécution.

Ces matériaux sont dits *rendus à pied-d'œuvre*, quand ils sont amenés et déchargés dans cette enceinte, soit une distance qui ne peut excéder 15 mètres des côtés de la construction.

Pierre, *s. f.* Corps solide qui forme la majeure partie de la croûte terrestre, dont le durcissement progressif est opéré par le temps.

Chaque formation antérieure est nettement séparée des formations postérieures par des lignes qui divisent des masses homogènes par couches superposées plus ou moins épaisses que l'on nomme *bancs ;* les séparations se nomment *lits.*

La pierre est donc, pour son emploi, tirée du sein de la terre ou détachée des montagnes.

Elle constitue, avec le bois et le fer, l'un des trois éléments principaux de la construction.

Par sa nature, la pierre se divise en quatre classes ou catégories différentes :

1°. Les *calcaires* dans la composition desquelles domine le carbonate de chaux.

La propriété des calcaires est donc de se réduire, de se convertir en chaux par l'action ardente du feu.

2° Les *argileuses* dont l'argile fait la base principale, durcissent au feu et sont douces au toucher. Elles sont composées de filaments, d'écailles ou de lames qui se séparent facilement.

3° Les *siliceuses* dont l'élément principal est la silice, sont exceptionnellement dures et résistent au feu le plus violent.

Le brusque contact avec l'acier en tire des étincelles très-vives ; elles ne se laissent point attaquer par les acides.

4° Enfin, les *volcaniques* arrivées à la surface du globe par l'effet des grandes convulsions de la nature ou produites par l'éruption des volcans.

Les pierres *calcaires* étant les plus répandues dans la construction et les plus en usage, forment seules, l'objet de la définition suivante.

Elles se divisent en deux espèces :

La PIERRE DURE.

La PIERRE TENDRE.

— La pierre *dure* est celle qui possède la propriété d'offrir une résistance des plus énergiques, tant aux injures de l'atmosphère qu'aux charges les plus considérables.

Elle est employée sous les formes les plus variées, soit en fondation, soit en soubassement de façades, soit enfin, à la confection d'escaliers, plafonds, assises, pieds-droits, dallages, rigoles, bordures, etc.

Parmi ces calcaires, il faut citer la taille produite par les carrières du Haut-Rhône. Elle comprend le Villebois, le Montalieu, le Hauteville, dont le poids moyen, par mètre cube réel, est d'environ 2,800 kil.

Ces carrières fournissent des blocs remarquables par leurs dimensions. Quelques bancs atteignent jusqu'à deux mètres d'épaisseur.

La nature de cette pierre se prête facilement à tous les taillages et peut, sans trop d'inconvénient, être placée en délits.

Sa nuance est gris clair, et ses paremeuts peuvent recevoir au besoin le poli du grésage.

Le Hauteville notamment est employé à des ouvrages de choix, tels que monuments funéraires, piédestaux, colonnes, pilastres, couronnements, etc.

Le calcaire de *Crussol* (Ardèche) possède les mêmes qualités que les précédents, mais avec grain plus beau et plus fin. Cette pierre n'est employée, à Lyon, que pour usage d'un choix supérieur. Sa valeur est plus coûteuse par l'effet du transport moins facile que pour les produits du Haut-Rhône.

Son poids par mètre cube est d'environ 3,000 kil.

Le calcaire de *Cruas* peut fournir un très-beau poli ; sa nature grasse se prête merveilleusement à la sculpture.

Cette pierre d'une teinte rousse, nuancée et veinée est employée à des ouvrages d'un certain luxe, mais toutefois et par exception, doit être placée à l'abri des effets atmosphériques.

On en fait de beaux escaliers, des balustrades, des perrons, des piédestaux, des colonnes, des entablements de portiques, etc.

Les calcaires de *Saint-Cyr*, *Saint-Fortunat*, *Dardilly*, *Limonest* dont les carrières avoisinent Lyon, sont d'une couleur grise et surtout très-coquilleuses.

Leur qualité ne permet leur emploi que dans un ordre inférieur. Ces carrières fournissent en général des piliers, pieds-droits, couvertes, assises, anchants, dalles, rigoles, bordures, etc.

Quelques carrières, notamment Limonest, Dardilly offrent des bancs réguliers avec lesquels on peut faire, relativement, d'assez jolis escaliers.

Les mauvais bancs s'emploient en libages, liaisons, décharges.

Le poids moyen de ces calcaires, par mètre cube, est d'environ 2,600 kil.

Le calcaire de *Brénat*, de couleur généralement bleue, est employé pour moëllons. Voyez *Chirat*.

Le calcaire de *Couzon*, de couleur jaune, très-abondant, est également employé pour moëllons.

Ces carrières fournissent aussi des jambages, anchants, couvertes, liaisons, décharges, mais sur choix tout spécial.

La pierre *tendre*, par opposition à la précédente, est celle qui, en général, résiste moins aux fardeaux et qui, par ce fait, n'est employée que dans les parties en élévation et en façades.

Sa nature se prête parfaitement au taillage des moulures de toutes sortes. Elle est produite par les carrières de Tournus (Saône-et-Loire), Lucenay (Rhône). Ces deux natures de pierre, à peu près identiques, bien que le Tournus soit supérieur et préférable au Lucenay, sont très-employées à Lyon. Elles acquièrent facilement une très-grande dureté à l'emploi.

Le poids moyen, par mètre cube, est d'environ 2,500 kil.

Ces carrières fournissent de très-beaux blocs, dont quelques bancs admettent, d'une manière parfaite, les ouvrages de sculpture.

Les calcaires les plus tendres nous viennent du Midi. Ils sont tirés des carrières de Saint-Juste, Saint-Restitut, Saint-Paul-Trois-Châteaux, Beaucaire. Bien que très-tendres à l'extraction, ils acquièrent cependant, par l'action du temps, une assez grande consistance.

Ils ne peuvent toutefois être employés qu'en façades, mais sont susceptibles de recevoir très-facilement des moulures et des sculptures de toutes sortes.

Sa couleur, extrêmement blanche, se ternit très-vite par l'action du temps.

Ces tailles sont expédiées par voies ferrées en blocs cubiques, débités, sciés par tranches et ébauchés à pied-d'œuvre. Le taillage définitif n'est opéré qu'après pose, par l'effet d'un travail complémentaire appelé *ravalement*.

Ces calcaires du poids moyen de 2,300 kil., malgré les frais coûteux du transport, n'en font pas moins une très-grande concurrence, à Lyon, aux produits expédiés de Tournus et de Lucenay.

Par exception, les tailles des carrières de *Tarascon* ne sont employées que d'une manière particulière. La beauté du grain et les frais d'exploitation la range parmi les pierres de premier choix.

Les calcaires de *Seyssel* (Ain) tiennent de la nature de ceux du Midi ; mais, quoique plus beaux, sont divisés par des mises qui rendent ces tailles moins propres à l'emploi.

Le calcaire de *la Grive* près Bourgoin, d'un blanc roussâtre, est employé pour moëllons.

On en fait également des jambages, couvertes, cordons, assises, etc., mais bien que préférable au Couzon, cette pierre est peu employée, en raison des frais coûteux de son transport par voie ferrée.

La pierre, selon ses façons, prend des dénominations toutes particulières en raison de son taillage et de son emploi.

Celle à *bossage* et à *refend*, qui est réglée par assises découpées avec des cannelures pratiquées à tous ses joints.

Celle de *bas appareil* dont les bancs ont peu de hauteur.

Celle d'*échantillon*, taillée sur des dimensions données et des formes prescrites.

Celle en *parpaing*, qui fait toute l'épaisseur du mur dans lequel elle est placée, et dont les têtes font les deux parements de ce mur.

Celle *piquée*, dont les arêtes sont relevées au ciseau et les parements redressés à la pointe.

Celle *polie*, dont les hachures sont enlevées avec le grès ou la laye.

Celle *rustiquée* ou piquée à la grosse pointe.

Celle *smillée*, qui est équarrie et taillée au marteau. Voyez *Moëllon*.

La pierre, selon ses défauts, prend également des noms en raison même de ces défauts.

Celle *coquilleuse* est garnie de rognons blancs ou noirs, et mutilée de nombreuses anfractuosités.

Celle *délitée*, a peu de consistance et peut se refendre facilement.

Celle *en délit*, qui n'est pas à l'emploi posée sur son lit naturel, celui qu'elle avait lors de son extraction en carrière.

Celle *gauche*, dont les parements vus ne suivent pas le sens de la règle ou de l'équerre.

Celle *gélive*, humide et craintive à la gelée, dont les pores sont peu resserrés.

— Pour le mode général de la mensuration des pierres de taille, il est donné au mot *Inscrire* (1).

---

(1) Le nouveau métré du taillage de la pierre n'étant pas encore, à Lyon, l'objet d'une mesure définitivement établie, l'application du tarif de la Chambre syndicale n'a pas été reproduite dans cet ouvrage.

Les fournisseurs conservent encore l'ancien système de traiter et de livrer leurs produits, comprenant : valeur de la pierre, taillage et transport à pied-d'œuvre.

L'usage primitif est donc encore maintenu dans la localité.

POSE D'UNE PREMIÈRE PIERRE

CÉRÉMONIE A CETTE OCCASION.

La pose de la première pierre d'un édifice public est toujours le motif d'une cérémonie officielle qu'il est, croyons-nous, opportun de résumer ici.

Lorsque les fondations d'un édifice public sont achevées et qu'elles sont arrivées à hauteur de la chaussée, des assises en pierre de taille sont alors mises en place pour former base ou socle aux façades d'élévation.

L'une de ces assises est choisie pour être placée la première. Sa place est généralement un angle saillant de la façade principale.

Dans le parement supérieur et horizontal du premier bloc formant le lit de la deuxième assise, a été creusé une niche rectangulaire, dans laquelle doit pénétrer hermétiquement une boîte en métal.

Le jour fixé pour la cérémonie, le chantier est mis complètement en ordre. Le bloc dont nous parlons est déjà placé avec sa niche béante. Une échelle mécanique enguirlandée et toute gréée, élève gravement ses deux bras puissants au-dessus du bloc en se réunissant à la poulie sur laquelle est passé le cordage qui tient suspendu le deuxième bloc, prêt à descendre sur le premier.

L'emplacement qui règne autour de ce point du chantier est garni de tapis, de fleurs, de tentures, de fauteuils ; le tout est surmonté de banderolles, d'oriflammes, de drapeaux qui flottent au vent.

A cette fête, sont convoqués, de droit, les autorités civiles et militaires, la magistrature, le monde religieux, scientifique, artistique ou financier, et principalement, tout ce qui se rattache directement aux attributions de l'édifice lui-même. Assistent naturellement aussi les administrateurs de la construction, l'architecte, l'entrepreneur, et tout le personnel du chantier.

Enfin, lorsque à l'heure dite l'assemblée est présente, des discours sont prononcés ; puis, l'on procède à la pose de la première pierre.

Dans la boîte métallique sont enfermées et scellées des pièces de monnaies de toutes valeurs : or, argent, billon de l'année présente, ainsi que des médailles commémoratives, et surtout des parchemins contenant un procès-verbal relatant le but de l'édifice, la date de son érection, le gouvernement sous lequel il est érigé, les noms des principaux fonctionnaires et administrateurs de la localité, avec celui de l'architecte, auteur et directeur de l'œuvre.

La boîte ainsi scellée est placée dans sa niche.

Alors, l'architecte ou l'entrepreneur vient présenter au fonctionnaire principal, quelquefois a une dame, une petite auge de maçon, en bois sculpté, contenant du mortier. A l'aide d'une truelle, mignonne et élégante, un peu de mortier est puisé, jeté et étendu sur la boîte qui disparaît sous cette couche d'enduit.

Cette opération faite, l'entrepreneur, aidé de son chef-ouvrier et de quelques hommes, procèdent ensemble au placement de la deuxième assise toujours suspendue à la mécanique, dont la manœuvre fait descendre lentement cette assise sur la première.

Alors, la même main qui a jeté le mortier, revient armée d'un marteau, non moins mignon, non moins élégant que la truelle, frappe trois coups sur ce nouveau bloc afin de l'assurer *solidement* au premier et les fixer ainsi à la place qu'ils doivent occuper..... la durée de plusieurs siècles.

Il est inutile de dire que des symphonies retentissent pendant toute la durée de la cérémonie, qui est inévitablement suivie de festins à tous les degrés, sans oublier, bien entendu, celui que s'offrent fraternellement entre eux les ouvriers du chantier, avec les gratifications qui leur sont largement distribuées.

Des médailles commémoratives sont également frappées et distribuées à tous les assistants, en souvenir de la fête qui vient de se célébrer.

Les constructions privées donnent lieu quelquefois à des cérémonies de même nature ; mais toutefois, avec moins de solennité que pour un édifice public.

Pieu, *s. m.* Pièce de bois ronde ou grossièrement équarrie, garnie à sa plus faible extrémité d'une pointe en fer forgé, facilitant sa pénétration dans le sol où la pièce doit être enfoncée. Synonyme de *Pilotis*.

Pignon, *s. m.* Partie haute et triangulaire d'un mur qui reçoit la toiture.

— On nomme également *pignon* le mur mitoyen séparatif entre deux maisons adjacentes. Il est généralement terminé triangulairement.

Lorsqu'un mur mitoyen ou de pignon est l'objet d'un métré séparé, un plan est nécessaire pour produire la sinuosité souvent irrégulière de la ligne brisée qui le termine. C'est souvent, à l'aide de cette configuration tracée à l'échelle, que l'opération de sa surface est obtenue. Les mensurations prises sur place doivent constamment être basées sur des lignes de repère horizontales et verticales. Ces lignes, reproduites sur le plan, permettent plus facilement le résultat cherché.

Pilastre, *s. m.* Archit. Pilier de forme carrée, adossé et engagé dans une façade sur laquelle il fait saillie. On lui donne en hauteur et en largeur les mêmes proportions qu'aux différents ordres dont il dépend. Il est composé, comme la colonne, d'une base, d'un fût et d'un chapiteau.

—Pierre de t. Le pilastre est mesuré selon chacune des assises qui le composent.

Plât.-cim. ou st. La mensuration des pilastres est effectuée d'abord en comptant à la pièce, la base et le chapiteau, avec une valeur conforme à l'importance de l'ornementation. Quant au fût, il est développé dans son profil avec addition de 0^m 15 pour chaque amortissement. Ce développement est multiplié par sa hauteur prise de la base au chapiteau.

—Menuis. Les pilastres dont le fût est cannelé sont considérés comme chambranles et mesurés tels. Si le fût est lisse, il est assimilé aux contre-chambranles.

Les bases et les chapiteaux sont estimés à la pièce.

Les ornements rapportés sont comptés séparément.

Pile, *s. f.* Massif de maçonnerie supportant une arche de pont.

— Sorte de pilier en maçonnerie servant à soutenir, à supporter un poids quelconque.

Sa mensuration a lieu au cube par équarrissement moyen, multiplié par sa hauteur réelle.

Pilier, *s. m.* Sorte de colonne ronde ou carrée, sans proportion architecturale et quelquefois sans ornement, servant à soutenir un poids quelconque. Il est formé d'un ou de plusieurs blocs de pierre de taille ou construits en maçonnerie. Il forme souvent pied-droit à une ouverture avec ou sans tableau du côté de l'embrasure.

Pilon, *s. m.* Sorte de maillet formé d'une tête en bois emmanchée verticalement servant aux maçons et aux terrassiers à pilonner, à battre, à damer la terre, à serrer une couche fraîche de béton, à confectionner les pisés.

Pilonner, *v. a.* Se servir du pilon.

Pilotage, *s. m.* Ouvrage exécuté dans le but de

Piloter, *v. a.* Enfoncer des pilotis pour resserrer le sol sur lequel on veut établir une construction. Cette opération s'effectue dans un terrain vaseux et mouvant au moyen de sonnette ou engin analogue. Voyez *Mouton*.

Pilotis, *s. m.* Synonyme de *Pieu*.

Pinacle, *s. m.* Petite pyramide à pans ou à côtés indéterminés faisant couronnement, qui, dans les édifices du moyen-âge, décore quelquefois le sommet des toits coniques, des tours, pignons aigus, contreforts, angles saillants, etc.

Ils appartiennent à l'architecture des xiii, xiv, et xve siècles.

Pince, *s. f.* Sorte de presson en fer.

— Nom générique donné à tous les outils formés de deux leviers pour appréhender et serrer un objet.

Pinceau, *s. m.* Assemblage de poils attachés fortement au bout d'un manche en bois ou d'un tuyau de plume, dont les peintres se servent pour étendre les couleurs. Ils sont de grosseurs très-variées. Aux gros pinceaux, on donne le nom de *Brosses*.

Piochage, *s. m.* Action de piocher, travail fait à l'aide de la

Pioche, *s. f.* Outil en fer à manche de bois ayant la forme d'un marteau à une ou deux pointes allongées et acérées, servant à fouiller, remuer, saper, démolir.

Piocher, *v. a.* Fouir, remuer avec la pioche.

Piocheur, *s. m.* Ouvrier terrassier chargé du piochage devant le pelleteur.

Piochon, *s. m.* Petite pioche.

Pionnier, *s. m.* Ouvrier terrassier.

Piquage, *s. m.* Travail exécuté avec la pointe du marteau pour régler le parement d'une pierre, ou dégrader un vieil enduit qui doit disparaître.

Piquer, *v. a.* Opérer le piquage d'un parement sur pierre, ou faire tomber un vieil enduit.

Piquet, *s. m.* Petit pieu fiché en terre pour faciliter le tracé d'une fondation ou préparer des alignements.

Piqueur, *s. m.* Ouvrier maçon de première classe chargé de la direction d'un ou de plusieurs chantiers.

— Contre-maître maçon ou terrassier.

Piscine, *s. f.* Réservoir d'eau; bassin hydrothérapique; cuvette de fontaine.

Pisé, *s. m.* Maçonnerie en terre rendue compacte et solide au moyen du pilonnage dans des moules établis sur place, appelés *Banches*.

La mensuration des murs en pisé est la même que pour les murs en pierres brutes, c'est-à-dire selon les surfaces réelles que présentent ces murs lors de leur confection.

Les ouvertures qui peuvent être établies après coup sont comptées séparément, soit au mètre superficiel, soit à la pièce.

Pistolet, *s. m.* Broche en acier dont se servent les maçons et les tailleurs de pierre pour perforer la pierre dure.

La partie taillante du pistolet est formée de deux ou plusieurs tranchants croisés à intervalles évidés.

Le pistolet du terrassier est de plus grande dimension, son taillant n'a que deux branches croisées dans une tête légèrement renflée. Il sert à perforer le roc ou le béton très-dur, pour opérer leur extraction par l'emploi et l'effet de la mine.

— Sorte de règle servant à tracer des lignes courbes dans un dessin.

Piston, *s. m.* Partie cylindrique garnie de cuir, disposée dans un tuyau de pompe. Il sert à comprimer l'air et à permettre le refoulement et l'aspiration de l'eau pour la faire jaillir.

Piton, *s. m.* Serrur. Anneau de fer ayant une patte pour être fixé et scellé. Le piton, comme son scellement, se compte à la pièce.

Pittoresque, *adj.* Impression causée par la vue de certaines dispositions agréables ou variées de la campagne ; aspect des formes accidentées qu'elle présente, qui charme le regard et porte l'esprit à l'admiration, quelquefois à la rêverie.

— Disposition d'un paysage susceptible d'un grand effet de peinture.

Pittoresquement, *adv.* D'une manière pittoresque.

— Disposition prise dans les formes et les masses d'une habitation à la campagne pour l'harmoniser avec sa position, son entourage et le cadre naturel dans lequel cette habitation est ou doit être placée.

Pivot, *s. m.* Serrur. Morceau de métal, cuivre ou fer, arrondi par le bout, qui soutient un corps solide et qui sert à le faire tourner.

Pivoter, *v. a.* Tourner sur un pivot.

Placage, *s. m.* Feuille mince de bois précieux, adaptée, ajustée et collée sur des panneaux de menuiserie ou d'ébénisterie.

— Légère maçonnerie ou cloison appliquée contre un mur ou un briquetage pour en dissimuler les aspérités ou les défectuosités, quelquefois pour en établir la consolidation.

— Petites dalles ou carreaux appliqués sur parois verticales ou inclinées.

Placard, *s. m.* Menuis. Armoire fermant à une ou plusieurs portes, contenant des rayonnages ou des porte-manteaux.

Ils servent souvent à dissimuler les irrégularités des murs d'un appartement.

Place, *s. f.* Lieu, espace, local dans lequel ou sur lequel une construction est projetée.

— Espace public, plus ou moins étendu, situé à la rencontre ou au débouché de plusieurs rues.

Plafond, *s. m.* Surface plane, quelquefois légèrement cintrée et formée d'un lattage revêtu d'un ou de plusieurs enduits de plâtre pour couvrir une salle, une chambre, etc. Ce revêtement est généralement appliqué sur la partie interne d'un plancher ou d'un lambourdage.

Les plafonds exécutés en plâtre sont composés d'une suite non interrompue de lattes clouées parallèlement aux solives d'un plancher, à une distance de quinze millimètres au plus. Ce lattage est ensuite recouvert d'un premier enduit de dégrossissage étendu à la taloche, puis d'un deuxième enduit au plâtre blanc lissé à la truelle.

Sont également assimilés aux plafonds les revêtements sur toutes pièces de charpente, les parties inclinées et internes d'un bris de toiture dans un comble ou dans une mansarde.

La mensuration des plafonds ou des revêtements de charpente est toujours faite au mètre superficiel d'après les formes géométriques que présentent les parties plafonnées. Toutes les parties saillantes sont développées et additionnées à celles principales.

Pour indemniser la sujétion des arêtes, il est alloué une plus-value de 0^m 20 de largeur développée par chaque mètre linéaire de ces arêtes. Voyez *Arête*.

Les angles rentrants et arrondis en *gorges*, comptent pour 0^m 30 de développement. Ces suppléments uniformes sont convertis en surface et ajoutés aux superficies déjà trouvées à la mensuration principale du revêtement.

— On donne le nom de plafonds aux surfaces d'embrasures de baies, soit en lambris, soit en plâtre des parties qui forment le dessous des couvertes ou linteaux de ces ouvertures.

— On nomme généralement plafonds, de grands blocs de taille ayant peu d'épaisseur et présentant des surfaces presque toujours rectangulaires plus ou moins régulières. Ces blocs servent de dallage, recouvrent quelquefois un vide ou sont placés de champ, c'est-à-dire verticalement sur leur épaisseur pour servir de cloisons.

Les balcons, les paliers d'escaliers sont également nommés plafonds.

Quelle que soit la forme du plafond en pierre de taille, il est toujours compté au mètre superficiel jusqu'à une épaisseur maximum de 0^m 20 ; ceux au-dessus sont cubés. Ce dernier cas est rare dans les plafonds.

La surface obtenue pour la fourniture reste la même pour valeur de pose et mise en place.

Selon le cas des difficultés qui peuvent se présenter au bardage des plafonds, en raison surtout de leurs dimensions, une plus-value peut être allouée, soit en régie, soit superficiellement, selon la distance parcourue et les difficultés d'introduction.

Plafond-de-pieds, *s. m.* Menuis. Sorte de parquet simple en planches ou lames brutes ou blanchies, rainées et bouvetées, posées et clouées sur lambourdes, pour former l'aire ou le sol d'une chambre, d'une salle, etc.

La surface est toujours prise par les dimensions réelles que présente le *plafond-de-pieds*. Tous les vides sont déduits, sauf toutefois les foyères de cheminées, comme pour les *parquets*.

Si le plafond-de-pieds est encadré d'une frise, celle-ci est comptée séparément en plus-value et au mètre linéaire, dans les proportions de sa largeur.

Le plafond-de-pieds est toujours compté de valeur, avec les lambourdes sur lesquelles il repose.

Plafonner, *v. a.* Recouvrir d'un lattage avec un ou plusieurs enduits de plâtre, le dessous d'un plancher, d'une couverte d'ouverture, ou enfin revêtir des pièces de charpente.

Il en est de même pour les lambris de menuiserie remplissant le même but.

Plain-pied, *s. m.* Se dit de plusieurs compartiments ou chambres d'un même étage, dont le sol conserve le même niveau. Il en est de même de ceux qui règnent à hauteur de la chaussée.

Plan, *s. m.* Étude ou forme arrêtée par le dessin, d'un projet de construction, de restauration ou de décoration.

Le plan d'une construction est toujours dressé soit horizontalement, soit verticalement. Dans le premier cas, le plan indique la disposition des murs et des cloisons, avec teintes ou hâchures dans les parties massives.

Dans le second cas, c'est-à-dire le plan vertical, sert à donner la hauteur des étages et la disposition des ouvertures en façades.

Le *plan de coupe* est un plan également vertical, suivant une ligne qui passe intérieurement dans l'un ou dans l'autre sens de la construction. Voyez *Coupe*.

Les *plans de détails* sont ceux qui indiquent sur une plus grande échelle les diverses parties séparées d'un bâtiment, soit comme grosse construction, comme appareil, comme agencement et comme décoration.

— Un plan est également la représentation de la forme et de la nature d'un terrain, d'une propriété, d'un domaine, etc.

Planche, *s. f.* Partie refendue d'une pièce de bois ayant de 0ᵐ 027 à 0ᵐ 031 d'épaisseur sur des longueurs indéterminées sans toutefois dépasser 4 mètres.

Elles sont employées en menuiserie comme en charpente et se livrent au commerce par douzaines ou en raison des surfaces qu'elles produisent.

— On nomme *planche de siège* un plateau ordinairement en chêne, d'une épaisseur de 0ᵐ 05 à 0ᵐ 06 recouvrant le dessus d'un siège d'aisance. Elle est percée d'une lunette qui se couvre d'un bouchon mobile en bois dur, tourné ou non.

Ces planches avec bouchons se comptent à la pièce toutes posées.

Planchéiage, *s. m.* Se dit d'un assemblage de lames ou de planches recouvrant un plancher. On le nomme aussi *Poutage*.

Planchéier, *v. a.* Poser un poutage, faire un planchéiage.

Plancher, *s. m.* Charp. Assemblage de solives destinées à recevoir un poutage pour former le sol d'un étage. Il doit toujours être parfaitement horizontal, c'est-à-dire de niveau.

Les planchers sont quelquefois formés par des solives en fer, du ressort de la serrurerie, et ayant le même but.

Dans le premier cas, toutes les solives et pièces de charpente composant un plancher sont cubées séparément par les équarrissages, multipliés par les longueurs apparentes augmentées de prises ou tenons, selon le cas.

Dans le second cas, les solives en fer se comptent au poids de fourniture et mise en place.

Planchette, *s. f.* Petite planche mince.

— Instrument d'arpenteur composé d'une tablette disposée sur un trépied, servant au lever des plans sur le terrain.

Planimètrie, *s. f.* Art de mesurer les surfaces planes et de les reproduire par le dessin, au moyen d'opérations géométriques.

Planter ou **emplanter**, *v. a.* Se dit de l'opération préliminaire qui s'effectue sur un emplacement à bâtir, ayant pour objet de tracer à l'aide de cordeaux et de piquets, les fondations d'une construction.

Plaque, *s. f.* Tablette en pierre, en faïence, en fonte ou tôle, servant à plusieurs usages, mais généralement employée dans la fumisterie.

Plateau, *s. m.* Bois refendu à des épaisseurs diverses depuis 0^m 054, et employé en charpente comme en menuiserie.

— Les *plateaux* font partie du matériel d'un entrepreneur, pour servir de planchers provisoires, de passerelles et usages analogues dans le chantier même d'une construction.

Plate-bande, *s. f.* Bloc de taille placé entre deux appuis et présentant une surface plane du côté opposé à la poussée, de manière à former une voûte plate.

— La pierre qui sert de linteau à une ouverture.

— Barre de fer placée sous des coussinets pour en soulager la portée.

— Bordures en pierre nuancée, encadrant un dallage. Se dit aussi de l'encadrement d'une mosaïque.

— Partie lisse et en retraite qui règne entre deux moulures.

Plate-forme, *s. f.* Élévation de terrain dont le sol est rendu uni et régulier, qui domine les parties qui l'entourent.

— Sorte de terrasse élevée, quelquefois placée au sommet d'une maison, d'un château, d'un observatoire.

— Plancher provisoire sur lequel sont confectionnés les mortiers et les bétons.

— Assemblage de charpentes établies dans le fond d'une fondation et posées sur un pilotis.

Platelage, *s. m.* Charp. Plateaux réunis pour former une couverture provisoire ou servir de passage sur un vide.

— Employé comme étaiement il est synonyme de *blindage*.

Platine, *s. m.* Métal précieux, moins blanc que l'argent, ductile et très-malléable.

Platine, *s. f.* Serrur. Plaque de fer fixée à une porte au-devant de la serrure, et percée de manière à donner passage à la clé. Elle est aussi appelée *écusson*.

Plâtras, *s. m. pl.* Nom donné aux débris informes résultant de la démolition d'ouvrages en plâtrerie, tels que plafonds, enduits, décorations, etc.

Plâtre, *s. m.* Pierre gypseuse desséchée et calcinée.

Le gypse est un sulfate de chaux qui perd par la calcination l'eau qu'il contient ordinairement, et est transformé en une terre qui, desséchée et mêlée avec un dixième environ de calcaire, constitue une poudre appelée plâtre. Cette poudre, se combinant avec de l'eau, forme un mortier d'un emploi facile, qui acquiert en séchant une grande dureté.

Le *plâtre gris* est celui dont le charbon n'a pas été dégagé.

Le *plâtre blanc*, au contraire, en est complètement dégagé ; de plus, la pierre en est choisie d'une façon toute particulière.

— *Plâtre serré* ou *plâtre fort*, celui gâché avec peu d'eau.

— *Plâtre noyé*, celui au contraire qui est délayé avec beaucoup d'eau ; sa prise est plus lente et quelquefois nulle.

— *Plâtre éventé*, celui qui a perdu sa qualité par l'action de l'air, du soleil ou de l'humidité.

Au commerce le plâtre est livré par sacs d'environ 50 kilogr.

Plâtrerie, *s. f.* Tout ce qui constitue les travaux du bâtiment dans lesquels est employé le plâtre.

Plâtrier, *s. m.* Patron ou ouvrier qui entreprend, qui exécute les travaux de plâtrerie.

A Lyon, l'entrepreneur plâtrier se charge également des ouvrages de peinture, quelquefois de la décoration, et presque toujours de la vitrerie d'un bâtiment. Il prend la dénomination de *plâtrier-peintre*.

Plâtrière, *s. f.* Carrière d'où l'on extrait, d'où l'on tire la pierre à plâtre.

— Lieu où l'on fabrique le plâtre par l'effet de la calcination.

Plein, *s. m.* Il est futile de dire que le plein est le contraire de ce qui est vide ou creux.

L'ancien usage de la mensuration des murs ou des cloisons était de compter tant *plein* que *vide*, c'est-à-dire sans déduction des ouvertures, quand toutefois ces ouvertures étaient entourées de parties pleines.

Dans les cloisons, les vides qui offraient une largeur de plus d'un mètre étaient déduits, mais à demi-surface seulement.

Plein-cintre, *s. m.* Se dit d'un arc ou d'une voûte dont la courbe est décrite par un seul rayon et dont les naissances sont à niveau du centre.

Plinthe, *s. f.* Petit socle recevant le premier corps de moulure à la base d'un piédestal, d'une colonne, d'un soubassement, etc.

— Menuis. Bande de boiserie, lisse ou moulurée, qui règne à la base d'une autre boiserie. Ainsi placée, elle ne se détache pas de la boiserie à laquelle elle appartient.

Placée isolément, la plinthe est mesurée linéairement jusqu'à 0^m 10 de hauteur. Au-delà de cette hauteur, elle est comptée superficiellement par ses dimensions de longueur et de hauteur réelles.

Les longueurs cintrées, ployées par traits de scie, sont augmentées d'*un quart* de la partie courbe.

— Plâtr.-Cim.-Stuc. Les plinthes faisant partie d'une décoration se comptent avec elle. Séparément, elles sont mesurées linéairement jusqu'à une hauteur de 0^m 25. Au-dessus, elles sont converties en surface par la hauteur réelle ou développée, si la partie haute est moulurée.

Les longueurs courbes sont augmentées d'*une demi fois* le développement réel.

Plomb, *s. m.* Métal très-lourd, d'un gris bleuâtre, aisé à fondre, mou, très-ductile, rendant un son mat et sans élasticité. A l'air, il perd son éclat. Il est liquide à la température de 335 degrés. Le mètre cube de plomb pèse 11,352 kilogr.

Le plomb est livré au commerce en *table* ou en pains appelés *saumons*.

Les ouvrages dans lesquels le plomb est employé en table sont la couverture entière ou partielle d'une construction, dôme, calotte, terrasse, etc. Il est aussi employé pour recouvrir des faîtages, arêtiers, gargouilles, nœuds, etc. On le découpe également par bandes ou par bandelettes pour solins, bavettes, abergements, etc.

Quelle que soit la forme qui lui est donnée, à l'emploi le plomb est toujours compté au poids.

Le contrôle en est facile. Il suffit de calculer la superficie employée pour le poids *d'un mètre carré*, en se limitant toutefois aux épaisseurs suivantes :

ÉPAISSEURS.	POIDS DU MÈTRE CARRÉ.	ÉPAISSEURS.	POIDS DU MÈTRE CARRÉ.
1 millim.	11 kil. 40	5 millim.	57 kil. 27
2 —	22 kil. 91	6 —	68 kil. 72
3 —	34 kil. 36	7 —	80 kil. 17
4 —	45 kil. 81	8 —	91 kil. 65

Le plomb est encore employé pour consolider et fixer des pièces de serrurerie. Il est alors coulé chaud et liquide dans les enclaves faites dans la pierre, qui reçoivent soit des gonds, happes, crampons, etc., ce qui constitue le *scellement au plomb*.

— Le mot *plomb* est donné à un poids d'un très-petit volume, en plomb, cuivre ou fer, fixé à l'extrémité d'un fil ou d'un cordon, servant à déterminer ou à reconnaître la ligne verticale. Voyez *Aplomb*.

Plomber, *v. a.* Couler du plomb chaud et liquide pour consolider un scellement.

— Vérifier, à l'aide de l'instrument appelé *plomb*, la direction verticale d'un corps quelconque.

Plomberie, *s. f.* Ouvrages exécutés dans lesquels il n'est employé que le plomb.

Plombier, *s. m.* Qui entreprend, qui exécute les ouvrages de plomberie.

— Les ouvrages de ferblanterie sont assimilés, à Lyon, à ceux de la plomberie.

Plongeur, *s. m.* Dalle en pierre ou plaque en métal, placée verticalement dans un récipient inodore, faisant l'office du siphon.

Plotet, *s. m.* Grosse brique en terre cuite, blanche ou rouge, ayant la forme cubique d'un petit parallélipipède. Ses dimensions les plus usuelles sont 22 centimètres de longueur, 12 centimètres de largeur et 6 centimètres d'épaisseur.

Son emploi est très-répandu dans la construction pour murs, cloisons, voûtes, gaines, souches, pieds-droits, piliers, etc.

Il se pose indistinctement sur l'une ou l'autre de ses faces.

Les plotets sont dits en *boutisses* quand ils sont assemblés et réglés par rangs superposés, pour confectionner un mur, un pilier, un pied-droit, etc.

Comme imbrication, le plotet se prête très-facilement à la décoration par sa forme et les deux couleurs : blanc et rouge, que l'art sait utiliser.

Plus-value, *s. f.* Valeur supplémentaire d'un travail résultant d'un motif imprévu avant son exécution, ou causée par l'effet même de son exécution.

Pochonnage, *s. m.* Se dit des raccords faits en peinture à l'huile ou au verni, pour restaurer des parties détériorées.

Poignée, *s. f.* Serrur. La partie mobile d'une espagnolette terminée par un bouton, servant à ouvrir ou fermer une croisée, une porte.

— Bouton en métal, en ivoire ou autre matière, adapté à une serrure ou placé au centre d'un panneau de porte pour la fermer.

— Le côté d'un outil par lequel il est tenu pour son usage.

Poil, *s. m.* Défaut peu apparent, quelquefois imperceptible qui se rencontre dans la pierre de taille, la rend rigoureusement impropre à l'emploi, selon toutefois la position que doit occuper cette même pierre de taille.

Ce défaut, qui ne se révèle pas toujours à la surface, consiste en un fil ou fissure qui sillonne le bloc dans son épaisseur, le divise et le partage. Cette fissure remplie d'une matière dure et cristalline, altère ou détruit la texture du bloc et détermine souvent sa rupture au contact du moindre choc ou sous l'effort de la moindre charge.

De graves accidents sont la funeste conséquence de ces défauts dangereux, invisibles parfois, qui règnent dans le corps même du bloc, sans trop altérer sa sonorité, ce qui échappe alors à l'œil le plus exercé et à l'examen le plus minutieux.

Poinçon, *s. m.* Charp. Pièce de bois verticale dépendant d'une ferme, reposant avec assemblage dans l'entrait et soutenant par le haut un faîtage de toiture. Le poinçon reçoit en assemblages les arbalétriers, contrefiches et liens de faîtages de la même ferme.

Dans les croupes, il dépasse quelquefois la toiture et reçoit alors un chapeau, un revêtement, ou même un ornement en zinc, lequel se nomme aussi *poinçon*.

Le poinçon en charpente est mesuré par équarrissement moyen, multiplié par sa hauteur apparente augmentée de 0ᵐ 10 pour assemblage dans l'entrait et de la partie dépassant le toit, quand toutefois cette partie existe.

— Le poinçon en zinc est compté à la pièce et à prix débattu, en raison de ses complications de moulures ou des ornements dont il peut être composé.

Point, *s. m.* Géom. Ce qui n'a ni étendue ni surface.

L'endroit où une ligne en coupe une autre.

Pointage, *s. m.* Opération journalière qui consiste à contrôler et à marquer les heures de travail de chaque ouvrier dans un chantier.

Point de distance, *s. m.* Le point qui en perspective est placé sur la ligne d'horizon, soit à droite, soit à gauche du point de vue et à niveau de l'œil du spectateur. Il sert à déterminer le raccourcissement de l'objet que l'on regarde, mis en perspective, relativement au point opposé au point de vue.

Point-d'appui, *s. m.* Base solide sur laquelle peut s'établir un levier pour soulever un fardeau ou pour faire un abattage.

— Ce qui manqua à Archimède pour soulever le monde.

Point de vue, *s. m.* Le point qui en perspective est également placé sur la ligne d'horizon à hauteur de l'œil du spectateur et vers lequel se dirigent tous les rayons fuyant de l'objet du regard.

Pointe, *s. f.* Extrémité plus ou moins aiguë.

— Petit clou avec ou sans tête, mince et d'une grosseur égale.

— Aiguille en acier servant à pointiller ou ponctuer un plan.

Pointeur, *s. m.* Celui qui dans un chantier est chargé de marquer quotidiennement la journée de chaque ouvrier.

Pointiller ou **ponctuer**, *v. a.* Faire avec la pointe d'une aiguille le calque d'un dessin, en pointant ses contours, qui se reproduisent sur une autre feuille placée en doublure sous le dessin.

Poitrail, *s. m.* Grosse pièce de charpente équarrie sur ses faces, faisant couverte à une large baie ou supportant le plein d'un mur ou un pan de bois. Les deux extrémités du poitrail reposent sur des pieds-droits avec une portée pour chacune qui ne peut être inférieure à 0ᵐ 25.

La mensuration du poitrail a lieu par équarrissement moyen, multiplié par sa longueur réelle, portées comprises.

Polir, *v. a.* Rendre poli, uni, lisse ; donner un certain lustre à l'objet poli.

— Polir le fer, l'acier, le cuivre, le marbre, etc.

Polissage, *s. m.* Action de polir.

Polka, *s. f.* Sorte de hâchette à deux taillants opposés et inverses, servant aux maçons et aux tailleurs de pierre à creuser dans un bloc de taille, un trou de louve, pour l'ascension de ce bloc.

Polyèdre, *s. m.* Géom. Corps solide, régulier ou non, ayant plusieurs faces égales et proportionnelles entre elles.

Polygone, *s. m.* Géom. Surface plane régulière ou non, ayant plusieurs côtés et plusieurs angles.

Le polygone prend des noms particuliers en raison du nombre de côtés qui le forment.

La surface d'un polygone régulier ou non est égale à la somme des triangles dont il peut être divisé par des diagonales partant d'un même sommet.

Pompe, *s. f.* Machine de formes variées, destinée à l'aspiration de l'eau.

— Appareil servant à conduire et à élever l'eau au-dessus de son niveau.

Ponçage, *s. m.* Action de poncer.

Travail qui a pour but de faire disparaître avec la pierre ponce les aspérités d'une surface dont on veut préparer le poli.

— Peint. Frotter au papier verré les parties de boiserie destinées à recevoir de la peinture ou du verni.

Ponce (Pierre), *s. f.* Pierre légère, rude au toucher, qui est un produit volcanique, servant à polir, vu sa grande dureté.

Ponsif, *s. m.* Papier portant un dessin piqué à jour, pour reproduire ce dessin.

Ponteeau, *s. m.* Petit pont d'une seule arche jeté sur un petit cours d'eau, un ruisseau.

Pont, *s. m.* Construction en pierre, en bois, en fer ou en fonte, établissant une communication entre les deux rives d'un fleuve, d'une rivière; réunissant quelquefois deux montagnes, en franchissant un ravin, un vallon, une vallée.

Etabli aussi par-dessous une route pour le libre passage d'une autre route qui croise la première.

Ces travaux sont toujours du ressort direct des ingénieurs des

Ponts et chaussées, *s. m. pl.* Administration composée exclusivement d'Ingénieurs chargés de la direction et de la surveillance des travaux de toute nature qui se rapportent aux grandes voies de communication.

Le corps des ponts-et-chaussées a été organisé en 1739 par Trudaine et Perronnet. Un décret impérial de 1804 (25 août) l'a définitivement constitué.

Porche, *s. m.* Archit. Espace couvert faisant saillie sur la façade principale d'un édifice, église, temple, palais, quelquefois même d'un hôtel particulier. Cet espace, ouvert sur une ou plusieurs de ses faces, est orné de colonnes, pilastres, entablements, frontons, etc.

Poreux, euse, *adj.* Tout corps qui a des pores, dont la superficie est percée d'un grand nombre de petits trous. Le bois, le verre, les métaux, la pierre, sont autant de corps poreux.

Porphyre, *s. m.* Nom donné à une roche d'un rouge foncé, parsemé de taches blanches, pouvant recevoir le poli du marbre.

Port, *s. m.* Lieu sur le rivage de la mer ou sur la rive d'un fleuve ou d'une rivière, pour servir d'abri aux vaisseaux, faciliter l'embarquement ou débarquement des navires ou des bateaux.

Portail, *s. m.* Archit. Façade décorée, formant dans son ensemble l'entrée principale d'un édifice ou d'une maison particulière.

— Charp.-Menuis.-Serrur. Grande porte ou barrière, le plus souvent à deux vantaux, fermant une entrée quelconque. Les formes, les dimensions et les complications d'un portail en bois ou en fer, varient selon le lieu, selon le cas de son usage.

Porte, *s. f.* Constr. Ouverture ménagée dans un mur ou dans une cloison pour donner accès du dehors au dedans ou pour communiquer intérieurement.

— Menuis. Boiserie mobile avec ou sans assemblages, pleine ou à vitres, à un ou à deux parements, suspendue d'un côté par des gonds, des emparres, des fiches ou des charnières, et se fixant de l'autre au moyen de serrure, bec-de-cane, targette, etc.

Les portes sont adaptées soit à des pieds-droits en pierre, soit à des poteaux ou à des aisseliers et servent à clore à volonté les baies ménagées dans des murs ou dans des cloisons.

Une porte est dite à *deux vantaux,* quand l'ouverture dans laquelle elle est placée est suffisamment large pour permettre deux portes jumelles dont les deux battants s'établissent l'un sur l'autre, et s'adaptent par le moyen d'une feuillure poussée sur chacun d'eux.

Une porte est dite *sur dormant* quand elle est ferrée dans un cadre à feuillure, qui est lui-même fixé dans la baie par des happes.

Les portes en menuiserie sont constamment mesurées au mètre superficiel, dont la valeur est rangée à la série des boiseries qui la composent.

Celles qui sont cintrées en plan ou en élévation, sont assimilées aux boiseries de ces catégories.

Porte-à-faux, *s. m.* Constr. Baies superposées, dont les axes sont rejetées de côté.

— Tout ce qui manque d'aplomb ou qui n'est pas établi directement sur son point d'appui.

Porte-manteau, *s. m.* Bandeau en menuiserie, avec ou sans moulures, recevant une rangée de chevilles tournées ou des crochets de cuivre ou de fer pour y suspendre les vêtements.

Les porte-manteaux sont placés dans des placards, garde-habits ou vestiaires et dans les vestibules.

Le bandeau est mesuré linéairement; les chevilles tournées ou les crochets sont comptés à la pièce de fourniture et de pose.

Portée, *s. f.* Les parties d'extrémités d'une couverte, d'une solive, d'un sommier, d'un poitrail, qui reposent dans un mur ou sur des pieds-droits.

Ce mot est synonyme de *Prise*.

— On nomme également *portée* la plus ou moins grande longueur d'une pièce de bois ou de fer qui traverse un vide.

Portillon, *s. m.* Petite porte en menuiserie glissant entre deux coulisses.

Il est compté à la pièce avec ses coulisses.

Portique, *s. m.* Archit. Galerie couverte, dont le comble est soutenu par des colonnes ou par des arcades.

Portland. Petite île dans la Manche, appartenant à l'Angleterre, renfermant des carrières de belle pierre de taille, avec laquelle on fabrique le ciment connu sous le nom de *ciment de Portland*. La qualité de ce ciment est d'acquérir, après 10 heures de gâchage, une dureté excessive.

Un mètre cube de ce ciment pèse 1270 kilogr.

Les ciments dits de Portland employés dans notre localité sont fabriqués avec les calcaires produits par les carrières de Virieu-le-Grand (Ain). La prise de ces ciments est plus lente; elle ne s'opère bien que dans les 24 heures qui suivent l'emploi.

Portor, *s. m.* Nom donné à une nature de marbre noir, dont les veines imitent l'or.

Pose, *s. f.* S'applique à tout ouvrage travaillé au moment de sa mise en place.

Pose de tailles, pose de boiseries, pose de charpentes.

Dans ce dernier cas, ce mot est synonyme de *Levage*.

Poser, *v. a.* Action de mettre en place.

Lever, ajuster et fixer à leur place définitive des blocs de taille, piliers, plafonds, marches, coiffages, etc.

Disposer, ajuster et mettre en place des ouvrages de menuiserie apportés de l'atelier où ils ont été travaillés.

— *Poser de champ*, c'est placer un plafond en pierre de taille, un plotet, une brique, sur leur épaisseur.

— *Poser de plat*, c'est placer ces matériaux sur leur plus grande largeur.

Poseur, *s. m.* Ouvrier maçon de première classe, apte à la pose des pierres de taille, connaissant leur maniement, leur bardage, leur ajustement, d'après les plans de leur appareil.

Potager, *s. m.* Sorte de petit fourneau découvert construit en briques, terre glaise ou plâtre pour la cuisson, au bois, des aliments. Il est compté selon le nombre de ses trous ou grilles, ou selon son volume et sa composition.

Potasse, *s. f.* Alcali solide blanc, très-caustique employé comme réactif. S'emploie généralement au nettoiement des vieilles peintures et des vieux vernis.

Poteau, *s. m.* Pièce de charpente équarrie, avec ou sans feuillures, posée debout et verticalement.

Le poteau sert à supporter un poids ou à former la cloison d'un pan de bois en briques ou en plotets.

Sa mensuration a lieu par équarrissement multiplié par sa hauteur réelle.

Le plus souvent il est compté au mètre linéaire avec application d'une valeur relative à la nature du bois (sapin ou chêne), à l'importance de son équarrissage et du travail apporté à sa confection.

Potelet, *s. m.* Charp. Poteau court et de faible équarrissage. Se compte à la pièce.

Poterie, *s. f.* Nom générique donné à certains matériaux en terre cuite, tels que tuyaux pour conduite d'eaux, tuyaux de toutes formes pour cheminées, siphons et cuvettes pour appareils inodores de siéges d'aisances, etc.

La poterie est également appliquée à la confection de certains ornements aussi en terre cuite, tels que vases de jardin et autres.

— Lieu où se fabriquent et se cuisent ces matériaux.

Poterne, *s. f.* Fausse porte placée dans un rempart, ordinairement dans l'angle d'une courtine, pour donner issue dans les fossés et faciliter les sorties de la place.

Pouce, *s. m.* Subdivision du pied. Ancienne mesure hors d'usage.

Poucier, *s. m.* Serrur. Pièce d'un loquet sur laquelle on appuie le pouce pour faire lever le battant.

Poudingue et non **Pouding**, *s. m.* Sorte de roche formée de noyaux et quelquefois de fragments anguleux et quartzeux, qui sont réunis avec ou sans ciment plus ou moins souillé d'argile.

Poulie, *s. f.* Petite roue massive ou à jour en fer ou en bois, avec un canal dans son épaisseur dans lequel passe un cordage.

Les poulies se placent au sommet d'un engin pour faciliter l'ascension des matériaux et les fardeaux de toutes natures.

Pourtour, *s. m.* L'entier développement d'un corps, d'une construction, d'une enceinte.

Poussée, *s. f.* Constr. Se dit de l'effort plus ou moins puissant que peuvent produire des terres, une voûte, un arc, et des moyens de résistance à apporter pour en annuler les effets dangereux.

Pousser-à-vide, Écartement hors d'aplomb qu'une voûte ou un arc fait subir aux pieds-droits de cet arc ou aux murs latéraux dans lesquels la voûte prend ses naissances.

— C'est aussi une muraille en faux aplomb qui menace ruine.

Poutage, *s. m.* Charp. Réunion à joints bruts, à joints plats ou bouvetés, de planches ou de voliges formant la surface d'une toiture pour recevoir sa couverture, ou pour former l'aire d'un plancher sur lequel s'établit ensuite un carrelage, un dallage ou un parquet.

Les poutages sont mesurés selon les surfaces géométriques qu'ils présentent.

Poutre, *s. f.* Charp. Grosse pièce de bois dans un plancher recevant dans ses flancs les tras ou les solives transversales de ce même plancher. Elle est aussi appelée *sommier*.

Sa mensuration a lieu par équarrissement multiplié par sa longueur réelle, pénétrations de murs comprises.

Poutrelle, *s. f.* Charp. Synonyme de *tras*. Petite solive dont les côtés sont à peu près égaux.

Pouzzolane, *s. f.* Sorte de roche consistant en une lave volcanique, exploitée aux environs de Pouzzoles (origine du nom), petite ville près de Naples.

Cette matière est composée de silice, d'alumine et de peroxyde de fer. Mêlée, à de certaines proportions, avec de la chaux, elle acquiert des qualités essentiellement hydrauliques.

— Certaines natures de sable, soumis à une légère torréfaction, peuvent acquérir quelquefois les propriétés pouzzolaniques.

Praticien, *s. m.* Celui qui a l'expérience et la pratique de l'art de bâtir.

Pratique, *s. f.* Expérience, routine.
— Exercice manuel dans l'art de construire.
— Connaissances acquises par l'effet du travail lui-même.
— Mise en action des études théoriques.

Pratiquer, *v. a.* Mettre en pratique. Appliquer par l'action même les connaissances acquises par l'étude de la théorie.

— Travail ayant pour but le percement et l'établissement après coup d'une baie ou d'une ouverture quelconque dans le plein d'un mur, d'une voûte, d'une cloison, d'un plancher, d'une toiture, etc.

Présenter, *v. a.* Un corps quelconque à la place même qu'il doit occuper : pierre de taille, pièce de charpente ou de menuiserie.

Presson, *s. m.* Le plus simple de tous les leviers. Il est composé d'une forte barre de fer terminée par une tête triangulaire.

Il sert au bardage et au maniement des grosses pierres de taille et pièces de bois.

Il y a également des pressons de petites dimensions servant à l'ajustement des pierres de taille au moment de leur mise en place.

Prise, *s. f.* La partie extrême d'une pièce de charpente en bois ou en fer portant dans le mur.

— Toute pénétration d'un corps dans un autre est appelée *Prise*.

— La niche ou l'enclave elle-même faite dans de la maçonnerie ou de la pierre de taille en vue d'y placer un corps quelconque, se nomme également *Prise*.

Une prise est dite *faite* et *garnie* quand, pour l'introduction de la pièce l'on est obligé de dégrader la maçonnerie, de tailler la pierre à la place même qu'elle doit occuper, et qu'ensuite l'on opère un raccord autour, soit en maçonnerie, soit avec du mortier, du ciment, du plâtre, ayant pour but de consolider l'objet en prise.

Ce travail est compté à la pièce en raison de l'importance et de la difficulté d'exécution.

Les prises réglementaires dans la maçonnerie sont réparties de la manière suivante :

0^m 25 pour toutes fortes pièces de charpente.

0^m 15 pour pièces de bois légères : lierne, lambourde, tras, etc.

0^m 15 pour têtes de marches d'escalier en pierre.

0^m 03 pour plotets et briques en surfaces de cloisons.

Prisme, *s. m.* Géom. Corps solide et polyèdre compris sous plusieurs plans parallélogrammes, terminés de part et d'autre par deux plans polygones égaux et parallèles.

Le cube d'un prisme est égal à la surface du polygone faisant tête, multipliée par la hauteur ou longueur du prisme.

Prismatique, *adj.* Affectant la forme d'un prisme.

Prison, *s. f.* Grand bâtiment sans architecture caractérisée que celle affectant des formes sévères et surtout solides, pour la détention des condamnés.

Prisonnier, *s. m.* Charp. Étai perdu dans une fouille, dans une reprise, dans une maçonnerie, laissé avec intention pendant l'exécution du travail et qui n'a pu en être retiré après achèvement de ce travail.

Privé, *s. m.* Lieux, cabinet d'aisances. Est peu usité.

Profil, *s. m.* Contour d'un objet mouluré, vu dans sa section, dans sa coupe transversale.

— Dessin qui a pour but de prescrire les contours d'un corps mouluré.

— Menuis. Se dit de la largeur simple d'une moulure.

. La valeur d'une boiserie est souvent en raison du profil de ses moulures et de l'épaisseur de son bâti.

— Croquis ou dessin reproduisant les sinuosités d'un terrain, la forme d'un déblai ou d'un remblai, selon le tracé d'une ligne droite qui couperait verticalement le terrain, le déblai ou le remblai et en déterminerait le *profil*.

Profiler, *v. a.* Représenter de côté par une section verticale un entablement, une corniche, un chapiteau, ou enfin un corps de moulures quelconque.

Profondeur, *s. f.* Mesure linéaire et verticale d'une fouille, d'une tranchée, d'une fosse, d'un puits, etc.

Projet, *s. m.* Plans d'ensemble ébauchés ou dressés en vue d'une construction entière ou partielle.

Il est toujours accompagné du devis de la dépense.

Proportion, *s. f.* Dimension prise, combinée, calculée et donnée, à l'ensemble comme aux détails d'une construction, tendant à établir sa consolidation et sa sécurité.

— Archit. Harmonie et justesse des membres et des détails de toutes les parties d'un bâtiment, d'un édifice, ayant des rapports parfaits avec l'ensemble.

Prud'hommes (Conseil des). Tribunal composé d'hommes probes et expérimentés, choisis dans chaque corporation du bâtiment, pour juger et concilier les différends élevés entre patrons et ouvriers.

Puisard, *s. m.* Regard en maçonnerie par l'ouverture duquel on épuise l'eau d'un aqueduc ou d'un égout.

Puisatier, *s. m.* Patron ou ouvrier qui exécute ou entreprend la construction des puits.

Puissance, *s. f.* Tout effort tendant à maîtriser une résistance en s'établissant sur un *point d'appui*.

Puits, *s. m.* Excavation circulaire et verticale pratiquée dans le sol, quelquefois à une grande profondeur, jusqu'à la rencontre de l'eau.

Les parois intérieures d'un puits sont ordinairement formées en maçonnerie.

La construction d'un puits, comme fouille et excavation, est comptée au mètre linéaire de profondeur.

Puits-d'épreuve, *s. m.* Excavation, fouille faite au pied d'un mur pour reconnaître l'état de ce mur dans la partie cachée sous le sol, ou pour en reconnaître ou effectuer la mensuration de profondeur.

Puits-perdu, *s. m.* Sorte de puits plus ou moins profond, rempli de pierrailles pour recueillir et absorber des eaux dans un bas-fond.

Pureau, *s. m.* C'est la partie visible d'une tuile ou d'une ardoise mise en place.

Pyramide, *s. f.* Géom. Corps solide dont la base est un polygone et dont les côtés ou faces forment des triangles se réunissant tous à un sommet commun.

Le cube de ce corps s'obtient en multipliant la surface du polygone qui forme sa base, par le 1/3 de la hauteur perpendiculaire, abaissée du sommet sur cette base.

Q

Quadrangulaire, *adj.* Voyez *Quadrilatère*.

Quadrature, *s. f.* Géom. Conversion en surface rectiligne des figures curvilignes, c'est-à-dire formées par une ou plusieurs lignes courbes.

La quadrature du cercle, présentée comme un problème insoluble, s'obtient par le rapport approximatif de la circonférence au diamètre, lequel rapport est de 3,1415926. Voyez *Cercle*.

La quadrature des figures rectilignes se réduit à décomposer ces figures en triangles.

Quadrilatère, *s. m.* Géom. Toute surface ou figure ayant quatre côtés et quatre angles.

Le quadrilatère se présente sous plusieurs formes et plusieurs dénominations, en raison même de ces formes.

Il est *carré*, quand ses quatre côtés sont égaux et que ses quatre angles sont droits ou d'équerre.

Il est *rectangle* quand ses quatre côtés sont égaux deux à deux et que ses quatre angles sont droits.

Il est *paraléllogramme*, quand ses côtés opposés sont parallèles.

Il est *losange*, quand les quatre côtés qui le forment sont égaux, sans que ses angles soient droits.

Enfin, il est *trapèze* quand ses côtés sont d'inégales longueurs et que deux seulement sont parallèles.

Quai, *s. m.* Levée de terre avec bordure, longeant une rivière, un canal, une voie ferrée.

Quart, *s. m.* L'une des quatre parties égales divisant un entier.

Quart de rond, *s. m.* Sorte de moulure dont le profil décrit un quart de cercle.

Quartier, *adj*. On dit faire faire quartier à un bloc de taille, à une pièce de bois, quand il s'agit de soulever ce fardeau par l'une de ses faces et le faire retomber sur l'autre.

Quartier-tournant, *s. m*. La partie tournante d'un escalier.

Dans un limon d'escalier en pierre ou en bois, le quartier-tournant est la partie courbe qui suit le mouvement de la rampe à son tournant.

Le cubage d'un quartier-tournant en pierre de taille présente quelquefois certaines difficultés dans l'opération. Il s'agit, comme en toute pierre de taille, d'en renfermer les parties extrêmes dans le plus petit parallélipipède circouscrit. A cet effet, l'œil ou la pratique doit déterminer et reconnaître les lignes parallèles et les angles droits susceptibles de donner à l'opération le résultat cherché. On emploie pour cette opération la règle et l'équerre, quelquefois le plomb.

Quartz, *s. m*. Minerai composé de silice présentant des traces d'alumine pur.

Quartzeux, euse, *adj*. Qui contient du quartz, qui tient de la nature du quartz.

Queue, *s. f*. Se dit de la partie d'une pierre de taille ou d'un moëllon dont la tête apparente est taillée, tandis que le reste qui est brut, se perd dans l'épaisseur du mur.

Queue d'aronde, *s. f*. Genre d'assemblage de deux pièces de charpente ou de menuiserie dont la forme rappelle celle de la queue de l'hirondelle, origine du nom.

Quincaillerie, *s. f*. Nom générique donné à tout ce qui se rattache à l'outillage en fer, en acier, en cuivre, en fonte, etc. Tels sont les étaux, les enclumes, les tenailles, les pinces, les pioches, les pelles, les marteaux, les scies, les limes, les ciseaux, les broches, les clous, les truelles, en un mot, tous les outils et ustensiles dont se servent en général les ouvriers du bâtiment. Le nombre, la forme et la nature en est d'une variété excessivement étendue.

Quinconce, *s. m*. Plantation d'arbres disposés à distances égales sur deux ou plusieurs lignes parallèles, formant en tous sens des allées droites, régulières et semblables.

— Lieu même de cette plantation.

Quindécagone, *s. m*. Géom. Surface plane ayant quinze côtés et quinze angles.

Il est régulier quand ses côtés et ses angles sont égaux.

Il est irrégulier dès que l'un ou plusieurs de ses côtés sont inégaux.

Pour obtenir la surface de cette figure, voyez *Polygone.*

Quintal, *s. m.* Poids de 50 kilogr.

Quintal métrique, *s. m.* Poids de 100 kilogr.

Quittance, *s. f.* Solde d'un compte.
Déclaration écrite et signée qui constate ce solde. Sur toute quittance d'une somme supérieure à dix francs, il doit être apposé un timbre de dix centimes. (Loi du 23 août 1871).

R

Rabais, *s. m.* Diminution, réduction acceptée ou subie dans l'ensemble ou dans les détails d'un mémoire de travaux exécutés ou de fournitures faites.

— Réduction offerte en adjudication, sur des prix préalablement établis et fixés.

Rabot, *s. m.* Outil de menuisier pour travailler et façonner le bois, parfaire les parements d'une boiserie.

— Ce nom est également donné au *Brayon* ou *Brayou*, servant aux maçons pour la manipulation des mortiers.

Raboter, *v. a.* Menuis. Dresser, aplanir, rendre uni avec le *Rabot.*

Raccord ou **raccordement**, *s. m.* Réunion de deux surfaces ou de deux corps à un même alignement, à un même niveau, à un même aplomb.

— Faire concorder deux parties ensemble, quelquefois une neuve avec une vieille.

Raccorder, *v. a.* Faire un ou plusieurs raccords.

— Peint. Chercher, passer un ton, imitant une vieille peinture avec laquelle elle se confond ou doit se confondre de nuance.

Racheter, *v. a.* Corriger un défaut, un biais, par une régularité plus parfaite.

Racineau, *s. m.* Petit poteau en charpente dont le pied est taillé en pointe, pour être fiché verticalement dans le sol d'une écurie ou d'une étable. Une entaille est pratiquée à la tête pour recevoir et supporter la mangeoire.

Le racineau est ou cubé ou compté au mètre linéaire.

Sa garniture dans le sol est l'objet d'un prix séparé.

Râclage, *s. m.* Menuis. Travail qui consiste à rendre unie la surface d'un parquet, enlever les aspérités et la crasse dont il peut être recouvert.

Voyez *Replanissage.*

— Peint. Enlever, gratter, faire disparaître de la vieille peinture.

Râcler, *v. a.* Se servir du *Râcloir*.

Râcleur, *s. m.* Ouvrier occupé à *Râcler*.

Râcloir, *s. m.* Petit outil de fer de forme triangulaire emmanché à l'un de ses angles.

Radeau, *s. m.* Groupe de pièces de bois de construction, liées ensemble, tel que ces bois proviennent de la coupe en forêts. Ainsi liées, ces pièces de bois présentent un plancher flottant, soit sur le Rhône, soit sur la Saône, pour descendre à Lyon et aborder aux bas-ports réservés des Brotteaux et de Vaise. Là, ces pièces de bois sont mesurées par un cubeur assermenté, dont les bulletins constatent la quantité de chaque pièce du radeau.

Radier, *s. m.* Maçonn. Fond d'une fosse, d'un canal, d'un égoût, d'un tabouret ou de tout ce qui peut être analogue. Ils sont généralement formés avec du béton et présentent un profil légèrement concave, afin de rassembler les eaux ou autres matières dans le milieu de leur surface.

La mensuration des radiers en béton est effectuée comme il est dit à *Béton*.

— Les radiers pour rigoles s'exécutent aussi en cailloux. Ils sont alors mesurés au mètre linéaire jusqu'à 0^m 50 de développement.

Quelquefois ils sont formés par une forte couche de béton ou de ciment et sont mesurés au mètre_superficiel réel.

Rafraîchir, *v. a.* Se dit de retouches neuves faites à de vieilles peintures.

Ragréage ou **ragrément**, *s. m.* Travail qui a pour but de râcler jusqu'au poli un parement de pierre de taille.

Voyez *Grésage*.

Ragréer, *v. a.* Faire un ragréage.

Rainer, *v. a.* Faire une rainure destinée à recevoir une languette.

Rainure, *s. f.* Menuis. Petite cavité creusée au bouvet mâle dans l'épaisseur d'un plateau ou d'une planche et dans le sens de la longueur, pour recevoir la languette d'une autre pièce destinée à s'y ajuster et s'y adapter hermétiquement.

C'est aussi le léger recreusement fait au ciseau dans l'épaisseur d'un aisselier ou d'un poteau, dans le but de donner prise aux briques ou plotets contre lesquels ils sont montés. A défaut de rainures préalablement faites, l'on rapporte pour le même usage de petits liteaux parallèles sur les côtés de l'aisselier ou du poteau, laissant entre eux un intervalle qui reçoit la tête de la brique ou du plotet.

Ces liteaux ainsi rapportés sont comptés au mètre linéaire.

Pris en ce sens, le mot rainure est remplacé, selon Bescherelle, par *Ruinure*.

Rajuster, *v. a.* Ajuster de nouveau, raccommoder, rétablir par ajustement.

Rampant, te, *adj.* Tout corps qui n'est pas de niveau et présente une surface ou une ligne inclinée.

— Un arc est dit *rampant* quand il est formé par des centres superposés.

Rampe, *s. f.* Plan incliné et continu reliant deux sols différents de hauteur. Terre-plein également incliné, ménagé dans un terrassement en déblai, pour permettre l'accès du tombereau dans la tranchée même.

— Ensemble de plusieurs marches d'un escalier en ligne droite ou circulaire sur son plan et qui s'élève entre deux paliers.

— Balustrade d'appui en pierre, en fer, en bois, quelquefois en marbre, qui règne dans toute l'étendue d'un escalier. Voyez *Balustrade*.

Rang, *s. m.* Se dit d'une série d'assises ou moëllons placée sur le même niveau et ayant la même hauteur.

— Alignement régulier de tuiles dans une toiture.

Râpe, *s. f.* Sorte de lime pour râper le bois, la pierre.

Rapporteur, *s. m.* Géom. Instrument de cuivre ou de corne en demi-cercle, divisé en 180 degrés servant à tracer et à mesurer les angles par l'écartement de leurs côtés.

Rapsodage, *s. m.* Petites réparations faites grossièrement, sans soin, souvent exécutées d'une manière provisoire.

Bien que trivial, ce mot est français. Il est très-usité.

Rapsoder, *v. a.* Faire du rapsodage, faire du travail sans grande valeur.

Râteau, *s. m.* Sorte de petite grille en fer ou en fonte présentant des dents aiguës et verticales qui, placée à l'orifice d'une rigole ou d'un conduit quelconque, intercepte le passage à tout ce qui n'est pas liquide. Sa forme rappelle en effet, celle d'un râteau.

Râtelier, *s. m.* Sorte d'échelle suspendue horizontalement dans une écurie, au-dessus d'une crèche, légèrement inclinée en avant, derrière laquelle l'on range le foin et le fourrage pour la nourriture des chevaux et bestiaux.

Le râtelier est composé de deux traverses horizontales et parallèles, reliées par des barreaux grossièrement arrondis ou soigneusement tournés, en bois de frêne et suffisamment serrés les uns aux autres.

Les râteliers sont comptés soit au mètre linéaire comprenant traverses et fuseaux, soit en détaillant, les traverses d'une part au mètre linéaire, et les fuseaux à la pièce.

Ravalement, *s. m*. Travail du tailleur de pierre qui consiste à achever sur place le taillage de tous les parements vus d'une fourniture de pierre de taille.

— Refaire et redresser les joints, faire disparaître les défauts et les écornures ; en un mot, régulariser toutes les surfaces unies ou moulurées.

Le prix de la livraison de pierres de taille comprend toujours le *ravalement*.

Ravaler, *v. a*. Exécuter ou faire exécuter un ravalement.

Ce travail n'a pas lieu pour les pierres dures.

Ravaleur, *s. m*. Ouvrier tailleur de pierre qui fait le ravalement. Ce travail de main-d'œuvre est exécuté, soit à la journée, soit à prix débattu d'ensemble ou par mètre superficiel, mais à la solde du fournisseur même de la pierre de taille.

Ce travail, comme il est dit plus haut, est compris dans la valeur de la pierre toute taillée, dont la fourniture est faite par le maître tailleur de pierre.

Rayon, *s. m*. Géom. Ligne droite partant du centre d'un cercle et qui s'arrête à la circonférence.

Le rayon est l'ouverture de compas avec lequel on décrit une circonférence. Il est donc la moitié du diamètre.

— Menuis. Tablette en bois, blanchie, corroyée sur ses faces apparentes, placée horizontalement dans un placard, une armoire ou isolément, selon le cas.

Le rayon est mesuré selon la surface géométrique qu'il présente, depuis une largeur de 0^m25. Au-dessous de cette largeur, il est mesuré linéairement.

Les entailles et les arrondissements d'angles se détachent pour être comptés à la pièce selon leur importance.

Rayonnage, *s. m*. Menuis. L'ensemble de plusieurs rayons.

Reblanchissage, *s. m*. Travail complémentaire et indépendant au ravalement, dû au fournisseur selon les surfaces géométriques reblanchies.

Rebouchage, *s. m*. Se dit en peinture pour faire disparaître, à l'aide du mastic, les trous et fissures du bois avant de peindre.

Réception, *s. f*. Inspection officielle de détails ou d'ensemble de travaux exécutés. Elle se fait par l'architecte directeur, pour en opérer ce qu'on appelle la *réception*.

L'opération a pour but de constater la bonne ou la mauvaise exécution de ces travaux.

Récipient, *s. m*. Petit bassin en maçonnerie servant à recueillir les eaux et les concentrer en un seul point.

Réchampir, *v. a.* Faire un

Réchampissage, *s. m.* Peint. Recouvrir, rehausser d'une nuance plus ou moins tranchante des parties de peintures ou d'ornements pour les détacher des fonds sur lesquels ces parties doivent devenir plus apparentes.

Chaque partie réchampie est comptée, selon le cas, à la pièce ou au mètre superficiel ou linéaire.

Recherche, *s. f.* Perquisition opérée pour découvrir les causes d'un mouvement produit dans une maçonnerie, s'assurer de son état.

Se dit aussi pour reconnaître tout ce qui présente des inquiétudes ou peut causer des détériorations invisibles d'abord et reconnues par l'effet de ces perquisitions et de ces recherches.

— Maçonn. Se dit des carreaux, carriches ou petites dalles posées isolément, dont le nombre est compté à la pièce, soit de pose, soit de fourniture.

Reconstruction, *s. f.* Reconstruire ce qui a été préalablement démoli.

Reconstruire, *v. a.* Refaire une construction déjà faite, soit dans son ensemble, soit dans ses détails.

Recoupe, *s. f.* Maçonn. Retraite, empâtement que forment les épaisseurs diminuées et superposées d'un mur.

Recouvrement, *s. m.* Saillie d'une pierre sur le joint de celle qui lui est contiguë.

Partie de boiserie qui porte sur une autre.

Partie de la tuile qui porte sur celle qui la précède; ce recouvrement est d'environ un tiers sur sa longueur.

Recrépir, *v. a.* Refaire un crépissage, un premier enduit.

Rectangle, *s. m.* Géom. Surface plane composée de quatre côtés égaux, deux par deux, et de quatre angles droits. Sa surface s'obtient en multipliant l'un de ses côtés par un autre adjacent.

Rectangulaire, *adj.* Figure ayant la forme d'un rectangle.

Rectangulairement, *adv.* D'une manière rectangulaire.

Rectiligne, *adj.* Géom. Figure formée par des lignes droites.

Reçu, *s. m.* Déclaration écrite, signée par laquelle ont reconnait le versement d'une somme effectuée à son profit, mais en y apposant toutefois un timbre de dix cent^mes (Loi du 23 août 1871).

Recueillie, *s. f.* Sorte de gargouille en pierre de taille ayant un creux large, profond et très-incliné, placée sous la chute d'une descente de latrines; elle reçoit, elle *recueille* les matières qui y sont précipitées par la descente pour les rejeter dans la fosse d'aisance sur laquelle elle fait saillie.

— Sa fourniture, comme sa pose, se comptent à la pièce ou selon le cube de son volume.

Reculement, *s. m*. État d'une maison susceptible d'avoir sa façade sur la voie publique, rejetée en arrière, dans la direction d'un alignement ultérieur arrêté par la voirie.

Rédaction, *s. f*. Explication nette, claire, précise, employée dans un mémoire faisant ressortir, sans abus, la valeur des articles qui y sont détaillés.

Redent ou **Redan**, *s. m*. S'emploie généralement au pluriel pour désigner les inégalités de profondeur ou de hauteur produites dans le fond d'une fondation et présentant sur des longueurs indéterminées des parties en ressauts ou en gradins.

Le relevé des fondations nécessitent toujours un croquis indiquant, par des cotes de hauteur et de longueur, le mouvement du terrain sur lequel est établi la fondation. Il est convenable de repérer chaque hauteur à un seul et même niveau.

Rédiger, *v. a*. Faire une rédaction. Explication convenablement faite dans un mémoire de travaux ou un compte de fournitures.

Redos ou **Lève**. Charp. C'est la première partie d'une pièce de bois que l'on prélève sur chacune de ses faces avant de la mettre en œuvre et pour l'équarrir.

Réduction, *s. f*. Archit. Se dit des proportions diminuées dans la copie d'un plan, d'un dessin.

— Diminution sur des mesures, sur des prix donnés.

Réduire, *v. a*. Diminuer.

Réduit, *s. m*. Cabinet borgne, inhabitable.

Redressement, *s. m*. Dresser de nouveau. Remettre de niveau ou d'aplomb. Régulariser la surface d'un corps, en corriger les irrégularités.

Redresser, *v. a*. Faire un redressement.

Réfection, *s. m*. Rétablir, reconstruire, refaire.

Réfectoire, *s. m*. Grande pièce ou salle dans une communauté, un hospice, un lycée, etc., dans laquelle se prennent collectivement les repas.

Refend, *s. m*. Se dit d'un mur à l'intérieur d'une construction ou d'une cloison à l'intérieur d'un local. L'un et l'autre sont mesurés comme il est dit à *Mur* et à *Cloison*.

Les cloisons en briques ou en plotets divisant les paquets de gaines de cheminées dans leur sens latéral, sont également nommés *refends*. On les mesure par la hauteur réelle, multipliée par leur largeur dans œuvre.

— Les divisions qui, en menuiserie, forment les compartiments d'un casier, d'un tiroir, d'un placard, etc., sont aussi appelés *refends*.

— Joints factices ou réels dépendant d'un appareil de pierre de taille.

— Joints factices dans une décoration en plâtre, en ciment, en stuc.

Refeuiller, *v. a.* Menuis. Pratiquer des feuillures pour loger un dormant.

Refouillement, *s. m.* Menuis. Moulure saillante dans un cadre ou dans un chambranle, dont le profil saillant se retourne sur lui-même en formant un vide par derrière. Le refouillement alors est l'objet d'une plus-value comptée au mètre linéaire.

— Sculpt. Recreusement, évidement par derrière des parties saillantes d'ornementation dans le marbre, dans la pierre ou dans le bois que fouille et taille le ciseau.

— Certains ouvrages d'art exécutés en serrurerie nécessitent quelquefois des *refouillements*.

— Peint. Une plus-value est à compter pour les parties d'ornement refouillées que le pinceau recherche dans toutes ses faces, ou que les parcelles d'or recouvrent en laissant échapper un certain déchet.

Refouiller, *v. a.* Les parties cachées d'une ornementation ou d'une moulure que recherchent le ciseau du sculpteur, le pinceau du peintre, le blaireau du doreur, l'outil du menuisier.

Refuite, *s. f.* Profondeur plus que nécessaire donnée à une mortaise ou tout autre trou.

Refus, *s. m.* Se dit de la résistance que présente une pièce au choc du mouton.

Régalement, *s. m.* Étendre, niveler, égaliser par couche mince une surface de terre, de gravier ou de sable sur un plan horizontal ou incliné.

Régaler, *v. a.* Faire un régalement.

Regard, *s. m.* Gaine en maçonnerie placée verticalement au-dessus du parcours d'un conduit, d'un égoût, d'un canal pour donner de l'air et même pour s'y introduire au besoin.

Régie, *s. f.* Des travaux sont dits faits *en régie* ou *à la régie*, quand ils sont exécutés à la journée avec ou sans contrôle. Les matériaux fournis qui se rattachent à cette exécution, sont comptés séparément selon leur valeur au commerce.

Dans ces conditions la valeur brute des journées et des matériaux doit être augmentée de 1/10e ou 10 %, à titre de bénéfice à l'entreprise.

Registre, *s. m.* Gros livre dépendant d'une comptabilité.

— Fumist. Petite plaque en tôle avec poignée jouant dans la traversée d'une gaine de cheminée pour en régler le tirage.

Règle, *s. f.* Instrument en bois ou en fer, de forme méplate, parfaitement droit et de longueurs diverses servant au tracé des lignes sur le papier, sur la pierre ou sur le bois.

Sur le chantier même d'une construction l'on se sert également de règles en bois, longues et droites, pour effectuer des tracés, des niveaux, relever des mesures, rectifier ou exécuter des ouvrages à surfaces planes et régulières ; tels sont les enduits, les carrelages, les dallages, etc.

Règlement, *s. m.* Prescription de voirie ou de police.

— Résultat de la vérification d'un mémoire produit et de l'appréciation des ouvrages et prix qu'il comporte.

— Ordre écrit et affiché pour la discipline d'un chantier, d'un atelier.

Régler, *v. a.* Donner une appréciation écrite de la valeur réduite des ouvrages ou des fournitures relatés dans un mémoire ou une facture.

— Parfaire un jointoiement à l'aide de la règle.

Règles, *s. f. pl.* Méthode, préceptes que l'art prescrit de suivre dans l'étude et l'exécution de toute espèce de travaux et ouvrages de la construction ; s'en écarter, c'est déroger aux *règles de l'art.*

Réglet, *s. m.* Outil de bois dont se servent les menuisiers pour dégauchir les planches.

Regouttoyer, *v. a.* Réparation légère faite à une toiture en tuiles ; travail qui se compte en régie.

Rehausser, *v. a.* Donner plus de hauteur. Donner plus d'éclat à une peinture.

Reins, *s. m. pl.* Voyez *Epaulement.*

Rejoindre, *v. a.* Resserrer les joints d'un assemblage de menuiserie ou de charpente.

Rejointoiement, *s. m.* Maçonn. Refaire un jointoiement. Voyez ce mot.

Rejointoyer, *v. a.* Maçonn. Refaire des joints, les regarnir de mortier ou de ciment, selon le cas.

Relais, *s. m.* Distance servant de base pour calculer la valeur proportionnelle et relative du transport des terres. soit en déblai, soit en remblai.

Le relais à la brouette ou à la balle est de 25 mètres sur plan horizontal ou en descente à 1/12ᵉ de pente ; de 15 mètres en montée au-dessus de 1/12ᵉ d'inclinaison. Le relais au tombereau est de 100 mètres.

Les relais partiels au-delà de la moitié des distances ci-dessus prescrites, comptent pour relais pleins ou entiers. Ceux en-deçà comptent pour demi-relais.

Relatter, *v. a.* Refaire un lattis ou un lattage.

Relief, *s. m.* Légère saillie, léger bossage qui règne sur une surface plane et unie. Voyez *Bas-relief*.

Remaillages, *s. m. pl.* Parcelles plus ou moins étendues d'enduits en mortier, en plâtre, en ciment appliqués à la surface d'un mur, d'une cloison, d'un plafond en plâtre pour faire disparaître des trous, crevasses, lézardes ou raccorder de vieux enduits éraillés ou dégradés.

Ce travail est ordinairement l'objet d'une appréciation particulière, en raison du temps et de la matière employés. Quelquefois les remaillages sont confondus avec la valeur des badigeons dont les murs et plafonds sont recouverts.

Remailler, *v. a.* Faire des remaillages, raccorder des enduits.

Remanier, *v. a.* Ce mot s'emploie pour celui de refaire, changer. Une toiture est dite remaniée, quand les tuiles sont enlevées et replacées. A cet égard, l'expression usuelle est *toiture à tranchée ouverte*.

Remblai, *s. m.* Terrass. Terres ou décombres rapportés à la balle, à la brouette ou au tombereau pour combler ou remplir une excavation quelconque. Les remblais sont cubés selon les mensurations préalablement prises de l'excavation à remblayer, ou contrôlés par tombereau.

Les remblais effectués à la balle ou à la brouette, sont l'objet de prix débattus ou d'exécution en régie.

Remblayer, *v. a.* Opérer des travaux de remblais, combler une ou plusieurs excavations en y rapportant de la terre ou du gravois.

Remise, *s. f.* Compartiment à proximité d'une écurie, réservé au logement des voitures de toutes sortes.

— Ce mot désigne également la concession de prix dans l'ensemble ou dans une portion d'un travail transmis par un entrepreneur général à un sous-traitant.

Remiser, *v. a.* Mettre à l'abri dans ou sous une remise.

Remplissage, *s. m.* Intervalle de deux corps garnis après coup.

Renaissance, *s. f.* Arch. Fusion du style ogival avec le style grec ou romain.

Renard, *s. m.* Maçonn. Petit moëllon qui pend à l'extrémité d'un cordeau placé horizontalement pour guider l'épaisseur d'un mur pendant sa construction. Le poids de ce moëllon tient provisoirement tendu le cordeau pendant ce travail.

— En terme de compagnonnage, *Renard* est synonyme d'*Aspirant*.

Renduire, *v. a.* Refaire un enduit.

Renflement, *s. m.* Léger bossage à la surface d'un mur, d'une cloison, d'une pierre de taille ou d'une pièce de bois.

— Légère augmentation du diamètre du fût de la colonne grecque jusqu'au tiers environ de sa hauteur. Ce diamètre diminue ensuite jusqu'au chapiteau. Cette augmentation est également appelée *entasis*.

Renfoncement, *s. m.* Effet contraire au renflement.

Renforcer. *v. a.* Augmenter de force.

Renformis, *s. m.* Réparation faite à un vieux mur pour le fortifier et lui donner une consistance quelque peu durable. Ce terme est peu usité à Lyon.

Rentrant, *adj.* Se dit de tout angle intérieur contraire à celui saillant.

Réparation, *s. f.* S'emploie généralement pour indiquer les travaux ou ouvrages nécessaires pour remettre en état, le tout ou une partie quelconque d'une maison ou d'un édifice.

Ces travaux ou ouvrages sont toujours l'objet de grandes ou petites *réparations*, selon l'importance du changement que l'on veut opérer ou du mauvais état dans lequel a été pris l'édifice ou la maison à

Réparer, *v. a.* Faire une ou plusieurs réparations.

— Remettre en état une partie quelconque d'une maison, soit en maçonnerie, charpente, menuiserie, etc. Réparer un carrelage, une toiture, une porte, un parquet, une cloison, un plafond, etc.

Repère, *s. m.* Point fixe et apparent marqué sur un objet également fixe, non susceptible de déplacement et à proximité d'une construction. Ce point détermine une ligne horizontale à laquelle doivent correspondre toutes les mesures de profondeur ou de hauteur de la même construction.

Etablir, fixer un repère est la première opération à laquelle il est convenable de procéder lors de la mise en œuvre d'un bâtiment ou d'un édifice.

Autant que possible, il est convenable que le repère adopté soit commun à toutes les opérations, soit à l'architecte pour la prescription des cotes portées dans ses plans, au géomètre pour les mesures qu'il relève des travaux qui s'exécutent.

— Un enduit est dit, fait au *repère*, quand sa surface est réglée sur des points préalablement fixés et que des surcharges sont nécessaires pour satisfaire les lignes droites tirées dans tous les sens, surtout celles verticales et horizontales. Ce genre d'enduit est toujours préparatoire à une application plus parfaite de plâtre, de ciment, de stuc.

Cet enduit préparatoire est l'objet d'une valeur toute spéciale.

La mensuration en est effectuée selon les surfaces géométriques et réelles que ces enduits présentent.

Les surfaces courbes, sur un ou plusieurs centres, sont comptées une demi-fois en plus, en raison de la sujétion et de la précision du travail que nécessitent ces surfaces.

Repérer, *v. a.* Établir un repère. Mesures prises ou établies à un repère donné.

— Tracer des points pour effectuer un enduit dressé au repère.

Replanir, *v. a.* Menuis. Effectuer un replanissage à l'aide du rabot ou du râcloir.

Replanissage, *s. m.* Menuis. Se dit du parachèvement d'un ouvrage de menuiserie ; applicable principalement aux parquets.

Un premier replanissage est toujours dû avec le prix de la fourniture et de la pose d'un parquet; il s'effectue lors de la mise en place de ce parquet. Le second replanissage qui est plus tard nécessité par suite des ouvrages ultérieurs faits dans les appartements, et qui consiste à faire disparaître les plâtras et les taches de peinture, est l'objet d'un prix séparé par mètre superficiel ou d'un prix d'ensemble.

Replâtrage, *s. m.* Se dit d'un mauvais travail de réparation.

Repos, *s. m.* Se dit du palier d'un escalier qui est placé à mi-hauteur, entre deux autres paliers ou planchers de deux étages superposés.

Reprendre, *v. a.* Refaire, reconstruire après coup, le plus souvent en sous œuvre.

Reprise, *s. f.* Portion de maçonnerie neuve faite dans un vieux mur pour sa restauration ou sa consolidation.

Elle est à gros de mur quand elle pénètre dans toute l'épaisseur du mur repris formant quelquefois deux parements. Elle est à mi-mur, quand elle n'a qu'un seul parement et qu'elle ne pénètre qu'en partie dans l'épaisseur du mur.

Dans l'un et dans l'autre cas, les reprises sont toujours mesurées à leur surface géométrique et apparente. Quand elles sont à gros de mur, elles peuvent être cubées par leur épaisseur réelle.

— Les ouvrages en reprises demandent beaucoup de soins et de sujétion. Aussi la nature de ce travail auquel il est toujours employé des matériaux choisis, comporte une valeur qui varie en raison de la difficulté et des dangers de son exécution.

Réservoir, *s. m.* Bassin de maçonnerie ou excavation dans le sol servant à recueillir et à conserver les eaux.

— Cuve en métal plus ou moins grande, remplie d'eau qui s'échappe par des conduits.

Résistance, *s. f.* Qualité par laquelle un corps résiste à l'effort d'un autre.

— Dans le levier, le côté opposé à la puissance. Voyez *Levier*.

Ressaut, *s. m.* Saillie légère d'un corps sur un autre. Niveaux superposés les uns aux autres qui forment l'établissement d'une fondation.

Restauration, *s. f.* Travail de détail ou d'ensemble ayant pour but de remettre autant que possible une vieille construction dans son état primitif.

Restaurer, *v. a.* Rétablir, refaire, travailler à une restauration.

Retable, *s. m.* Archit. Décoration sculptée ou peinte surmontant le fond d'un autel adossé. Ouvrage fait de marbre, de pierre ou de bois formant cette décoration.

Retenue, *s. f.* Petite bordure en pierre, en fer, en bois ayant pour but de retenir une couche de terre ou de béton, de l'asphalte en dallage, etc.

Les retenues sont également confectionnées par des rangs de cailloux, de carreaux ou de briques placés en bordures pour obtenir le même résultat.

Généralement, les retenues sont comptées au mètre linéaire de fourniture et de pose, sauf celles en fer qui sont livrées au poids et posées selon la valeur des scellements qui les fixent.

Celles en charpente sont appelées *gardes de terre*.

Retoiser, *v. a.* Toiser, mesurer de nouveau.

Retombée, *s. f.* Les premiers claveaux d'un arc ou d'une voûte qui forment leur naissance et qui posés, peuvent se maintenir d'eux-mêmes. — La naissance même de cette voûte ou de cet arc. Voyez *Naissance*.

Retouche, *s. f.* Peint. Se dit de la dernière façon donnée à de la peinture artistique, décorative ou imitation, de bois, de bronze ou de marbre.

— Restaurations légères faites après coup sur des peintures ou des vernis altérés, ou qui ont subi après leur confection des détériorations accidentelles.

Retour, *s. m.* Archit. Tous profils ou corps quelconques qui se reproduisent sur un angle rentrant ou saillant du même profil, du même corps. Un retour est dit en équerre, quand l'angle qu'il forme décrit un angle droit.

Retrait, *s. m.* Mouvement diminutif des bois de construction, qui s'opère après leur mise en place. Effet semblable qui se produit dans tous les métaux par l'action des froids et surtout des gelées. C'est l'effet contraire à dilatation.

Retraite, *s. f.* Une surface ou un corps quelconque placé en arrière d'un autre.

— Comme maçonnerie, ce mot est quelquefois synonyme de *Recoupe*.

Retravailler, *v. a.* Menuis. Se dit de la refection de vieilles boiseries pour les réparer et les remettre en place et en état.

Revers, *s. m.* Le côté d'une porte opposé à celui apparent. La surface géométrique d'une partie de toiture opposée ou faisant retour à une autre.

Revêtement, *s. m.* Placage de marbre, de pierre, de bois, de briques ou d'enduit ayant pour but de décorer un parement quelconque, d'en faire disparaître les défauts, quelquefois de le consolider.

Revêtir, *v. a.* Recouvrir, enduire. Poser ou construire un revêtement.

Révolution, *s. f.* Géom. Mouvement de rotation qu'une ligne ou un plan déterminé décrit autour d'un axe mobile.

— Ce mot s'applique à chaque rampe d'un escalier en plein circulaire ou à quartier-tournant.

Rez-de-chaussée, *s. m.* L'étage d'une maison à niveau ou à peu près avec la chaussée. Dérive probablement de *ras de la chaussée*, à fleur de terre.

Rhombe, *s. m.* Géom. Synonyme de *Losange*.

Rhomboïde, *s. m.* Géom. Solide hexaèdre dont les faces sont des rhombes parallèles deux à deux.

Riblon, *s. m.* Rognures d'acier. Débris de vieux fers hors de service.

Riflard, *s. m.* Rabot à une ou deux poignées dont se servent les menuisiers pour dégrossir le bois.

— Ciseau denté pour travailler la pierre.

Rifler, *v. a.* Se servir du riflard pour dégrossir le bois ou travailler la pierre.

Rigole, *s. f.* Petit chenal creusé dans le sol ou dans la pierre, pour l'écoulement des eaux pluviales ou ménagères d'une maison. Une rigole est également confectionnée en béton, en cailloux, en briques, en pavés.

Quelle que soit leur nature, les rigoles sont généralement mesurées au mètre linéaire.

Rinceau, *s. m.* Archit. Sorte d'ornement ayant son origine de la forme naturelle de certaines feuilles, de certains branchages recourbés.

Les rinceaux sont ou sculptés ou peints dans des frises ou roulés à des colonnes.

Ripe, *s. f.* Outil dont se servent les sculpteurs et les tailleurs de pierre pour parfaire un parement. Cet outil est formé d'une tige en fer, dont les extrémités sont recourbées en sens opposés et portent des tranchants en acier dont l'un est denté, l'autre uni. Le côté denté sert d'abord à effacer les irrégularités laissées par le marteau, puis la taille est terminée par le côté uni.

Riper, *v. a.* Gratter avec la ripe.

— Ce terme s'emploie aussi pour désigner les mouvements que l'on fait subir à une pièce de bois, à une échelle en la faisant glisser par son pied reposant sur un plan horizontal.

Risques, *s. m. pl.* Ce mot au pluriel, ne s'emploie en construction, qu'accompagné de *périls*. Il signifie l'engagement volontaire que prend un entrepreneur dans l'exécution d'un travail, de rester seul responsable des conséquences fâcheuses ou préjudiciables de ce travail; acceptant par avance les chances de mauvaises ou bonnes réussites dans le résultat de son entreprise. C'est ce qui motive dans un marché, dans une convention, ces mots accouplés : *à ses risques et périls*.

Rive, *s. f.* Menuis. L'arête d'une boiserie, d'un panneau, d'un contre-chambranle, d'un bandeau, etc. Les moulures poussées ou rapportées sur rives, sont toujours détachées pour être comptées séparément au mètre linéaire.

River, *v. a.* Serrur. Refouler la pointe d'un clou sur elle-même.

Rivet, *s. m.* Serrur. Clou dont la pointe ou l'extrémité est refoulée sur elle-même, de manière à former un clou à deux têtes qui ne peut être arraché ni d'un côté, ni de l'autre.

Rivure, *s. f.* Serrur. Broche de fer qui entre dans la charnière des fiches pour en joindre les ailes. Tête faite à l'extrémité d'une broche en fer pour l'assujétir dans un trou.

Robinet, *s. m.* Petit appareil en cuivre recreusé dans son intérieur, placé à l'extrémité d'un conduit ou d'un tuyau, qui laisse échapper par le jeu d'une clé, l'eau contenue dans ce tuyau.

Roc, *s. m.* Masse de pierre très-dure qui tient à la terre. Il est synonyme de *Rocher*.

Rocaille, *s. f.* Assemblage de matières faites en certaines compositions naturelles ou factices qui semblent être le produit de la nature.

— Pierres de tuf arrangées avec art en bordures de bassin, en grotte ou en tout autre décoration rustique, de façon à imiter le roc ou rocher. Voyez *Tuf*.

Ce genre de travail, exécuté par des spécialistes, n'est jamais compté autrement qu'à prix débattu ou en régie.

Rocailler, *v. a.* Faire de la rocaille.

Rocailleur, *s. m.* Ouvrier dont la spécialité est de faire de la rocaille.

Rocher, *s. m.* Masse de pierre très-dure qui tient à la terre et qui produit la pierre propre à la construction.

Roman, ne, *adj.* Style d'architecture.

Décadence de l'architecture romane, mêlée de l'influence orientale. Il régna du cinquième au douzième siècle.

Rondeau, *s. m.* Nom donné par les maçons à une sorte de bassin, fait avec du sable ou du gravier et dans lequel on fait fuser la chaux en jetant une quantité suffisante d'eau. Sitôt éteinte, elle est transformée en mortier ou en béton, selon qu'elle est broyée avec du sable ou du gravier.

Rondelle, *s. f.* Petit cercle de poterie ou de métal, fixé dans une cloison ou dans une gaîne de cheminée et par lequel passe les tuyaux en tôle d'un poële, d'un four ou d'un fourneau.

— Cercle de métal ou de cuir fixant le point de réunion des tuyaux d'un corps de pompe.

— Deux pièces de cuivre rondes qui forment par les deux bouts le moule où les plombiers fondent les tuyaux sans soudure.

Rond-point, *s. m.* Archit. La partie demi-circulaire d'une abside qui forme le chœur d'une église. Ce qui se rencontre dans l'architecture romane.

Rosace, *s. f.* Ornement de forme circulaire variant de détail sous le rapport du dessin, sculpté dans le marbre, la pierre, le bois ou confectionné en peinture, rapporté en plâtre ou carton-pierre et placé en décoration dans le centre d'un plafond d'appartement, sous la clé d'une voûte, dans un caisson de frise, etc.

Rose, *s. f.* Grande baie circulaire enrichie de sculptures ajourées ornant les façades à frontons gothiques.

Rossignol, *s. m.* Crochet de fer dont se servent les serruriers pour ouvrir les serrures.

Rosette, *s. f.* Petite rosace.

Rotonde, *s. f.* Édifice entièrement circulaire.

— Dans les constructions de chemin de fer, la rotonde est un vaste bâtiment circulaire dans lequel on remise les locomotives.

Rouet, *s. m.* Serrur. Sorte de mécanisme à l'intérieur d'une serrure qui, à l'aide de la clé qui s'y accroche de différentes façons, fait mouvoir le pène de la serrure, tant pour fermer que pour ouvrir.

Rouille, *s. f.* Oxydation du fer qui se produit lorsqu'il est exposé à l'action de l'air humide. On le préserve de cette oxydation en le recouvrant d'une peinture au minium.

Le vert-de-gris est la rouille du cuivre.

Rouleau, *s. m.* Cylindre en bois servant au bardage des lourds matériaux, bois ou pierre.

— Papier de tapisserie pour tenture, de 8 mètres de longueur sur 0^m 50 de largeur, enroulé sur lui-même. Sa fourniture et son collage se comptent à la pièce.

Roulette, *s. f.* Petite roue de métal ou de bois.

— Ce terme est communément donné à une mesure métrique formée d'un ruban en toile, contenu et enroulé dans une boîte ronde, que l'on nomme roulette. La longueur du ruban varie depuis 5 jusqu'à 50 mètres, avec toutes subdivisions de mètres, de décimètres et de centimètres.

Rouleur, *s. m.* Ouvrier terrassier effectuant à la brouette, du déblai ou du remblai, dans un parcours limité, appelé *relais.*

Ruine, *s. f.* Destruction naturelle ou violente d'une construction dont il en reste encore les débris informes qui en sont les *ruines.*

Rumford, *s. m.* Fumist. Sorte de foyer de cheminée, composé d'un appareil en tôle, en fer ou en cuivre, garni de plaques de faïence ou de briques réfractaires, disposées de manière à renvoyer la chaleur du foyer. Ce système économique de chauffage, que l'on compte à la pièce avec tous ses accessoires, porte le nom de son inventeur : Benjamin Thompson, comte de Rumford, né aux États-Unis en 1753, mort en 1814.

Rustiquage, *s. m.* Sorte d'enduit en mortier jeté au balai et formant une surface rugueuse dite à grain d'orge.

Rustique, *adj.* Se dit d'une construction grossièrement faite, imitant toutefois la nature d'une façon particulièrement artistique.

Rustique, *s. m.* Outil de tailleur de pierre formé d'un marteau denté, servant à dresser les parements de la pierre.

Rustiquer, *v. a.* Jeter un enduit au balai. Faire un rustiquage.

— Bâtir d'une manière rustique.

— Dresser des parements de pierre à la grosse pointe et relever leurs arêtes au ciseau.

S

Sable, *s. m.* Matière pierreuse divisée en très-petits grains, sensiblement égaux et sans cohérence. Pour le reconnaître propre à l'emploi dans la confection des mortiers, il doit être dégagé de toute substance terreuse; remué dans l'eau, il ne doit pas la rendre bourbeuse ; il est rude au toucher et doit crier dans la main.

Il est livré au commerce soit au mètre cube, soit au tombereau.

Sablonneux, euse, *adj.* Terrain dans lequel l'on rencontre beaucoup de sable.

Sablonnier, *s. m.* Ouvrier qui débarque le sable.

Sablonnière, *s. f.* Carrière qui contient, qui renferme du sable, d'où on en fait l'extraction.

Sablière, *s. f.* Charp. Pièce de bois transversale sur laquelle repose le forjet d'une toiture.

Sablière ou **panne de bris**. Voyez *Panne*.

Sabot, *s. m.* Piston d'une pompe ordinaire.

— Garniture de métal ou de bois entourant l'extrémité d'une pièce de bois de charpente, d'un poteau, etc.

Saillant, te, *adj.* Qui avance, qui sort en dehors, qui fait

Saillie, *s. f.* Tout ce qui fait avant-corps plus ou moins prononcé en avant du nu d'un mur, d'une façade, ou d'un parement quelconque.

Salaire, *s. m.* Rémunération due ou acquise par l'effet d'un travail exécuté, soit à la tâche, soit à la journée.

Salle, *s. f.* Grande pièce d'un local quelconque.

— Lieu couvert servant de réunion à une assemblée ; la partie d'un théâtre où se placent les spectateurs ; lieu public pour concert, bal, cirque, exercice, etc.

— Dortoir d'un hôpital où sont placés les lits pour chaque catégorie de malades.

Salle à manger, *s. f.* Pièce d'un hôtel, d'un appartement dont le nom indique suffisamment sa destination.

— Cette pièce doit être attenante à la cuisine, mais toutefois, préservée de ses émanations. Le sol doit être carrelé, dallé en pierre ou en marbre, ou encore formé d'une mosaïque. Le parquet étant susceptible d'absorber les taches graisseuses inévitables dans une salle à manger, doit être évité, à moins d'être recouvert d'un tapis.

Salon, *s. m.* La pièce principale d'un appartement. Autant que possible cette pièce doit être directement desservie par le vestibule d'entrée.

Son luxe de décoration et d'ameublement doit dépasser celui des autres pièces.

Le salon étant destiné à recevoir les visites de cérémonie ou réunir de la compagnie.

Salpêtre, *s. m.* Sel de la pierre composé de potasse et d'acide nitrique.

Sangle, *s. f.* Charp. Plateau ou planche brute placée verticalement contre les parois d'une fouille ou d'une baie, pour maintenir au moyen d'étrésillons, soit le mouvement des terres, soit le mouvement d'un mur.

Les sangles se comptent au mètre linéaire.

Sapin, *s. m.* Arbre à tige droite et élevée, dont l'usage est en grande utilité dans la construction.

De son bois on en retire la térébenthine et la poix.

Sas, *s. m.* Tissu en crin, en soie, en laiton, encadré d'un cercle en bois, servant à passer, à tamiser le plâtre, la céruse et autres produits réduits en poudre.

Saumon, *s. m.* Masse de plomb, de fer, de fonte, d'étain, telle qu'elle est sortie de la fonte et livrée au commerce.

Sauterelle, *s. f.* Instrument de charpentier et de menuisier. Sorte de fausse-équerre servant à relever et à rapporter des angles qui ne sont pas droits.

Scalène, *adj.* Géom. Non donné à tout triangle irrégulier.

Scellement, *s. m.* Trou fait dans la pierre ou dans la maçonnerie pour y placer une pièce de serrurerie. Quelquefois cette pièce fixe elle même un objet quelconque, et prend le nom de happe, gond, crampon, corbeau, etc. La garniture de cette pièce de serrurerie est faite au plâtre, au ciment, au soufre, au plomb, à la limaille, etc.

Chaque scellement est compté à la pièce en raison de son importance et de la matière dont il est garni et consolidé.

Sceller, *v. a.* Fixer un scellement le garnir de plâtre, ciment, plomb, soufre, limaille, etc.

Scène, *s. f.* La partie d'un théâtre occupée par les acteurs, sur laquelle se passe l'action qu'ils représentent.

Sciage, *s. m.* Refente à la main ou à la mécanique des pièces de bois de charpente ou de menuiserie.

Scie, *s. f.* Instrument de charpentier et de menuisier composé d'une lame d'acier très-mince et flexible, plus ou moins large taillée à dents sur un côté pour opérer le sciage du bois.

Elle se présente sous des formes très-variées selon son usage. La plus grande est celle du scieur de long, maniée à l'aide de deux et quelquefois de trois hommes. La plus petite est la scie à main, ou escofine, pour opérer un sciage sur place.

— Les marbriers et les tailleurs de pierre se servent également d'une longue scie à deux mains, laquelle étant suspendue, est mue par un va-et-vient, pour refendre de grands blocs de pierre ou de marbre en tranches diverses plus ou moins épaisses.

Scier *v. a.* Action de refendre, le bois, la pierre, le marbre.

Scierie, *s. f.* Lieu, atelier, où s'effectue le sciage à la mécanique.

Scieur de long, *s. m.* Ouvrier dont la spécialité est la refente des pièces de bois en grume pour la charpente.

Sciure, *s. f.* Poussière de bois produite par l'effet du sciage.

Scorie, *s. f.* Résidu de forge qui se sépare des métaux en fusion, et qui s'emploie à la confection des pisés. La scorie est communément appelée *mâchefer*.

Scotie, *s. f.* Nom donné à une moulure toujours horizontale, formée d'une gorge composée de deux quarts de cercles inégaux et surperposés. Le plus grand rayon forme la partie basse, tandis que le plus petit termine la moulure de la partie supérieure, les deux centres étant placés sur le même niveau.

Sculpter, *v. a.* Modeler, tailler des ornements ou des figures dans le marbre, la pierre, le bois ou l'argile. En ce dernier cas, l'on dit *modeler*.

Sculpteur, *s. m.* Artiste qui pratique, qui exerce la

Sculpture, *s. f.* Art de représenter ou de reproduire des sujets ou des ornements au moyen de taillage, ciselage ou modelage, dans le marbre, la pierre, le bois, l'argile, et cela à l'aide d'outils propres à ce genre de travail.

Seau, *s. m.* Vase de bois ou de métal pour transporter l'eau ou tout autre liquide.

Sec, *adj.* État du bois en menuiserie dans lequel il doit être travaillé et employé.

Sécante, *s. f.* Géom. Ligne droite qui, rencontrant une courbe, la coupe sur deux points.

Sèche, *adj.* Se dit d'une maçonnerie confectionnée sans mortier ni ciment.

Secteur, *s. m.* Géom. Section de cercle comprise entre deux rayons et une partie de circonférence.

Sa surface s'obtient en multipliant la moitié du rayon par la longueur développée de l'arc.

Section, *s. f.* Subdivision.

— Géom. Rencontre de deux lignes ou de deux surfaces qui se croisent.

Segment, *s. m.* Géom. Portion de cercle comprise entre l'arc et la corde qui relie ses deux extrémités. Sa surface est égale à celle du secteur dont le segment fait partie, mais en déduisant ou retranchant le triangle rectiligne formé par les deux rayons et la corde.

Sémaphore, *s. m.* Sorte de télégraphe établi sur une côte marine, pour faire ou envoyer des signaux aux navires qui apparaissent au large.

Dans des dimensions bien réduites, le sémaphore est aussi employé comme signaux, sur les voies de chemins de fer.

Semelle, *s. f.* Charp. Plateau travaillé ou brut, placé horizontalement pour recevoir une pièce de bois posée debout, tels qu'un étai, une jambe de force, un poteau, etc.

Si la semelle est travaillée, équarrie et en assemblage, elle se cube par son équarrissement moyen, multiplié par sa longueur réelle. Si elle est brute, elle est comptée linéairement.

Sergent ou **serre-joint**, *s. m.* Instrument de fer ou de bois, dont se servent les menuisiers et les charpentiers pour tenir provisoirement serrées l'une contre l'autre, les pièces de charpente ou de menuiserie qui sont collées ou que l'on veut maintenir avec des chevilles.

Serre, *s. f.* Bâtiment vitré, chauffé à des degrés de chaleur combinés, pour la conservation pendant l'hiver de fleurs et plantes précieuses, dont cette température factice entretient la beauté que leur refuse la mauvaise saison.

Serrer, *v. a.* Concentrer avec force.

— *Serrer* une voûte, un arc, c'est placer le dernier claveau ou le dernier rang de pierres faisant clé.

— Achever une maçonnerie de reprise, pour éviter toute intervalle entre elle et la vieille maçonnerie dans laquelle elle est enclavée.

Serrure, *s. f.* Serrur. Boîte en fer renfermant un mécanisme faisant mouvoir une langue de fer appelée : *pène*. La serrure se place à une porte pour la tenir fermée au moyen du pène que fait sortir ou entrer de la serrure la clé qui y pénètre par le côté pourvu du panneton.

— Le mécanisme de la serrure se présente sous des formes très-variées, et souvent même avec des complications infinies.

— Les serrures sont livrées et posées à la pièce avec une ou plusieurs clés.

Serrurerie, *s. f.* Ouvrages du bâtiment où l'on emploie que le fer forgé et travaillé sous des formes très-variées.

— L'ensemble même de ces ouvrages.

Serrurier, *s. m.* Patron ou ouvrier dont la spécialité est la confection ou l'entreprise des ouvrages de serrurerie.

Serve, *s. f.* S'emploie pour le mot *Réservoir*.

Servitude, *s. f.* Droit acquis à un propriétaire pour le passage ou la vue dans une propriété voisine à la sienne.

— Obligation légale entre propriétaires voisins à des égards réciproques.

Seuil, *s. m.* Tablette en pierre de taille, en briques ou en bois placée dans le bas d'une baie de porte et à niveau du sol intérieur.

Il se compte linéairement pour sa pose, à moins d'une largeur excédant 0^m 50.

En pierre de taille, il se compte superficiellement de pose comme de fourniture ; quelquefois à la pièce.

Les seuils en bois ou en briques se comptent au mètre linéaire. Ils sont quelquefois aussi comptés à la pièce.

Siccatif, *s. m.* Composition, substance qui, mélangée à la peinture au moment de son emploi, a la propriété de la faire sé-cher rapidement.

Siége d'aisance, *s. m.* Petite construction en maçonnerie établie dans un cabinet privé, sur laquelle on s'assied pour satisfaire les besoins naturels. Dans le corps intérieur d'un siége est placé le plus ordinairement un appareil en poterie ou en fonte adapté à une cuvette également en poterie, porcelaine ou fonte émaillée, laquelle forme l'orifice du siége. L'appareil dit inodore est composé lui-même d'un fort tuyau recourbé sur lui-même appelé siphon, qui permet une communication directe entre le siége et la descente par l'intermédiaire d'une culotte dans laquelle s'emboîte le siphon. La culotte qui est adhérente à la descente communique avec elle, et de là à la fosse même du bâtiment.

La confection d'un siége d'aisance doit s'opérer avec emploi de ciment soit intérieurement, soit extérieurement. Il est quelquefois revêtu d'une boiserie, mais toujours recouvert d'un fort plateau en bois dur percé d'une lunette correspondante à la cuvette. Un bouchon également en bois dur sert à couvrir cette lunette. Le revêtement de boiserie est compté selon la forme et la nature du bois employé. La planche et son bouchon tourné ou non, sont ordinairement l'objet d'une valeur particulière.

Le siége lui-même, en maçonnerie, est compté en raison de son importance et de la valeur de l'appareil inodore, si cet appareil est fourni soit en poterie, soit en fonte.

Les siéges sont simples quand ils sont dépourvus d'un appareil quelconque ayant pour but de le rendre inodore.

Un siége est dit à *l'anglaise* quand l'appareil inodore qu'il renferme est composé d'un système particulier, composé d'une bascule bouchant à volonté la partie basse de la cuvette et d'une pompe dont le jeu d'une clé répand de l'eau dans cette cuvette en la lavant par jets successifs ou continus.

Un siége est dit à la *turque*, quand sa construction affecte une forme toute particulière, c'est-à-dire une sorte de stalle établie presque à niveau du sol du cabinet, avec deux patins au-devant de la lunette et sur lesquels reposent les pieds. Pour le rendre inodore, un appareil à siphon est également construit ou adapté immédiatement au-dessous de cette lunette.

La valeur de ces siéges est également estimative, avec ou sans fourniture de l'appareil.

Silex, *s. m.* Sorte de cailloux très-dur, mi-transparent, au moins sur ses bords. Sa cassure est analogue à celle de la cire. On en fabriquait la pierre à fusil.

Le contact de l'acier sur le silex, produit des étincelles fort vives, ce qui range cette pierre dans la catégorie des pierres dites *scintillantes*.

Simbleau (1), *s. m.* Règle ou cordeau dont un bout est fixe, tandis que l'autre rendu mobile sert à décrire une courbe plus ou moins grande, dans une épure, dans un tracé d'une certaine étendue.

Singe, *s. m.* Entre ouvriers du bâtiment, notamment les charpentiers, ce nom bizarre est donné au patron.

Selon la chronique, les démarches, les déférences, les égards assez naturels, employés par le patron vis-à-vis des gens d'une condition supérieure à la sienne, le portent dit-on, à grimacer des sollicitations de tout genre, de toute nature.

Cette appellation peu flatteuse et peu convenable, malgré son apparence de vérité, laisse beaucoup à désirer.

Siphon, *s. m.* Appareil en poterie ou en fonte, composé d'un large et fort tuyau recourbé sur lui-même, affectant la forme d'une ∽, est placé dans l'intérieur d'un siége d'aisance ou d'un récipient quelconque pour rendre ce siége ou ce récipient inodore.

Par la combinaison du niveau d'eau qui est la base du siphon, il y a interruption dans les émanations du siége ou du récipient. Mais pour obtenir le résultat demandé au siphon, il faut une grande précision de pose et un soin particulier de la part de l'ouvrier ma-

---

(1) Ce mot déjà décrit sous l'orthographe de *cimblot*, prête cependant mieux à dire *cimblotter* selon l'expression usuelle et familière. Mais cette expression n'étant pas française, le mot doit s'écrire effectivement : *Simbleau*.

çon qui en est chargé, pour observer les règles indispensables du niveau d'eau.

Le siphon et la cuvette sont l'objet d'une estimation particulière.

Afin d'obtenir l'avantage offert par le siphon, il est indispensable d'y jeter constamment de l'eau. Les matières qui surnagent disparaissent alors dans la descente.

Situation (État de). Décompte résumé ou détaillé de travaux faits pendant leur exécution, mais toutefois avant leur complet achèvement.

Smillé, ée, *part. pas*. Se dit d'un moëllon, d'un pavé équarri, dont le parement vu est taillé au marteau à pointes, nommé *smille*.

Smiller, *v. a*. Tailler à la smille.

Socle, *s. m*. Base en pierre de taille, en maçonnerie, en bois recevant un pilier, une colonne, un pilastre, un piédestal, etc.

— Partie inférieure et saillante d'un mur soit en pierre de taille, soit en ciment brettelé imitant la pierre.

— Pris en massif, le socle se compte au cube selon les dimensions de longueur, de largeur et de hauteur réelles.

— Menuis. Les socles de chambranles sont comptés avec ces derniers.

Soffite, *s. m*. Archit. Plafond, dessous d'un plancher formé en menuiserie, en plâtre, en ciment ou en stuc ornés de caissons, de panneaux saillants dont les compartiments sont sculptés, peints ou garnis d'ornements.

Sol, *s. m*. Terrain sur lequel on peut bâtir ou sur lequel on marche.

Solde, *s. m*. Dernière somme payée ou reçue pour l'acquit d'un compte quelconque.

Solide, *s. m*. Géom. Se dit des corps qui présentent trois dimensions de longueur, largeur, hauteur ou épaisseur.

Est également corps solide celui qui présente des surfaces courbes, comme la sphère, le cylindre, le cône, etc.

Leur mensuration a lieu en raison de la forme et des volumes de ces corps.

— Terrain ferme et consistant, présentant les garanties désirables pour recevoir une construction.

— Stabilité d'un corps, soit pour sa consistance particulière, soit pour celle coopérative avec un autre corps.

Solidité, *s. f*. Caractère de ce qui est solide.

Condition première et essentielle de tout ce qui se rattache à la construction. La solidité étant la base fondamentale d'une construction, tous les moyens, pour y arriver, doivent être employés dans de petites comme dans de grandes proportions.

La nature des matériaux, les proportions données, sont les conséquences inévitables d'une bonne solidité.

Solin, *s. m.* Ferbl. Bande de ferblanc, de zinc, de plomb ou de cuivre, protégeant les parties basses d'un mur, d'une cloison, contre le rejaillissement des eaux. On retrouve les solins au-dessus d'une toiture, d'une terrasse ou tous autres lieux analogues.

La mensuration des solins en ferblanc ou en zinc s'opère au mètre linéaire jusqu'à une hauteur de 0^{m}11; au-dessus de cette hauteur, ils se comptent à la surface.

Les solins en plomb et en cuivre se comptent au poids.

— Les solins en ciment, en mortier, en plâtre, se nomment *Morènes*. Voyez ce mot.

Solive, *s. f.* Charp. Pièce moyenne de charpente servant à former un plancher. Elle est placée horizontalement, sa grande face est verticale sur son épaisseur. Les solives sont distancées à des intervalles réguliers ayant au plus 0^{m}40 d'axe en axe. Les têtes de solives sont ou en assemblages dans des poitrails ou des linçoirs, ou enfin en prise dans les murs.

Il y a trois sortes de solives : la *solive maîtresse*, qui repose ordinairement sur le mur même est d'une épaisseur marquée. Elle est placée à des distances combinées pour la consistance d'un plancher à grande portée.

La *solive simple*, qui remplit les intervalles d'une maîtresse solive à l'autre, est d'une épaisseur moindre que la précédente.

Enfin, la *solive de remplissage*, dont la longueur est interrompue par une ou plusieurs enchevêtrures.

La mensuration de toute solive a lieu par équarrissement moyen multiplié par sa longueur apparente prise dessus, augmentée de 0^{m}05 pour chaque tenon en cas d'assemblage, et de 0^{m}25 en cas de prise.

Dans le cas où le mur dans lequel pénètre une solive n'aurait pas 0^{m}50 d'épaisseur, la prise de la solive ne peut être comptée que pour la moitié même de l'épaisseur de ce mur.

Règle générale, toutes les solives d'un même plancher doivent être taillées sur une hauteur uniforme.

Sommet, *s. m.* Géom. L'angle d'un triangle opposé à la ligne prise pour base du triangle. Le point de jonction de deux lignes droites se nomme sommet de l'angle.

Constr. Le haut d'une construction, d'un mur, d'une tour, d'une flèche, d'un comble, d'un clocher. etc.

Sommier, *s. m.* Grosse et forte pièce de charpente placée dans un plancher, au-dessus d'un vide, pour recevoir en assemblage les solives ou les poutrelles de ce même plancher.

Il est mesuré par équarrissement moyen, multiplié par sa longueur réelle.

Serrur. Pièce de fer forgée remplissant les mêmes fonctions que celui en charpente. Il est compté au poids.

Sondage, *s. m.* Opération qui consiste à s'assurer de la solidité d'une maçonnerie et de la consistance douteuse d'un sol sur lequel on se propose d'asseoir une construction.

Sonder. *v. a.* Opérer un sondage.

Sonnerie électrique, *s. f.* Appareil servant à établir rapidement des communications entre les diverses chambres d'un hôtel ou d'un grand appartement avec un centre commun.

Il est employé aux appels qui peuvent être faits de ces chambres au moyen de conducteurs électriques.

L'appareil se décompose de la manière suivante :

1º D'une pile électrique ;

2º De boutons transmetteurs placés aux différents points, d'où doivent partir les appels.

3º De fils conducteurs qui, de ces boutons, communiquent avec la pile et avec

4º Un tableau indicateur sur lequel sont marqués des chiffres qui correspondent avec chaque bouton;

5º D'un timbre à sonnerie trembleuse, que le toucher du bouton fait raisonner aussi longtemps que peut durer l'appel.

Ces appareils, qui sont fort ingénieux, remplacent avantageusement les sonneries ordinaires. Chaque partie ci-dessus indiquée est l'objet d'une valeur particulière, non compris les percées de murs et cloisons nécessaires au passage des fils conducteurs.

Sonnette, *s. f.* Engin mécanique employé au pilotage pour enfoncer les pieux. Voyez *Mouton*.

— Serrur. Clochette suspendue pour le service d'un appartement. Pour l'agiter et la faire mouvoir, la sonnette se compose des parties suivantes : tirant, cordon, renvoi, et enfin, ressort sur lequel elle est montée.

Chacune de ces parties est comptée séparément, ainsi que la clochette elle-même en état de fonctionner.

Soubassement, *s. m.* Archit. La partie inférieure d'une façade depuis le sol de la chaussée jusqu'au premier cordon, laquelle semble supporter le reste de la maison ou de l'édifice.

— Menuis. Les soubassements sont des revêtements unis ou moulurés, avec ou sans panneaux, qui sont mesurés comme lambris et selon les indications données à *hauteur d'appui*.

— Plâtr. Cim. St. Les soubassements, soit intérieurs, soit extérieurs, sont considérés comme décoration et sont mesurés telles. Ils se divisent alors en trois parties distinctes, la plinthe, le fond et la cymaise. Si la plinthe est moulurée, elle se développe avec la moulure de la cymaise. Ce développement se multiplie par la longueur du soubassement augmentée des saillies et des amortissements. Le fond entre la cymaise et la plinthe se compte au mètre superficiel réel quand il est lisse, et comme il est dit à

Panneau, quand il en existe. Les soubassements appliqués sur parties courbes, sont augmentés en longueur de la moitié du développement de la courbe.

Souche, *s. f.* Maçonn. Corps de cheminée apparaissant au-dessus d'une toiture et renfermant une ou plusieurs gaînes. Elle est ordinairement construite en plotets, de champ ou de plat.

Les gaînes sont formées par des divisions intérieures conservant les mêmes dispositions des parties arrangées sous le toit, à l'endroit laissé par le plâtrier.

La mensuration des souches s'opère en prenant le développement extérieur et apparent de ces diverses faces. Ce développement est augmenté de toutes les divisions intérieures, refends et languettes. Cet ensemble est multiplié par la hauteur réelle de la souche.

Le cordon, en mêmes plotets, qui fait couronnement s'il existe, est compté en plus-value. Son pourtour réel est multiplié par une largeur uniforme de 0^m 15, si toutefois il n'est composé que de deux plotets superposés.

Les souches sont quelquefois recouvertes par un fort enduit de mortier hydraulique ou de ciment que l'on nomme *chapeau*. Ils sont évalués à la pièce, en raison de leur surface et de leur épaisseur. Si le chapeau, au lieu d'être en ciment, est formé d'une plaque de fonte ou d'une couverture en pierre, comportant des percées pour les gaînes, un prix de pose est appliqué et combiné en raison de la difficulté du montage et de la mise en place de ces plaques ou couvertures. Voyez *Couronnement*.

La fourniture est comptée à la pièce.

Souder, *v. a.* Joindre, réunir ensemble deux ou plusieurs pièces de métal à l'aide d'un fondant métallique.

Soudure, *s. f.* Ferbl. Alliage de 2/3 de plomb et de 1/3 d'étain servant à réunir soit deux pièces de plomb ou de cuivre en tables ou en tuyaux, soit des feuilles de ferblanc ou de zinc, pour la confection des ouvrages de ferblanterie, de zinguerie, de plomberie ou de cuivrerie.

Comme ouvrage de réparation en vieux métal, chaque soudure est comptée à la pièce en raison de son importance.

Souillarde, *s. f.* Voyez *Lavoir*.

Soufflet, *s. m.* Instrument de forgeron, de serrurier, de plombier, ayant des dimensions très-diverses, et servant à produire du vent pour raviver ou maintenir le feu d'un foyer, forge ou autre.

Soumission, *s. f.* Déclaration écrite et signée, par laquelle un entrepreneur s'engage d'exécuter un travail ou une fourniture dans une adjudication publique ou privée, selon des conditions préalablement imposées.

Soumissionnaire, *s. m.* Entrepreneur agréé à présenter une soumission.

Soupape, *s. f.* Ferbl. Languette avec bouchon placée dans un corps de pompe qui se retire pour donner passage à l'eau et qui s'abaisse pour l'intercepter.

— Fumist. Plaque de tôle réglant le feu d'un foyer de cheminée.

Soupente, *s. f.* Petit plancher soutenu par des tras et des liernes, dans une cuisine ou dans un compartiment quelconque, pour coucher.

Son poutage est mesuré selon sa surface géométrique, les tras qui le supportent sont mesurés au mètre linéaire avec 0m15 pour chaque prise dans les murs.

Son accès a lieu par un petit escalier fixe ou par une simple échelle.

Soupirail, *s. m.* Voyez *Abat-jour*.

Sous-bande, *adj.* Se dit des gaînes inférieures d'un paquet de cheminée dans une chambre, en contre-bas de la tablette de cette même cheminée.

Sous-barbe, *s. f.* Charp. Sorte de console en prise à l'une de ses extrémités, tandis que l'autre faisant saillie, supporte une pièce de charpente à grande portée. Son but est de remplir les fonctions de la jambe de force, quand celle-ci ne peut être employée. La sous-barbe est cubée par ses dimensions réelles.

Sous-œuvre, *s. m.* Travail de maçonnerie ou de charpente exécuté avec sujétion, précaution et même avec certain danger, sous le poids d'une charge plus ou moins considérable. La valeur de ces sortes de travaux doit être estimée en raison des conditions dangereuses et du degré de responsabilité qui incombent à l'entrepreneur qui en est chargé. Les travaux en sous-œuvre consistent à faire des reprises de murs en mauvais état, à pratiquer des ouvertures ou à exécuter des reconstructions partielles et nécessaires dans une partie ou dans l'ensemble d'une vieille maison.

La charpente, par ses étaiemonts, joue également un très-grand rôle dans les travaux de ce genre.

Sous-sol, *s. m.* Étage enterré sous un rez-de-chaussée. Cet étage, de combinaison récente, permet de donner aux magasins à rez-de-chaussée des pièces disponibles qui en dépendent pour des destinations diverses.

Sous-traitant, *s. m.* Entrepreneur ou fournisseur qui prend en second lieu un engagement direct avec l'adjudicataire principal d'une entreprise, à l'effet d'exécuter le tout ou une fraction de cette même entreprise.

Sous-traiter, *v. a.* Passer un marché, transmettre une entreprise à un sous-traitant.

Sphère, *s. f.* Géom. Corps solide formé par une seule surface courbe dont tous les points sont également distants de celui intérieur qu'on appelle centre. Sa surface s'obtient en multipliant la circonférence du grand cercle par le diamètre. Son cube est le résultat de sa surface multipliée par le 1/3 du rayon, soit le 1/6 du diamètre.

Sphérique, *adj.* Ayant la forme de la sphère.

Spirale, *s. f.* Ligne courbe qui tourne autour de son centre et qui s'en écarte progressivement.

Square, *s. m.* Enceinte réservée plantée d'arbustes, fleurs, massifs, corbeilles, arbres étrangers, pour l'agrément d'une propriété privée ou d'une promenade publique. Les squares sont quelquefois sillonnés par des cours d'eau factices qui répandent de la fraîcheur. Des bancs y sont dispersés et disposés dans des massifs ombragés.

Ce mot, emprunté à la langue anglaise, signifie *carré* ou *place*. Il se prononce *Scouare*.

Stabilité, *s. f.* Solidité, fermeté ; état durable et permanent d'un corps.

Stalle, *s. f.* Siége en bois sculpté ou non, placé dans le pourtour d'un chœur d'église, ayant un fond mobile qui peut au besoin se relever pour s'y asseoir presque debout.

Les à-côtés sont pourvus d'accoudoirs, et souvent un pupitre est établi au-devant.

Dans une salle de spectacle, fauteuil recouvert d'étoffes, avec accoudoirs, pour assister commodément à une représentation.

— Case dans une écurie réservée à un cheval. Les boiseries plus ou moins compliquées qui forment cette case sont également appelées stalles.

Statuaire, *s. m.* Artiste sculpteur, spécialiste pour la

Statue, *s. f.* Figure humaine taillée en pied dans le marbre, la pierre, le bois, servant à la décoration d'un édifice.

Une statue est primitivement modelée sur de l'argile par l'artiste qui en fait la composition ou la reproduction. Elle est ensuite coulée en plâtre à l'aide de moules préparés à cet effet, puis livrée au sculpteur qui en fait la reproduction au ciseau.

Statuette, *s. f.* Toute petite statue, taillée ou coulée.

Pour sa confection on emploie l'ivoire, le bois, le métal, le cuivre, le bronze, l'argent, quelquefois l'or.

Le modelage de la statuette est effectué sur de la cire, puis elle est moulée ou ciselée.

Stère, *s. m.* Unité et base de mesure métrique, pour les bois de chauffage coupés à un mètre de longueur. Il est formé d'un cadre en bois ayant dans le vide 1^m00 de hauteur sur 1^m00 de largeur. Il est monté sur patins pour être tenu debout. Son volume est de un mètre cube.

Stuc, *s. m.* Mélange de plâtre, de colle et de poussière de marbre, réduit en pâte, appliqué et étendu sur un premier enduit préparé. Voyez *Repère*.

Travaillé et poli, le stuc présente l'apparence du marbre. Il est employé comme décoration dans les cages d'escalier, vestibules, salles à manger, salles de bains, etc., soit en surfaces unies soit en parties moulurées.

La mensuration des surfaces planes de stuc s'effectue selon les formes géométriques que ces surfaces présentent. Tous les vides sont déduits. Les parties courbes ou cintrées sont augmentées d'une demi-fois leur surface réelle. Les angles rentrants ou saillants sont ajoutés aux surfaces principales en multipliant leur hauteur ou longueur réunies par une largeur constante de 0^m15. Les lignes divisant les changements de tons, sont également converties en surfaces, en multipliant leur longueur développée par la largeur constante de 0^m05.

Les parties moulurées sont détaillées et mesurées selon chaque dénomination particulière.

Stucateur, *s. m.* Ouvrier qui exécute ou entreprend les ouvrages en stuc.

Style, *s. m.* Se dit du genre d'architecture ancienne ou moderne, arrêté et appliqué dans l'ornementation ou la décoration d'un édifice comme d'une simple habitation.

Stylobate, *s. m.* Archit. Piédestal d'une colonne ou soubassement à l'avant-corps d'un édifice

Menuis. Petit soubassement en boiserie, à deux ou trois corps, régnant à la partie basse des parois d'une chambre.

Jusqu'à 0^m30 de hauteur, les stylobates se comptent au mètre linéaire.

Au-dessus, ils sont mesurés superficiellement selon le mode de métré indiqué à hauteur d'appui. Les parties qui les composent : plinthe, fond et cymaise ne sont point détachées les unes des autres. Le prix appliqué les comporte toutes.

Sujétion. *s. f.* Soin et attention apportés à l'exécution d'un travail délicat, difficile ou dangereux.

Superficie, *s. f.* Surface d'une grande étendue.

Surbaissement, *s. m.* État d'une voûte ou d'un arc dont la flèche est inférieure au rayon qui en a décrit la courbe.

On dit alors voûte, arc *surbaissé*.

Surcharge, *s. f.* Se dit de l'exhaussement d'un ~~mur~~ mitoyen par l'un ou l'autre des co-propriétaires de ce mur.

Le propriétaire qui surcharge un mur mitoyen, doit payer au propriétaire voisin la sixième partie de la valeur de cette surcharge. Ce paiement, qui a lieu sur estimation d'experts, constitue un droit inévitable auquel nul ne peut se soustraire.

Voyez *Mitoyen*.

Surface, *s. f.* Géom. Le produit d'une longueur multipliée par une largeur ou hauteur. Quand il s'agit d'une grande étendue de terrain ou de la réunion de plusieurs surfaces, ce mot est remplacé par celui de *superficie*.

Surhaussement, *s. m.* État contraire au surbaissement d'une voûte ou d'un arc. Voyez *Surbaissement*.

Surplomb, *s. m.* Corps quelconque qui n'est pas d'aplomb, qui dévie de la verticale.

— Mur en surplomb, dont le sommet fait saillie par rapport à sa base.

Symétrie, *s. f.* Proportion, régularité parfaite et rapport convenable qui règnent entre les parties d'un tout.

Symétrique, *adj.* Disposition, arrangement en vue de faire régner, de faire dominer la symétrie.

Symétriquement, *adv.* D'une manière symétrique.

T

Tabatière, *s. f.* Nom donné à des châssis vitrés et à abattant, en fer, en fonte ou en bois, placés selon la pente d'une toiture, pour éclairer un comble et permettre quelquefois l'accès sur cette toiture.

Ils sont comptés à la pièce de fourniture et de pose.

La peinture et le vitrage se comptent à part.

Tableau, *s. m.* Sujet de peinture renfermé ou non dans un cadre.

— Constr. L'embrasure extérieure d'une baie quelconque depuis la feuillure du cadre ou dormant.

Tablette, *s. f.* Menuis. Petite surface de boiserie lisse recouvrant un appui quelconque, ou formant rayon dans une bibliothèque ou un meuble analogue. Sa mensuration a lieu comme il est dit à *Rayon*.

— Le dessus d'une cheminée en pierre ou en marbre.

Tablier, *s. m.* Plancher d'un pont fixe en bois ou celui mobile d'un pont-levis.

Tabouret, *s. m.* Petit bassin rectangulaire ou circulaire, en maçonnerie légère de pierres ou de briques, revêtu à l'intérieur d'un enduit de ciment et recouvert par une grille ou une pierre à jour. Le fond est formé d'un béton recouvert lui-même d'un enduit de ciment ou d'un carrelage.

Il sert de récipient à des écoulements d'eau. Vu ses petites dimensions, il est presque toujours compté à la pièce.

Tâche, *s. f.* Ouvrage fait à façon et exécuté à prix débattu, rarement à la journée.

Tâcheron, *s. m.* Ouvrier travaillant à la tâche, c'est-à-dire à façon sur prix débattus, et sans se charger d'aucunes fournitures.

Le travail lui-même est appelé par lui *Gâche*, et exécuté ou remis à la tâche.

Taillant, *s. m.* Le côté tranchant d'un outil.

Taille, *s. f.* La pierre de construction qui appartient au calcaire, et qui peut, à l'emploi, recevoir le taillage sous des formes et des dimensions prescrites par un plan d'appareil. Voyez *Pierre*. Comme mensuration voyez *Inscrire*.

Tailler, *v. a.* Faire du taillage, façonner la pierre, le bois. Ce dernier cas ne s'applique qu'au bois de charpente.

Tailleur de pierre, *s. m.* Ouvrier qui travaille et façonne la pierre. Entrepreneur ou patron qui se charge de la fourniture d'une nature quelconque de pierre de taille pour construction.

Il est rare que le même patron entreprenne, à moins de circonstances particulières, la fourniture de plusieurs natures de tailles.

Chaque carrière est généralement exploitée par un maître-tailleur de pierre, qui fait le taillage de sa pierre, et la livre à pied-d'œuvre selon des prix estimatifs ou préalablement débattus.

L'exploitation n'a jamais lieu d'une manière générale embrassant diverses natures de pierres.

Tailloir, *s. m.* Archit. Tablette échancrée ou carrée, avec ou sans moulures, qui termine le couronnement des chapiteaux de colonnes, et sur laquelle repose l'architrave.

On dit également *Abaque*.

Taloche, *s. f.* Large palette en bois de forme rectangulaire, légèrement convexe avec poignée par dessous, servant aux plâtriers à étendre en enduit et par parties successives le plâtre gâché pour première couche de dégrossissage.

Talon, *s. m.* Archit. Moulure formée par deux quarts de rond, convexe en haut, concave en bas

Le talon est renversé quand les dispositions sont contraires, concave en haut, convexe en bas, synonyme de *Doucine*.

Talus, *s. m*. Pente de bas en haut donnée à un parement de mur, ou à un massif de terre.

— Le talus naturel de la terre est à 45 degrés.

Tambour, *s. m*. Petite enceinte en boiserie, mobile ou non, pleine ou vitrée, établie à l'entrée intérieure d'une église, d'une salle, d'un établissement ou autres lieux analogues, pour rompre l'intensité du vent et du froid.

— Charp. Cylindre composé de cerces revêtues d'un bâtis en feuilles, servant à la construction ou au recreusement d'un puits. Son but est de contenir par derrière la maçonnerie de béton de ce puits, et lui donner la forme circulaire.

Ces sortes de cintres se comptent à la pièce; quelquefois le développement multiplié par la hauteur du cintre.

Tamis, *s. m*. Tissu, en soie, en fil de laiton ou en crin, retenu par un cercle en bois, servant aux peintres pour passer et épurer des matières en poudre. Synonyme de *Sas*.

Tamiser, *v. a*. Se servir du tamis, épurer, passer par le tamis des matières en poudre.

Tampon, *s. m*. Menuis. Cheville de bois enfoncée dans un mur, une pierre de taille ou une cloison pour servir à la pose des boiseries, lesquelles sont fixées et clouées à l'endroit même des tampons sans supplément de prix.

Les trous ou enclaves faits par le maçon pour recevoir ces chevilles se comptent à la pièce.

Tangente, *s. f*. Géom. Ligne droite affleurant une ligne courbe sans la couper.

Tapisserie, *s. f*. Étoffe ou papier peint, dont on recouvre les murailles d'une salle, d'une chambre, d'un salon, d'un magasin, etc.

Taquet, *s. m*. Menuis. Petit support en bois.

Tarabiscot, *s. m*. Menuis. Petite cavité derrière une moulure pour lui donner du dégagement, et séparer cette moulure de la partie lisse.

— L'outil lui-même avec lequel l'on pousse cette cavité.

Taraud, *s. m*. Pièce de fer ou d'acier, taillée en vis, dont se servent les serruriers pour

Tarauder, *v. a*. Tailler, creuser en spirale les parois d'un trou fait dans une pièce de fer ou de bois, afin d'y introduire une vis.

Targette, *s. f*. Petite pièce de serrurerie placée comme sûreté à l'intérieur d'une porte, d'un guichet, quelquefois à une croisée. La targette est formée d'un verrou en fer ou en cuivre fixé au moyen de vis.

La targette est posée à la pièce, selon ses dimensions, son modèle et la nature du métal.

Tarière, *s. f.* Outil de fer servant à faire des trous ronds dans les bois de charpente. Sorte de vrilles de grandes dimensions.

Tarif, *s. m.* Série de prix fixés par la Chambre syndicale pour tous les travaux du bâtiment.

Laquelle Série se trouve dans les bureaux de la Chambre, rue des Archers, 2, à Lyon, au prix de 12 francs.

Tas de charge, *s. m.* Se dit des assises reposant les unes sur les autres en évitant la rencontre des joints verticaux.

— Les claveaux d'un arc sont dits en *Tas de charge*, quand le joint incliné vers le centre de l'arc, se retourne à sa partie supérieure pour reposer horizontalement sur l'assise ou le claveau qui le précède.

Tasseau, *s. m.* Menuis. Petite traverse de bois soutenant les extrémités d'un rayon. Il se compte au mètre linéaire.

— Les tasseaux en plâtre remplissant les mêmes fonctions, se comptent à la pièce.

Tassement, *s. m.* Mouvement, pression de haut en bas, qui s'opère dans un mur ou dans une construction toute entière, l'un et l'autre nouvellement construits.

— Affaissement des terres dans un remblai.

Taudis, *s. m.* Réduit malsain et malpropre, souvent placé dans un comble.

Té, *s. m.* Instrument de dessin ayant la forme d'un T, composé d'une règle méplate et d'une tête transversale à feuillure pour glisser facilement sur le bord d'une planchette à dessiner. Le té est d'une grande précision pour le tracé des lignes parallèles.

— Sorte de tuyau en poterie ou en tôle dont la tête est terminée en forme de T, qui se place au sommet d'une gaîne de cheminée, en vue de son tirage. Se compte à la pièce.

Teinte, *s. f.* Se dit en peinture pour nuance.

Témoins, *s. m. pl.* Voyez *Borne*.

— Les témoins sont aussi des monticules de terre laissés avec intention dans un déblai de terre en grande masse pour constater les profils de la fouille faite et en faciliter le métré.

Temple, *s. m.* Archit. Se dit de tout édifice religieux, mais plus particulièrement des protestants et des israélites.

Tenaille, *s. f.* Instrument de fer composé de deux pièces reliées l'une à l'autre par une goupille, autour de laquelle elles s'ouvrent et se resserrent pour tenir ou arracher quelque chose. Très-employé par les menuisiers, charpentiers, serruriers.

Tenon. *s. m*. Menuis. et Charp. Entaille faite dans l'extrémité d'une pièce de bois, dont les dimensions combinées permettent son introduction et son assemblage dans la mortaise d'une autre pièce de bois

Chaque tenon est ajouté à la longueur apparente d'une pièce de bois et compte pour

0, 10 à toutes pièces de charpente en assemblages.

0, 05 aux solives de planchers dont la longueur est prise dessus.

0, 08 pour chaque assemblage de traverses en menuiserie ou charpente.

Terrasse, *s. f*. Élévation de terrain, naturelle ou factice, soutenue ou non par un mur, dans le but de dominer et de jouir d'un point de vue.

— Plate-forme au sommet d'une habitation à la campagne, laquelle est dallée ou bitumée et entourée d'un appui quelconque.

Terrassement, *s. m*. L'ensemble des travaux relatifs au mouvement des terres d'une construction.

— L'entreprise même de ces travaux.

Terrassier. *s. m*. Celui qui entreprend des travaux de terrassement; ouvrier qui travaille à ces travaux.

Terre ou **terrain**. Sol sur lequel on élève une construction.

Terreau, *s. m*. Terre végétale noire propre à la culture d'agrément. Le mélange avec le fumier en augmente la propriété.

Terre-plein, *s. m*. Massif de terre entre deux ou plusieurs murs.

Tête, *s. f*. Ornement.

— L'épaisseur apparente ou non d'un mur ou d'une voûte à leur extrémité.

— Le haut d'un poteau, d'un aisselier, d'un étai.

— L'extrémité apparente ou cachée d'une marche.

Têtu, *s. m*. Lourd marteau en fer acéré et à deux têtes, dont l'une est à pointe aiguë, l'autre est carrée, servant aux tailleurs de pierres et aux maçons pour entamer la pierre.

Théâtre, *s. m*. Édifice plus ou moins important, dont l'intérieur est divisé en deux parties très-distinctes :

La *Salle*, dans la forme d'un hémicycle, réservée au public. Elle est garnie de galeries, loges, stalles, banquettes, etc.; d'un salon ou foyer pour le public pendant les intermèdes; buvette, vestiaire, contrôle, péristyle et locaux divers pour l'administration.

La *Scène*, avec toutes ses dépendances, soit à son pourtour pour loges et foyers d'artistes, soit les dessous et les cintres pour la manœuvre des décors, soit enfin les ateliers, magasins et autres locaux nécessaires et relatifs à tous les gens du théâtre.

Un théâtre est destiné aux représentations des œuvres et ouvrages divers : opéra, comédie, drame, etc.

Le luxe des décorations d'un théâtre est sans limite, tant au dedans qu'au dehors. Tout doit y être répandu d'une manière convenable, avec art, élégance et bon goût. La bonne disposition des murs et de la distribution doit être l'objet d'une étude toute spéciale dans l'ensemble comme dans les détails.

Théorie, *s. f*. Connaissances acquises de la construction et de l'art de bâtir par les études scientifiques de cet art.

Thermostat, *s. m*. Fumist. Sorte de poêle ou petit calorifère mobile en fonte, répandant la chaleur par la combustion seule du coke.

Tige, *s. f*. Fuseau très-mince, en fer, en cuivre, en bois, rond, carré ou à pans.

— Serrur. La partie d'une clé, comprise entre le panneton et l'anneau faisant poignée.

Tinette, *s. f*. Vase fermé dans lequel on transporte les excréments.

— Sorte de siége d'aisance en métal, mobile et portatif.

Tirant, *s. m*. Serrur. Pièce de fer carrée ou méplate, terminée en anneau, soit à une, soit aux deux extrémités dans lesquelles passe une clé également en fer pour opérer la tension et la fixité du tirant.

Les tirants servent à contenir l'écartement de deux murs parallèles en les reliant dans l'épaisseur du plancher.

La fourniture se compte au poids, et la pose au mètre linéaire, quand il est incrusté dans un mur. Le percement des murs qu'ils traversent est l'objet d'une estimation particulière.

Tiraude, *s. f*. Dans la manœuvre du mouton pour enfoncer les pieux, chaque homme tient une corde pour opérer cette manœuvre, cette corde est appelée *tiraude*. Voyez *Mouton*.

Tiroir, *s. m*. Petite caisse de bois, ouverte dessus et glissant horizontalement dans des feuillures. L'intérieur est quelquefois à compartiments. Le tout fermant avec un simple bouton ou avec une serrure.

Se compte à la pièce en raison de sa nature et de son importance.

Toise, *s. f*. Ancienne mesure depuis longtemps supprimée, remplacée par le mètre. La toise avait pour subdivision le pied, le pouce, la ligne. Sa longueur était d'environ 2ᵐ00.

Toiser, *v. a*. Mesurer à la toise des ouvrages de bâtiment. Se dit encore comme vieille habitude au lieu de *métrer*.

Toiseur, *s. m*. Profession de toiser, celui qui exerce cette profession. Cette dénomination, encore usitée quelquefois par l'habitude, tend cependant à disparaître. Voyez *Géomètre*.

Toiture, *s. f.* Se dit de tout ce qui recouvre une construction quelconque pour l'abriter.

La charpente, la tuile, l'ardoise, le zinc, le cuivre, le plomb, concourent ensemble à cet abri.

— Charp La toiture se compose de chevrons placés parallèlement entre eux et perpendiculairement à la ligne du forjet, reposant sur des pannes et un faîtage. Les chevrons reçoivent transversalement le lattis, c'est-à-dire des feuilles ou voliges brutes clouées sur les chevrons et jointives les unes aux autres.

— Maçonn. Disposition, par rangs serrés, des tuiles creuses ou plates, sur le lattis en charpente.

Une vieille toiture est dite refaite à *tranchée ouverte*, quand toutes les tuiles qui la composent ont été enlevées, remaniées et replacées.

— Zing. ou Ard. Disposition d'ardoises en petites palettes rectangulaires, ou de feuilles en zinc soudées, pour recouvrir le même lattis en charpente. Le zinc s'emploie aux toitures ayant une légère inclinaison. L'ardoise, au contraire, est employée dans les couvertures à pentes rapides.

Quelle que soit la nature dont peut être composée une toiture, la mensuration a toujours lieu par la surface géométrique que présente chaque revers.

Pour celles en tuiles creuses ou plates, les faîtages et arêtiers sont mesurés séparément et linéairement à titre de plus-value avec ou sans fourniture de tuiles.

Les lucarnes sont également mesurées séparément et leurs surfaces ajoutées à celle générale de la toiture à laquelle elles appartiennent. Seulement le vide de leur emplacement est déduit, quand toutefois ce vide offre un minimum de 1ᵐ50 carré.

Les couvertures en zinc se comptent aussi superficiellement en développant les couvre-joints s'ils existent.

Pour les couvertures en ardoises, voyez *Ardoise*.

Tôle, *s. f.* Fer laminé, plat, large, mince, employé généralement dans les ouvrages de fumisterie.

Le poids d'un mètre carré de feuille de tôle en fer laminé, à un millimètre d'épaisseur, est de 7 k. 788.

Le poids d'un mètre carré de feuille en cuivre rouge, à la même épaisseur, est de 8 k. 788.

Cette unité de poids peut servir de base pour le calcul de toutes les surfaces et à toutes les épaisseurs de tôles en fer laminé ou de feuilles en cuivre rouge.

Tombeau, *s. m.* Monument funéraire, simple ou compliqué d'ornement, de style varié, établi sur le lieu d'inhumation d'un personnage, d'une famille.

Tombereau, *s. m.* Grande caisse à bascule, portée sur essieu à deux roues, attelé d'un ou plusieurs chevaux, plus long que large, dont la capacité intérieure doit cuber *un mètre*.

Le tombereau sert au charroi des terres, gravois, sable, gravier et divers matériaux de la construction.

Topographie, *s. f.* Art de décrire un lieu, lever un plan de terrain, avec tous ses détails et toutes ses indications.

Torchis, *s. m.* Mélange de terre argileuse avec de la paille, dont on fait de la maçonnerie grossière.

Tortissière, *s. f.* Voyez *Cordage*.

Toscan, *s. m.* Le premier des ordres d'Architecture.

Tour, *s. f.* Construction circulaire, carrée ou à pans, d'une certaine hauteur, isolée ou attenante à un château ou à une habitation à la campagne. Dans ces conditions, la tour renferme presque toujours l'escalier.

Les tours se terminent soit par une couverture ordinaire, soit par une flèche, soit aussi par une terrasse.

Tour d'échelle, *s. m.* Espace de un mètre, compris entre un mur de clôture non mitoyen et l'héritage voisin, par lequel on a droit de passage pour réparer au besoin ce mur du côté opposé à celui de la propriété qu'il renferme.

Quand le mur est mitoyen, le droit de passage est réciproque.

Tourelle, *s. f.* Petite tour placée ordinairement dans un angle de château ou de maison de plaisance; quelquefois soutenue par un encorbellement.

Tourillon, *s. m.* Pivot placé au bout d'un arbre de moulin, à un essieu de pont à bascule, à un montant de porte cochère, supporté au moyen d'une crapaudine dans laquelle il tourne.

— Battant de cloche.

Tourner, *v. a.* Faire choix pour un plan ou pour une construction, de l'orientation la plus convenable, la plus agréable à l'habitation.

Tracer, *v. a.* Dessin, indication donnée par le trait.

Traceret, *s. m.* Outil de fer pointu, de 15 à 20 centimètres de longueur, dont se servent les menuisiers et charpentiers pour marquer et piquer le bois.

Traînasse, *s. f.* Gaîne souterraine pour conduire et répandre la chaleur d'un foyer quelconque, fourneau, cheminée, calorifère, laquelle s'échappe par des bouches distancées sur le parcours de la traînasse.

— Tuyaux enfouis dans le sol pour établir la communication entre le mécanisme d'une pompe et un puits voisin et permettre l'aspiration des eaux de ce puits.

Trait, *s. m.* Ligne faite à la plume, au tire-ligne en se servant de la règle, ou tracée au compas.

— Science de la coupe des pierres ou des bois de charpente. En ce cas, on dit apprendre, connaître le *trait*.

Tranche, *s. f.* Banc de pierre de taille que l'on coupe en carrière pour son extraction. La tranche est payée à l'ouvrier trancheur au mètre superficiel.

— Refente à l'aide de la scie soit des blocs de pierre provenant des carrières du Midi, soit des blocs de marbre.

Trancheur, *s. m.* Ouvrier dans une carrière de pierre travaillant à la tranche des pierres, c'est-à-dire à couper et tailler dans le roc lui-même pour en opérer l'extraction.

Tranchée, *s. f.* Terrass. Large excavation faite dans les terres, dont les côtés ou talus tombent le plus souvent à 45 degrés ou sont quelquefois retenues par des étaiements.

— *Tranchée ouverte,* se dit d'une toiture refaite toute entière en enlevant et replaçant toutes les tuiles. Se compte superficiellement.

Tranchis, *s. m.* Rang d'ardoises échancrées en bordure biaise au long d'une noue dans une toiture en ardoises. Ce rang est mesuré en raison de la taille et du déchet, selon sa longueur réelle, multipliée par une largeur constante de 0,16; le produit est ajouté à la surface générale de la toiture. Voyez *Ardoise.*

Transept, *s. m.* La partie transversale d'une église, formant bras de croix à la hauteur du chœur. Au centre du bras de croix ou transept, s'élève le maître-autel.

Trapèze, *s. m.* Géom. Quadrilatère irrégulier, dont deux côtés seulement sont parallèles.

Sa surface est égale à la somme des deux côtés parallèles, divisée par deux, multipliée par la perpendiculaire réunissant ces deux côtés.

Trapézoïde, *adj.* Figure ayant la forme du trapèze.

Trappe, *s. f.* Porte à un ou à deux vantaux placée horizontalement dans un cadre pour fermer une cave à niveau du plancher qui la recouvre.

Sorte de porte à bascule recouvrant un vide, placée également d'une manière horizontale.

Les trappes de petites dimensions se nomment *trappons.*

Travail, *s. m.* Ouvrage fait ou à faire.

Travailler, *v. a.* Exécuter du travail.

— Façonner le bois, la pierre, le fer, etc.

— Se dit du mouvement irrégulier et général qui se produit après l'achèvement d'une construction.

— Menuis. Le bois *travaille* quand il n'est pas employé dans les conditions voulues d'une parfaite sécheresse.

Travaux, *s. m. pl.* L'ensemble d'une construction faite, à faire ou en cours d'exécution.

Travée, *s. f.* Compartiment divisionnaire d'un plancher ou d'une voûte.

Traverse, *s. f.* Pièce de bois placée horizontalement, ayant une faible importance.

Menuis. Les traverses en aisselier dépendent des aisseliers mêmes dans lesquels elles sont coupées. Elles portent tenons à leur extrémité et forment le dessus des portes, quelquefois le dessus et l'appui d'une croisée, si cette croisée est dans une cloison.

Les traverses se comptent au mètre linéaire en ajoutant aux longueurs apparentes 0,08ᶜ pour chaque tenon.

Les *traverses traînantes* sont celles qui règnent à la base des cloisons à 0,15ᶜ environ au-dessus des parquets pour en faciliter la pose. La pénétration dans les murs compte pour 0.15.

Treillage, *s. m.* Assemblage de lattes ou de liteaux croisés ou placés obliquement et parallèlement.

Treillis, *s. m.* Tissu en fil de fer ou de laiton, formant des mailles de grandeurs diverses.

Trémie, *s. f.* Sorte de gaîne en charpente formée de planches assemblées, servant à faire écouler dans une fouille du mortier ou du béton.

Trempe, *s. f.* Qualité que le fer contracte quand, rougi au feu, il est immédiatement plongé dans une eau préparée. Cette opération lui fait acquérir une très-grande dureté.

Trépied, *s. m.* Support mobile en bois ayant trois pieds qui s'écartent en pyramide et dont les bouts sont ferrés en pointes pour pénétrer dans le sol.

Tréteau, *s. m.* Grand chevalet en bois et en assemblages. Il sert aux échafaudages légers et portatifs ou pour opérer le sciage et la refente des pièces de charpente. Voyez *Chevalet*.

Treuil, *s. m.* Cylindre en bois, mu au moyen de barres ou de manivelles et dépendant d'un engin mécanique, échelle, cabestan, pour permettre l'ascension des matériaux d'un grand poids. C'est autour du treuil que s'enroule le cordage qui enlève la charge.

Triangle, *s. m.* Géom. Surface plane formée de trois côtés et de trois angles.

Il y a trois sortes de triangles :

Le *triangle équilatéral*, dont les trois côtés sont égaux.

Le *triangle isocèle*, dont deux côtés seulement sont égaux.

Le *triangle scalène*, dont les trois côtés sont inégaux.

Il y a encore le *triangle curviligne*, qui est formé d'un ou de plusieurs côtés en lignes courbes.

La surface du triangle s'obtient en multipliant le côté pris pour base par la moitié de la perpendiculaire abaissée de l'angle opposé sur cette base.

Triangulaire, *adj*. Qui a la forme d'un triangle.

Triangulairement, *adv*. D'une manière triangulaire.

Triangulation, *s. f.* Science du lever des plans sur une grande étendue et à l'aide d'instruments spéciaux.

Tribune, *s. f.* Galerie d'un théâtre où se tiennent les spectateurs.

— Estrade élevée dans une assemblée d'où parlent les orateurs.

— Se nomme *chaire* dans une église ou dans une école.

Triglyphe, *s. m.* Archit. Ornement à cannelures de la frise dorique.

Trigonométrie, *s. f.* Géom. Étude du triangle par ses angles ou par ses côtés.

Tringle, *s. f.* Baguette de fer, de cuivre ou de bois, ronde ou carrée, de longueurs diverses.

Tringler, *v. a.* Tracer une ligne au cordeau en le frottant avec de la craie. On dit aussi *cingler*.

Tripot, *s. m.* Vieux mot employé pour potager.

Trompe, *s. f.* Voûte tronquée et saillante supportant un angle de construction.

Tronçon, *s. m.* Portion interrompue d'une colonne, d'un tuyau, d'une gaîne, d'une descente, etc.

Trop-plein, *s. m.* Tuyau ou conduit destiné à décharger un bassin quand l'eau arrive à une hauteur donnée.

Trottoir, *s. m.* Espace de la voie publique réservé aux piétons.

Il est dallé, mais le plus souvent bitumé avec bordure et caniveau en pierre de granit.

Trou, *s. m.* Ouverture grande ou petite faite dans le sol, dans un mur, une voûte, une pierre, etc.

— *d'épreuve*, Trou creusé dans la terre au pied d'un mur, pour reconnaître la fondation de ce mur, soit pour son état, soit pour sa mensuration.

— *de louve*. Trou fait dans un bloc de pierre, pour y introduire la louve qui doit enlever le bloc au moment de sa mise en place. La forme de ce trou est en raison de celle de la louve dont la patte est en queue d'aronde.

Trousquin, *s. m.* Outil servant aux charpentiers et aux menuisiers, pour tracer l'épaisseur des tenons, la longueur des mortaises, etc.

— Sorte de compas dont les branches courtes et mobiles terminées par une pointe de fer, glissent dans une règle pour tracer de grandes courbes sur la pierre ou le bois.

Truelle, *s. f.* Outil formé d'une petite palette fort mince, en fer, en acier, en cuivre, selon le cas, emmanché à une poignée de bois, servant au maçon et au plâtrier, à bâtir, à enduire, à couper et tailler le plotet ou la brique au moment de son emploi.

La truelle brettée du cimenteur est formée d'une plaque rectangulaire en acier, dont un côté est taillé en biseau, l'autre est denté. Cette plaque est manœuvrée à l'aide d'un manche fixé perpendiculairement dans son milieu. Elle est employée à la confection des ouvrages en ciment dits *brettelés*. Voyez *Ciment*.

La truelle à mastiquer est fort petite, sa forme est triangulaire.

Trumeau, *s. m.* Partie massive de maçonnerie séparant deux ouvertures ou placée entre une ouverture et un angle.

Dans le premier cas, il est dit *trumeau double ;* dans le second, il est dit *trumeau simple* ou d'extrémité.

— Menuis. Boiserie en assemblages, unie ou moulurée, faisant enveloppe à un manteau de cheminée depuis la tablette de cette cheminée jusqu'au plafond.

Sa mensuration est effectuée superficiellement, le développement multiplié par la hauteur, avec déduction de la moitié de la surface du vide ordinairement ménagé pour recevoir une glace, quand toutefois ce vide n'est pas inférieur à 0^{m}50 carré. En ce cas, il n'est rien déduit.

Toute décoration rapportée au trumeau est l'objet d'une valeur particulière et estimative, soit superficiellement, soit linéairement, soit enfin à la pièce.

Tuf, *s. m.* Substance blanchâtre et sèche qui tient plus particulièrement de la nature pierreuse que de celle terreuse. On le découvre sous les couches de bonne terre; elle est fort légère et très-tendre à l'extraction. Sa texture est rugueuse, grasse et grossière, percée d'inombrables anfractuosités.

Le tuf est facilement découpé et refendu à des épaisseurs variées, soit en petits blocs cubiques de 0^{m}20 à 0^{m}40, soit en dalles de 0^{m}10 à 0^{m}20.

Le tuf, par sa nature légère, est employé à la surélévation des murs qui ne peuvent admettre trop de charge. Son poids par mètre cube est d'environ 1,050 kil.

Il est également employé à la construction de voûtes, cloisons qui exigent les mêmes conditions.

Quelle que soit sa forme à l'emploi, le tuf est cubé par ses dimensions réelles, en ce qui concerne seulement la fourniture.

Les blocs employés dans les murs sont, comme pose, confondus et comptés sans moins-value dans la maçonnerie de ces murs.

Les cloisons et voûtes sont également comptées à leur surface géométrique et réelle, en ce qui concerne la construction seulement, la fourniture des dalles en tuf étant détachée et cubée séparément.

Le tuf est encore employé en ouvrages de rocaille, pour grottes, bassins, fontaines, etc., sous des formes d'apparence rustique.

En ce cas, il ne reçoit aucun taillage et des dispositions artistiques sont prises dans l'ajustement des blocs pour parfaire à l'imitation pittoresque de la nature.

Ces ouvrages, exécutés par des spécialistes, sont effectués à prix débattus.

Tuile, *s. f.* Petit rectangle en terre cuite servant à la couverture des bâtiments.

Il y en a de deux sortes, comme emploi ordinaire :

La *tuile creuse*, dont le profil décrit une légère courbe, qui se place indistinctement, soit renversée, soit abouchée. Dans le premier cas, elle forme chéneau ; dans le second, elle forme chapeau.

La *tuile plate* ou *mécanique*, qui s'ajuste et s'emboîte à l'aide de crochets adhérents qui s'adaptent à des rangs parallèles de liteaux régulièrement espacés, cloués et fixés par le charpentier sur le poutage de chaque revers de toiture.

A chacune de ces natures de tuiles sont adjointes des tuiles d'un plus fort calibre et, selon le cas, d'une forme particulière, pour recouvrir les faîtages et les arêtiers d'une toiture. Elles sont appelées *tuiles faîtières*.

Au commerce, les tuiles creuses ordinaires sont livrées au mille, les tuiles plates au cent.

Les tuiles faîtières de l'une et de l'autre espèce, se comptent au cent ou à la pièce.

Pour donner passage à la lumière, dans le but d'éclairer un comble, il est employé et placé selon le besoin, des tuiles en verre de forme creuse ou plate, dont la valeur est indépendante de la toiture principale à laquelle ces tuiles appartiennent.

Tuileau, *s. m.* Fragment, débris de la tuile, employé pour garniture ou placage en maçonnerie. Pulvérisé et broyé avec mélange de cire, de résine, d'huile, le tuileau se réduit en pâte pour être très avantageusement employé comme ciment ou mastic, à la garniture des joints de pierres de taille, exposés aux intempéries. Dans ces conditions, un jointoiement est d'une durée exceptionnelle.

Tuilerie, *s. f.* Lieu de fabrication de certains matériaux en terre cuite, employés dans la construction, tels que la tuile, la brique, le plotet, le carreau et autres produits analogues.

Tuilier, *s. m.* Industriel qui fabrique ces produits et qui les livre au commerce. Ils sont généralement comptés au mille.

Tunnel, *s. m.* Passage souterrain et voûté, d'une certaine étendue, n'ayant que deux issues. Ce passage est établi en vue de rendre le parcours d'une route, d'un chemin, mais principalement d'une voie ferrée, non interrompu par la présence d'une montagne qui ne peut être ni contournée, ni ouverte par une tranchée. Cette montagne, alors, est perforée, percée dans toute son épaisseur sous forme de galerie.

Le vide nécessaire à la circulation est renfermé dans une sorte de large tube en forte et solide maçonnerie présentant en coupe un profil à peu près uniforme, soit cylindrique, soit ovoïde, tronqué horizontalement par la base, pour former le sol de cette galerie.

Des constructions analogues sont quelquefois établies par dessous le lit d'un fleuve, d'une rivière, pour servir en certain cas, à la communication d'une rive à l'autre.

Comme exemple du genre moderne, on peut citer le tunnel sous la Tamise, à Londres, qui fut construit sous l'habile direction d'un ingénieur français, M. Brunel, qui le livra à la circulation le 25 mars 1843.

Sa longueur est de 400 mètres.

Il est composé de deux galeries parallèles et voûtées, reliées entre elles par de nombreux portiques. Les dimensions intérieures de ces galeries permettent librement la circulation des voitures, l'une pour le sens d'aller, l'autre pour le sens de retour. Quatre rangs de trottoirs sont réservés aux piétons. La lumière du gaz est répandue avec profusion dans tout le parcours de ces deux galeries. On y pénètre, à ses extrémités, par des escaliers circulaires et par des chemins inclinés.

Comme autre exemple de galerie souterraine, d'une exécution incomparable et gigantesque, rien encore ne peut rivaliser la percée dite du Mont-Cenis, de construction récente.

Le travail inouï de perforation qui n'a pas duré moins de treize années, d'une exécution laborieuse, où le génie de l'homme s'est révélé dans toute sa splendeur, vient de permettre de relier, par une voie ferrée, la ligne des chemins de fer français avec celle des chemins de fer italiens. L'inauguration officielle s'est effectuée le 17 septembre 1871, avec le plus grand succès.

La longueur de cette immense galerie est de 12,233 mètres, trois lieues !

Son entrée, du côté de France, est à Fourneaux (Savoie) élevée à 1202^m au dessus du niveau de la mer, pour aboutir à Bardonnèche (Italie), placé à 1334^m au dessus du même niveau. Il existe, par conséquent, d'une extrémité à l'autre, une différence de niveau de 132^m, rachetée par une pente régulière et convenable.

Comme on le voit, nous avons pensé qu'il était opportun, à la définition du mot *Tunnel*, de mettre en présence et en parallèle les deux exemples les plus frappants en ce genre de construction.

Quoi en effet de plus merveilleux, de plus saisissant que ces deux opérations si différentes d'exécution, donnant chacune un résultat identique. D'une part l'œuvre remarquable d'une galerie établie sous le lit d'un large et immense fleuve, d'autre part l'œuvre non moins remarquable, presque chimérique, d'une galerie pratiquée, perforée dans l'épaisseur de l'une des montagnes les plus considérables de notre contrée européenne.

Tuyau, *s. m.* Nom générique donné à une infinité de tubes de nature, de forme et de dimensions diverses.

Selon son emploi, le tuyau est en fonte, en poterie, en zinc, en ferblanc, en cuivre, en plomb. Sa position varie depuis le sens vertical jusqu'à celui horizontal qu'il atteint rarement. Il est apparent ou caché, adossé ou enfoui, tenu par des colliers ou enveloppé de maçonnerie quelquefois recouvert d'enduit.

Selon le cas, les tuyaux sont comptés linéairement ou **au** poids, comme il est expliqué dans le cours de cet ouvrage.

Ceux en plomb peuvent être contrôlés conformément **aux** prescriptions données par ce

TABLEAU comparatif du poids des tuyaux en plomb.

	DIAMÈTRES intérieurs EN MILLIMÈTRES	EXTRA MINCES pour gaz	Poids d'un mètre courant de l'épaisseur de								
			2 millim	2 mil. 1/2	3 millim	3 mil. 1/2	4 millim	4 mil. 1/2	5 millim	6 millim	7 millim
	millim.	kil. déc.	kil. déc	kil. déc	kil. déc	kil. dé	kil. dec	kil. dec	kil. déc	kil. déc	kil. déc
Par couronne de 10 mètres	10	» 65	» 85	»	»	»	»	»	»	»	»
	13	» 80	1 05	1 40	»	2 05	»	»	3 20	»	5 »
	16	1 30	»	1 65	»	2 40	»	»	3 70	»	5 70
	20	1 70	»	2 »	2 45	2 95	3 40	»	4 45	»	6 75
	25	2 40	»	»	3 »	3 55	4 15	»	5 35	6 66	8 »
	27	2 75	»	»	3 10	3 75	4 50	»	5 75	7 10	8 55
	30	3 20	»	»	»	4 20	4 90	»	6 25	7 70	9 25
	35	4 »	»	»	»	4 80	5 55	6 35	7 15	8 75	10 50
	40	5 »	»	»	»	»	6 25	7 15	8 »	9 85	11 75
De 7 à 8 m	45	»	»	»	»	»	»	7 95	8 90	10 95	13 »
	50	»	»	»	»	»	»	»	9 80	12 »	14 10
Par longueur de 4 mèt.	55	»	»	»	»	»	»	»	10 70	13 05	15 35
	65	»	»	»	»	»	»	»	12 40	15 20	17 95
	70	»	»	»	»	»	»	»	13 40	16 50	19 20
	80	»	»	»	»	»	»	»	15 15	18 40	21 70
	95	»	»	»	»	»	»	»	17 80	21 60	25 45
	110	»	»	»	»	»	»	»	20 50	24 80	29 20

Les tuyaux sont employés à la conduite des matières plus ou moins liquides et à servir d'échappée à des substances réduites à l'état de fluides ou de vapeurs.

Les gaines de cheminées sont quelquefois montées avec des tuyaux en poterie, de forme ovale et cannelés à la face externe pour faire adhérence à des couches de mortier ou de plâtre dont ils sont toujours recouverts. Ils sont connus sous le nom de leur inventeur, M. Poncet, architecte de Lyon.

Tympan, *s. m.* Arch. Surface triangulaire ou en segment de cercle, couronnée par une sorte de corniche à double rampant pour le premier cas, et en ligne courbe dans le second.

Le tympan est quelquefois formé par des voussoirs et sa superficie est demi-circulaire.

Il surmonte également une baie quelconque ou règne dans le fond d'un fronton.

Type, *s. m.* Synonyme de profil, en ce qui concerne la construction des égouts, canaux, conduits souterrains du ressort de l'administration.

Ces constructions étant exécutées sur des proportions diverses ayant des coupes particulières numérotées, sont l'objet d'une analyse spéciale dont la somme forme l'unité ou la base de la valeur linéaire de chaque *type*.

Tyrolien, *adj.* Nom donné à une sorte d'enduit à grain d'orge fin et régulier pour recouvrir les façades d'habitation à la campagne. Ces enduits, exécutés par des spécialistes, sont mesurés superficiellement selon les formes géométriques et réelles que ces enduits présentent.

U

Uniforme, *adj.* Se dit en Architecture pour désigner la monotonie quelquefois ennuyeuse d'une décoration. Absence de style, de caractère, où domine une certaine égalité de forme, dans l'ensemble comme dans les détails.

— Cette dénomination s'applique aussi à une suite de maisons dont les façades présentent la même régularité, la même architecture, et dont les étages sont tous à une même hauteur, à un même niveau.

Uniformité, *s. f.* D'une manière uniforme.

Urinoir, *s. m.* Pavillon léger, avec ou sans ornementation, placé sur la voie publique, pour l'usage de certaines nécessités.

— Encoignures apparentes ou cachées ayant le même but.

Des plaques en métal ou en pierre polie sont adaptées verticalement, lavées d'une manière continue par une nappe d'eau constante qui entraîne les déjections dans les égouts.

Urne, *s. f.* Vase de forme antique en marbre, en pierre, en fonte, en poterie, quelquefois en ciment, décorant une façade, une entrée principale, un mausolée ou enfin reposant sur des piédestaux dans un jardin pour le simple agrément.

Usage, *s. m.* Mode de mesurer les ouvrages de construction adopté dans chaque localité. A Lyon, l'ancien usage tend à disparaître devant le nouveau, lequel fut, il y a quelques années, l'objet d'une étude spéciale par une Commission de Géomètres chargée d'arrêter un système logique et définitif. Ce système approuvé par la Chambre est devenu la base d'une méthode nouvelle qui, répandue dans toute la région lyonnaise, a été adoptée pour tous les travaux du bâtiment.

Usine, *s. f.* Lieux de fabrication de certains matériaux et ouvrages de la construction, tels que le plâtre, la brique, la tuile, la poterie, les grosses pièces de fonte et de serrurerie et autres produits analogues.

V

Vacation, *s. f.* Espace de temps limité à trois heures consécutives, pour travail d'architecte, de géomètre ou d'expert, et employées à des opérations qui ne peuvent être autrement taxées. Voyez *Honoraires*.

Valet, *s. m.* Barre de fer mobile terminée par une tête à crochet, servant à maintenir fermé le vantail d'une porte, d'un portail, d'une barrière.

— Outil de menuisier formé d'une forte tige de fer, terminée par un coude à patte, servant à fixer sur l'établi la pièce de bois que l'ouvrier travaille.

Valeur, *s. f.* Estimation, prix donné ou à donner à un travail, à une fourniture, à l'ensemble même d'une construction.

Vanne, *s. f.* Porte qui se meut verticalement entre deux coulisses, s'ouvrant et se fermant exactement et à volonté, au moyen d'une vis ou d'une crémaillère. Une vanne sert à retenir ou à lâcher les eaux d'un étang, d'une écluse, d'un canal, etc.

Vantail, *s. m.* Menuis. ou Charp. Assemblage de petits bois ou de panneaux sur bâtis, composant une porte, une croisée, un portail à un ou deux battants.

Au pluriel *Vantaux*, c'est-à-dire deux battants semblables avec ou sans dormant.

Varloppe, *s. f.* Outil de menuisier servant à dresser et blanchir une pièce de bois ou de menuiserie.

Vase, *s. m.* Vaisseau de formes variées et élégantes, monté sur un piédouche, à lèvres évasées et reposant sur un socle, un piédestal, un acrotère.

Il sert à l'ornementation d'une façade ou à l'agrément d'un jardin. La matière dont sont composés les vases est de natures diverses, pierre, marbre, bronze, fonte, terre cuite, plâtre, ciment, etc.

Vase, *s. f.* Terre molle sans consistance, imprégnée d'humidité, ne permettant les fondations d'un bâtiment que sous la garantie d'un pilotage préalable.

Vaseux, *adj.* Se dit d'un terrain composé de vase.

Vasistas, *s. m.* Petite ouverture grillée en fer ou en cuivre placée dans un panneau de porte, pour voir du dedans au dehors sans être vu. On le nomme aussi *Judas*.

Vasque, *s. f.* Bassin circulaire ou oblong, légèrement recreusé, servant à l'ornementation d'une fontaine, d'un réservoir, etc. Elle se confectionne ainsi que le vase, en marbre, en pierre, en bronze, en fonte, en terre cuite, jamais en plâtre, quelquefois en ciment.

Veau, *s. m.* Levée que l'on fait à une pièce de bois, pour la cintrer suivant une courbe déterminée.

Végétal, le, *adj.* Terre la plus propre à la végétation. On la nomme aussi *terreau*.

— Nom donné à un papier transparent servant à la reproduction des plans et dessins, par l'effet d'un *calque*. Voyez ce mot.

Veine, *s. f.* Tache fileuse et tranchante qui se trouve dans le marbre et dans certaine qualité de bois. Les veines, alors, sont un motif de recherche et de beauté. Dans la pierre, au contraire, une veine est un défaut nuisible que l'on nomme *délit*.

Ventilateur, *s. m.* Fumist. Appareil de rotation produisant un courant d'air continu, pour alimenter le feu d'un foyer de cheminée, d'un fourneau, etc.

— Autre appareil propre à renouveler l'air dans un lieu quelconque de réunion, ou même dans un local particulier.

Ventilation, *s. f.* Action de renouveler l'air au moyen de ventilateurs.

Ventre, *s. m.* Se dit d'un bossage de mur nuisible à sa solidité. La partie bombée et saillante d'un fût de balustre. En ce cas, ce mot est synonyme de *panse*.

Véranda, *s. f.* Pavillon léger en charpente, bois ou fer, couvert en tissu et orné de draperies flottantes. Elle est à jour sur toutes ses faces. Elle sert à abriter des rayons du soleil, soit une terrasse, une galerie, un belvéder, etc.

La véranda est d'origine indienne où elle est confectionnée en tissu de jonc ou de toile.

Vérificateur, *s. m.* Voyez *Géomètre*.

Vérification, *s. f.* Action de vérifier, de contrôler un travail exécuté, d'en reconnaître les dimensions, le poids, la quantité et quelquefois la qualité.

Vérifier, *v. a.* Opérer une vérification.

Vermillon, *s. m.* Substance minérale d'un rouge éclatant qui s'emploie en peinture, et qui, pulvérisée, constitue le minium.

Vernir, *v. a.* Étendre du vernis.

Vernis, *s. m,* Peint. Liquide résultant de la solution de résine dans l'esprit de vin ou dans l'essence, qui, mélangé avec de la céruse, forme une sorte d'enduit blanc que l'on étend au pinceau sur de la boiserie intérieure. La mensuration des vernis s'effectue comme pour toutes les peintures, au mètre superficiel géométrique. Toutes les moulures doivent être développées rigoureusement. La déduction des vitres doit être prise en réduisant de 0^{m}06 chaque dimension de hauteur et de largeur pour la part des épaisseurs de petits bois. Les vitres qui n'atteignent pas au maximum une surface de 0^{m}10 ne sont pas déduites. Voyez *Peinture*.

Vernis copal *s. m.* Voyez *Copal*

Verre, *s. m.* Matière transparente, fragile et dure, qui se taille à l'aide du diamant.

Verrerie, *s. f.* Usine dans laquelle sont fabriqués les objets en verre.

Verrier, *s. m.* Ouvrier qui travaille le verre.

Verrou, *s. m.* Serrur. Pièce de fer ou de cuivre, plate ou ronde, au milieu de laquelle est fixé un bouton. Le verrou est appliqué à une porte pour la tenir fermée. Il se meut par un va-et-vient entre deux petits crampons ou coulisses.

Chaque verrou est compté à la pièce de fourniture et de pose avec ses vis.

Verrouiller, *v. a.* Fermer au verrou.

Vertical, le, *adj.* Ligne d'aplomb, perpendiculaire à l'horizon.

Verticalement, *adv.* D'une manière verticale, qui suit la verticale.

Vespasienne, *s. f.* Nom donné aux petites guérites construites sur les quais de la ville, avec urinoir à l'intérieur, pour l'usage public. Voyez *Urinoir*.

Vestiaire, *s. m.* Lieu, cabinet où l'on serre les habits des religieux, des gens de robe, des magistrats, etc.

Vestibule, *s. m.* Le premier compartiment d'un édifice, d'un hôtel, d'un appartement, servant d'entrée principale.

Vétusté, *s. f.* Vieillesse d'un mur, d'une construction partielle ou entière, menaçant ruine.

Viaduc, *s. m.* Pont en arcades, construit au-dessus d'une route, d'un vallon, pour faciliter le passage d'une autre route ou d'une voie ferrée, en éviter la déviation ou l'interruption.

Vice de construction, *s. m.* Défaut de construction frappée par la loi, résultant de mauvaises proportions données aux matériaux ; emploi de mauvaise qualité dans ces matériaux ; enfin, de mauvaise exécution d'ensemble ou de détail. Chacune de ces imperfections pouvant amener un désastre quelconque, est subie par son auteur, et les conséquences sont plus ou moins ruineuses pour lui.

L'architecte et le constructeur doivent donc, chacun en ce qui le concerne, veiller et s'appliquer rigoureusement à la bonne confection des travaux exécutés par eux, à défaut d'être placés sous le coup des peines édictées par la loi. Voyez *Entrepreneur*.

Vidange, *s. f.* Immondice que l'on extrait d'un cloaque, d'un puits, d'une fosse d'aisance.

Action de vider, épuiser, curer les matières qui en proviennent.

Pour ajourner une vidange, il est opéré quelquefois ce que l'on appelle une *allège*, c'est-à-dire l'extraction indispensable du trop plein de la fosse.

Vidanges, *s. f. pl.* Entreprise qui se charge de ces ouvrages, s'exécutant au mètre cube.

Vidangeur, *s. m.* Celui qui travaille à l'extraction de la vidange.

Vide, *s. m.* Espace, ouverture, excavation.

Vif-vive, *adj.* Corps qui est affranchi de matière tendre.

Vilebrequin, *s. m.* Outil servant à percer le bois, la pierre, le métal par le moyen d'une mèche de fer qui a un taillant en spirale, qui pénètre en tournant.

Villa, *s. f.* Maison de campagne de forme élégante, de construction nouvelle, toutefois d'importance et d'étendue moindre que le château.

Virole, *s. f.* Anneau de métal ajusté à l'extrémité d'une tige.

Vis, *s. f.* Cheville de fer, de cuivre ou de bois, de forme cylindrique, avec cannelure en spirale. Elle est destinée à s'enchâsser dans un écrou.

Vitrage, *s. m.* Se dit de l'ensemble des vitres d'un bâtiment. L'entreprise de leur fourniture et pose.

— Châssis de menuiserie ou de serrurerie dont les montants et traverses portent feuillures pour recevoir les vitres.

Ces châssis, ainsi garnis de leurs vitres, forment cloisons laissant pénétrer le jour en interceptant l'air extérieur.

— Un vitrage comporte souvent des parties ouvrantes qui donnent lieu à une plus-value proportionnelle.

— Menuis. Les vitrages sont assimilés aux boiseries d'assemblages.

— Serrur. Les vitrages en fer sont confectionnés et livrés selon leur poids.

Vitrail, *s. m.* Grande fenêtre dont les croisillons en pierre ou en fer sont remplis de panneaux en verre colorié ou non, assemblés par compartiments.

Vitraux, *s. m. pl.* Archit. Panneaux des fenêtres d'une église, d'une chapelle, composés de petits carreaux en verre colorié ou blanc. Ces verres sont enchâssés dans des lamelles de plomb ou d'étain.

Vitre, *s. f.* Feuille de verre de forme et de force diverses qui, placée dans des châssis pour croisée, vitrage, ciel-ouvert, etc., laisse pénétrer le jour en interceptant toute communication à l'air extérieur. La force et les dimensions des vitres donnent lieu à des variations de prix indiquées au tarif de la Chambre syndicale.

Toutes les vitres sont mesurées au mètre superficiel, celles de formes irrégulières sont converties au carré, selon le plus petit rectangle circonscrit, en raison du déchet.

Vitrer, *v. a.* Poser des vitres.

Vitrerie, *s. f.* Synonyme de *vitrage*, en ce qui concerne l'ensemble des vitres d'un bâtiment.

— Entreprise qui constitue cet ensemble.

Vitrier, *s. m.* Ouvrier qui se charge de la fourniture et de la pose des vitres. Généralement à Lyon, cette fourniture appartient à l'entrepreneur de peinture.

Vive-arête, *adj.* Se dit d'une pierre, d'une pièce de charpente dont les arêtes sont franches, sans écornures et sans interruption.

Voirie, *s. f.* Double administration chargée, sous la présidence du Préfet ou du Maire d'une ville, de veiller à la bonne construction des bâtiments, de surveiller et d'ordonner les nivellements, les alignements et les hauteurs des maisons, d'examiner l'état des fosses d'aisances, en un mot tout ce qui est du ressort de la salubrité et de la sécurité publiques.

Cette double administration est divisée en deux parties distinctes :

La *grande voirie* qui est du ressort du Préfet et qui s'applique aux routes nationales et départementales et qui appartient exclusivement à l'administration des Ponts et Chaussées.

La *petite voirie* ou *voirie urbaine* qui est du ressort du Maire et qui appartient à l'Administration municipale. Elle s'applique aux rues, quais, places de la ville qui ne sont pas les routes nationales et départementales.

Voiturage, *s. m.* Charroi ou transport effectué à l'aide de voiture (charrette ou tombereau) attelée de un ou de plusieurs chevaux.

— Entreprise qui a pour but le transport des matériaux.

Voiturer, *v. a.* Transporter par voiture.

Voiturier, *s. m.* Conducteur d'un voiturage.

— Entrepreneur de voiturage.

Volée, *s. f.* Saillie d'un engin mécanique facilitant l'ascension d'un fardeau.

— Dans le pilotage ou le battage d'un pieu, c'est la série de 20 à 30 coups de mouton qui se succèdent, toujours suivie par un temps de repos égal à la volée, c'est-à-dire 4 ou 5 minutes. Voyez *Mouton*.

Volet, *s. m.* Sorte de porte à un ou deux vantaux fermant extérieurement ou intérieurement une croisée, une porte à balcon, une devanture.

Menuis. Les volets sont ordinairement à brisures, c'est-à-dire en boiseries assemblées par panneaux dans un bâtis, pouvant se replier à l'aide de charnières et se loger dans un encaissement appelé *caisson*. Les volets mobiles sont ceux qui peuvent être facilement enlevés.

Les volets placés extérieurement sont généralement en lames ou en planches verticales doublées de feuilles transversales fixées par des clous. Quelquefois ils sont assemblés simplement avec des pargues.

Quelles que soient la forme et la confection des volets, ils sont toujours mesurés selon la surface géométrique qu'ils présentent. Quand ils sont terminés dans le haut par une traverse cintrée, la plus grande hauteur du volet est augmentée de la flèche du cintre, dont le minimum doit toujours être de 0,25.

Volière, *s. f.* Compartiment fermé par un treillis pour loger les oiseaux.

Volige, *s. f.* Synonyme de *feuille*. Planche mince.

Volume, *s. m.* Géom. Étendue d'un corps relativement à la grandeur, à l'importance de ses dimensions.

Volute, *s. f.* Ornement formé d'une spirale qui s'enroule à ses extrémités.

Voussoir, *s. m.* Voyez *Claveau*.

Voussure, *s. f.* Courbure en élévation d'un arc ou d'une voûte. Assemblage de claveaux, décorés ou non, surmontant une grande baie cintrée, d'un porche ou d'une entrée quelconque.

Voûte, *s. f.* Construction élevée sur des lignes courbes dont les extrémités sont perpendiculaires au sol et composée de pierres cunéiformes tellement assemblées qu'elles se soutiennent l'une par l'autre. La courbure d'une voûte est tracée par un ou par plusieurs rayons, selon qu'elle est plein-cintre, elleptique ou rampante. Dans ce dernier cas, les deux centres des rayons qui la forment sont superposés l'un à l'autre.

Les voûtes en maçonnerie sont confectionnées avec des moëllons plats, taillés en coins, dont les joints doivent être dirigés sur le centre de la courbe. Ces voûtes sont construites à l'aide de cintres en charpente qui leur en donne la forme et la courbure prescrites.

Ce genre de maçonnerie exige une certaine aptitude de la part de l'ouvrier qui l'exécute et pour laquelle il doit observer les règles de l'appareil applicables aux claveaux.

— Les voûtes en briques, en plotets, en tuf quelquefois, pour les rendre plus légères, sont également confectionnées sur des cintres en charpente, préparés et placés préalablement selon les dispositions prescrites.

Les voûtes en calottes sphériques sont quelquefois exécutées sans cintres, par l'emploi seul du *cimblot* ou *simbleau*. Seulement ce genre d'exécution demande beaucoup d'habileté de la part de l'ouvrier qui en est chargé.

— La mensuration des voûtes s'effectue en général de la manière suivante :

Pour les voûtes d'un seul berceau, la longueur apparente est multipliée par le développement réel de la courbe d'une naissance à l'autre. Les lunettes, s'il y en a, sont développées par le plus grand arc multiplié par la demi-longueur de la lunette. La surface de la lunette est ajoutée à celle du berceau après toutefois avoir déduit le vide que forme la lunette dans ce berceau.

Les voûtes dites en arêtes ou en arcs de cloître sont mesurées par chaque triangle comme les lunettes, c'est-à-dire en multipliant le plus grand arc par la demi-longueur du triangle curvi-

ligne qu'elles forment. Les portions d'arcs ou de voûtes correspondantes aux piliers ou aux parties droites, sont prises par le
développement réel multiplié par la largeur de l'arc.

Chacune des surfaces partielles d'une voûte en arêtes, additionnées ensemble, forment la surface de la voûte.

Les voûtes en calotte sphérique ou en portion de sphère sont
l'objet d'un métré spécial en raison des centres qui les forment.

Toutes les voûtes en maçonnerie de moëllons qui doivent être
cubées, l'épaisseur est invariablement de 0,50 au minimum.

Voûter, *v. a.* Jeter, construire une voûte.

Voyer, *s. m.* Architecte attaché à l'administration municipale,
chargé de surveiller et de faire la police de la voirie urbaine.

Vrille, *s. f.* Outil de fer formé d'une tige terminée par une
sorte de vis pour percer le bois. Le haut de la tige est emmanché
d'une tête en bois formant T.

Z

Zinc, *s. m.* Métal blanc, terne, peu ductile, aigre et cassant.

Il est laminé en feuilles dont les dimensions, les épaisseurs et
la pesanteur varient dans l'emploi au commerce, selon les indications reproduites dans le tableau ci-derrière.

Le poids d'un mètre cube de zinc est de 7,000 kil.; ainsi, une
feuille d'un mètre carré ayant un millimètre d'épaisseur doit
peser 7 kil.

La fabrication exacte étant impossible, on doit admettre une
tolérance dans le poids de chaque feuille.

La force de chaque feuille de zinc est donc répartie en 17 numéros, de 9 à 25 inclusivement.

Le numéro 14* est la force la plus ordinairement demandée
et employée pour toitures et emplois divers : revêtement, chéneau, descente, etc.

Ce métal se prête facilement à toutes les formes que l'art veut
lui donner comme décoration, ornementation, moulures, sujets, etc.

Sauf le cas qui précède où le zinc est l'objet d'une valeur estimative, il est constamment mesuré, selon le cas, linéairement ou
superficiellement de fourniture et de mise en place.

Zinc laminé en dimensions métriques.

NUMÉROS	ÉPAISSEUR des FEUILLES	DIMENSIONS ET POIDS DES FEUILLES pour toitures et autres emplois			POIDS du MÈTRE CARRÉ
		Largeur 0m50 Longueur 2m — Ancien 18/72	Largeur 0m65 Longueur 2m — Ancien 24/72	Largeur 0m80 Longueur 2m — Ancien 30/72	
		kil. déc.	kil. déc.	kil. déc.	kil. déc.
9	0.00045	2 90	3 70	4 60	2 90
10	0.00051	3 45	4 45	5 50	3 45
11	0.00060	4 05	5 30	6 50	4 05
12	0.00069	4 65	6 10	7 50	4 65
13	0.00078	5 30	6 90	8 50	5 30
14*	**0.00087**	**5 95**	**7 70**	**9 50**	**5 95**
15	0.00096	6 55	8 55	10 50	6 55
16	0.00110	7 50	9 75	12 »	7 50
17	0.00123	8 45	10 95	13 50	8 45
18	0.00136	9 35	12 20	15 »	9 35
19	0.00148	10 30	13 40	16 50	10 30
20	0.00166	11 25	14 60	18 »	11 25
21	0.00185	12 50	16 25	20 »	12 50
22	0.00202	13 75	17 90	22 »	13 75
23	0.00219	15 »	19 50	24 »	15 »
24	0.00237	16 25	21 10	26 »	16 25
25	0.60256	17 50	22 75	28 «	17 50
Surfaces de chaque feuille dans les diverses dimensions		1m000	1m300	1m600	

Zinguerie, *s. f.* Ouvrage, fourniture, travail dans lequel entre l'emploi du zinc.

Entreprise qui a pour but la confection de ces travaux.

Les ouvrages de ferblanterie sont assimilés à ceux de la zinguerie. Les ferblantiers travaillent le zinc aussi bien que le fer-blanc.

Zingueur, *s. m.* Patron ou ouvrier dont la spécialité est la zinguerie, qui confectionne ou entreprend les travaux en zinc. Ces travaux sont également du ressort de la ferblanterie et de la plomberie.

*Procédé pour rendre la peinture adhérente et solide
sur le zinc.*

La peinture sur le zinc sèche très-lentement, très-difficilement, et elle est si peu adhérente que le moindre frottement l'enlève.

Pour remédier à cela, voici le procédé :

Dans 64 parties d'eau, additionnée d'une partie d'acide chlorydrique du commerce on fait dissoudre :

Une partie de chlorure de cuivre.

Une partie de nitrate de cuivre.

Une partie de chlorure d'ammonium.

Cette solution agit comme mordant. On l'applique avec une grande brosse (pinceau) sur le zinc, qui prend aussitôt une couleur d'un noir foncé. Il s'est formé un chlorure basique de zinc.

Dans un espace de temps qui varie de 12 à 24 heures, selon la saison et l'exposition, la couleur passe du noir au gris. Alors toute peinture à l'huile que l'on applique sur cette surface grise séchera et formera une couche fortement adhérente.

Les chaleurs de l'été et les pluies de l'hiver n'auront aucune action sur cette couche qui protégera parfaitement le métal.

FIN